本書の特色と使い方

本書で教科書の内容ががっちり学べます

教科書の内容が十分に身につくよう，各社の教科書を徹底研究して作成しました。
学校での学習進度に合わせて，ご活用ください。予習・復習にも最適です。

本書をコピー・印刷して教科書の内容をくりかえし練習できます

計算問題などは型分けした問題をしっかり学習したあと，いろいろな型を混合して出題しているので，学校での学習をくりかえし練習できます。
学校の先生方はコピーや印刷をして使えます。（本書 P128 をご確認ください）

学ぶ楽しさが広がり勉強がすきになります

計算問題は，めいろなどを取り入れ，楽しんで学習できるよう工夫しました。
楽しく学んでいるうちに，勉強がすきになります。

「ふりかえりテスト」で力だめしができます

「練習のページ」が終わったあと，「ふりかえりテスト」をやってみましょう。
「ふりかえりテスト」でできなかったところは，もう一度「練習のページ」を復習すると，力がぐんぐんついてきます。

完全マスター編２年　目次

ひょうと グラフ（1）

名前

1 ２年１組で，すきな　くだものを　しらべました。

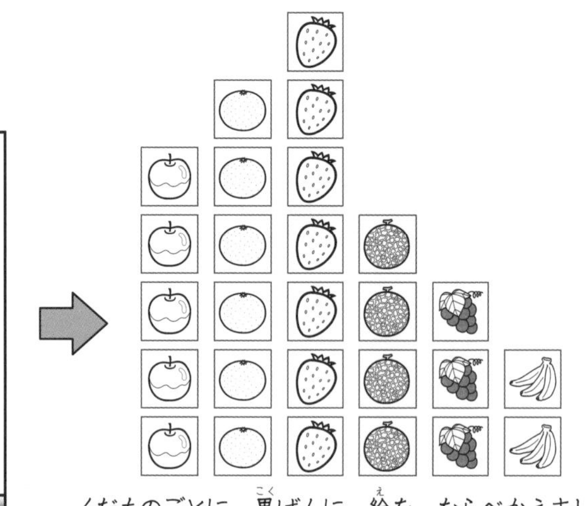

くだものごとに　黒ばんに　絵を　ならべかえました。

① それぞれの　人数を　下の　ひょうに　書きましょう。

すきな　くだものしらべ（1組）

くだもの	りんご	みかん	いちご	メロン	ぶどう	バナナ
人数（人）						

② ①の　ひょうを　見て，人数を　○で グラフに　あらわしましょう。

すきな　くだものしらべ（1組）

りんご	みかん	いちご	メロン	ぶどう	バナナ

③ すきな　人が　いちばん　多い　くだものは　何ですか。

（　　　　　　）

④ すきな　人が　いちばん　少ない　くだものは　何ですか。

（　　　　　　）

⑤ みかんが すきな　人は，ぶどうが すきな人より　何人多いですか。

（　　　）人

2 ２年２組で　しらべると，下の　ひょうの　ように　なりました。ひょうを　見て，人数を　○を　つかって　グラフに　あらわしましょう。

すきな　くだものしらべ（2組）

くだもの	みかん	すいか	メロン	りんご	いちご	ぶどう
人数（人）	3	2	5	8	6	4

すきな　くだものしらべ（2組）

みかん	すいか	メロン	りんご	いちご	ぶどう

ひょうと グラフ (2)

名前

● クラスで すきな きょうりゅうを １人 １つずつ 黒ばんに はりました。

ケラトサウルス	ステゴサウルス	ティラノサウルス	ウルトラサウルス	トリケラトプス	アロサウルス
ケ		テ			

ケはぼくだよ　テはおれさまだ！

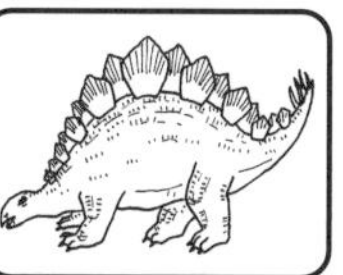

① ひょうに まとめましょう。

すきな きょうりゅうしらべ

きょうりゅう	ケラトサウルス	ステゴサウルス	ティラノサウルス	ウルトラサウルス	トリケラトプス	アロサウルス
人数（人）						

② ①の ひょうを 見て，○を つかって グラフに あらわしましょう。

すきな きょうりゅうしらべ

1						
0	ケラトサウルス	ステゴサウルス	ティラノサウルス	ウルトラサウルス	トリケラトプス	アロサウルス

③ すきな 人が いちばん 多い きょうりゅうは 何ですか。

（　　　　　　）

④ すきな 人が ２ばんめに 多い きょうりゅうは 何ですか。

（　　　　　　）

⑤ グラフを もっと 見やすく するために グラフの 左に 人数を 入れましょう。５の ところの 線を 太く しましょう。

⑥ クラスの 人数は 何人 ですか。

（　　　　　　）

ふりかえりテスト ひょうと グラフ

名前

1 しょうたさんの　クラスで　すきな　きゅう食（しょく）を　しらべました。

コロッケ　カレーライス　コロッケ
からあげ　カレーライス　ハンバーグ　からあげ
ラーメン　コロッケ　からあげ　カレーライス
カレーライス　からあげ　ハンバーグ　コロッケ　カレーライス
からあげ　ハンバーグ　ラーメン　ハンバーグ
カレーライス　カレーライス　からあげ　カレーライス
ハンバーグ

① それぞれの　人数（にんずう）を　下の　ひょうに　書（か）きましょう。(15)

すきな　きゅう食しらべ

きゅう食	カレーライス	ハンバーグ	からあげ	コロッケ	ラーメン
人数（人）					

② ①の　ひょうを　見て，人数を　○を　つかって　グラフに　あらわしましょう。(20)

すきな　きゅう食しらべ

カレーライス	ハンバーグ	からあげ	コロッケ	ラーメン

③ すきな　人が　いちばん　多（おお）い　きゅう食は　何（なん）ですか。また，何人ですか。(7)

（　　　　　　），（　　　）人

④ からあげが　すきな　人は，コロッケが　すきな　人より　何人　多いですか。(8)

（　　　）人

2 あやはさんの　クラスで　いちばん　すきなジュースを　1人　1つずつ　えらびました。

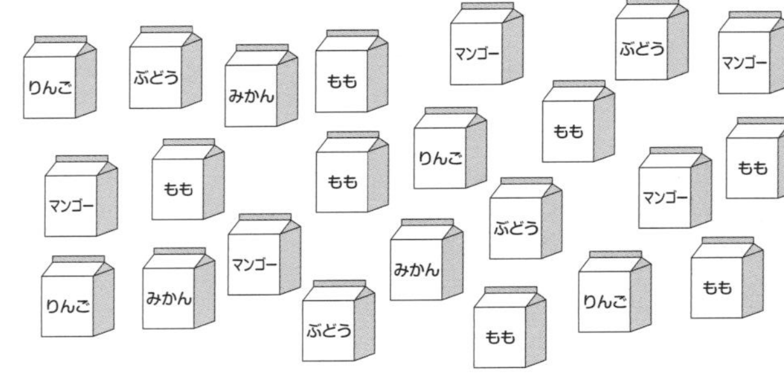

① それぞれの　人数を　下の　ひょうに　書きましょう。(15)

すきな　ジュースしらべ

ジュース	りんご	みかん	ぶどう	もも	マンゴー
人数（人）					

② ①の　ひょうを　見て，人数を　○を　つかって　グラフに　あらわしましょう。(20)

すきな　ジュースしらべ

りんご	みかん	ぶどう	もも	マンゴー

③ すきな　人が　いちばん　多い　ジュースは　何ですか。また，何人ですか。(7)

（　　　　　　），（　　　）人

④ すきな　人の　数（かず）が　同（おな）じ　ジュースは　何と　何ですか。(8)

（　　　　　）と（　　　　　）

たし算の ひっ算（1）

くり上がり なし

名前

①
```
  63
+ 22
```
②
```
  21
+ 47
```
③
```
   6
+ 32
```
④
```
  43
+ 43
```
⑤
```
  44
+ 54
```
⑥
```
  20
+ 77
```
⑦
```
  51
+ 35
```
⑧
```
  39
+ 60
```
⑨
```
  32
+ 36
```
⑩
```
  55
+ 24
```
⑪
```
  22
+ 33
```
⑫
```
  62
+  7
```
⑬
```
  23
+  4
```
⑭
```
  11
+ 72
```
⑮
```
  14
+ 63
```
⑯
```
   5
+ 14
```

たし算の ひっ算（2）

くり上がり なし

名前

① 30 + 30　② 32 + 23　③ 4 + 42　④ 24 + 65

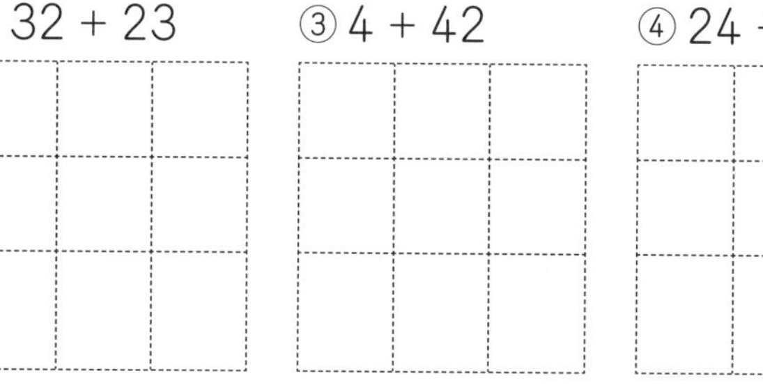
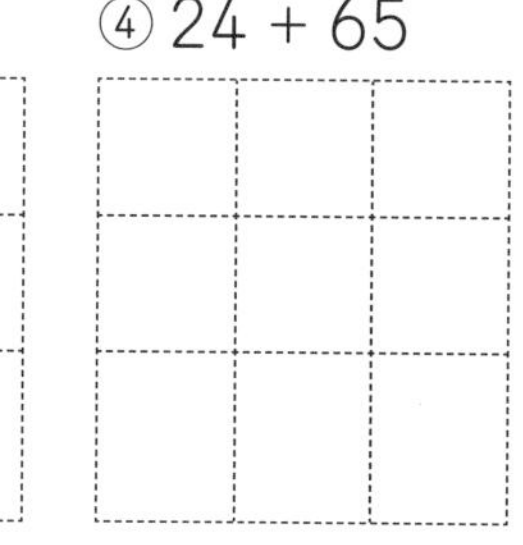

⑤ 72 + 22　⑥ 70 + 16　⑦ 29 + 20　⑧ 51 + 37

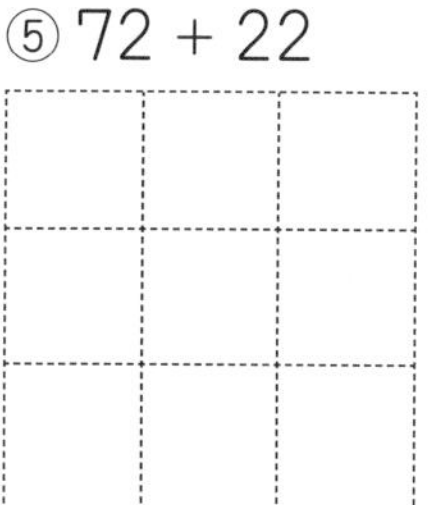
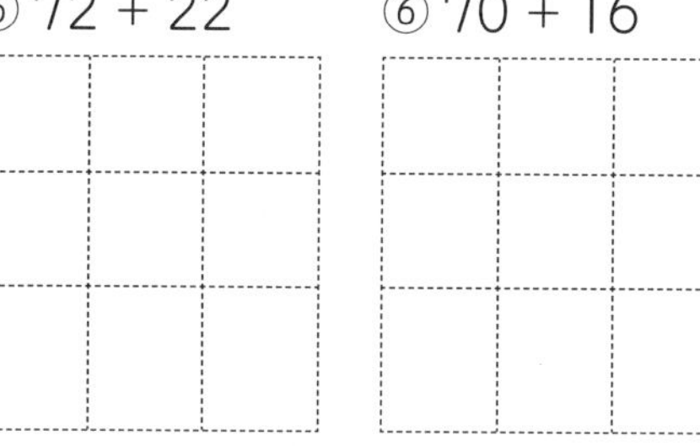
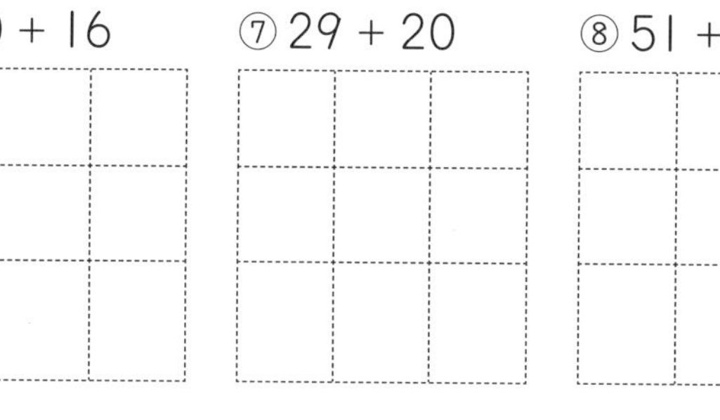

⑨ 50 + 25　⑩ 13 + 45　⑪ 26 + 73　⑫ 45 + 22

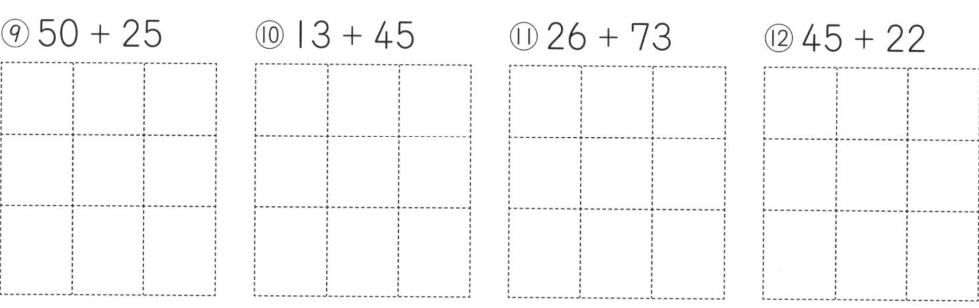

めいろは，答えの　大きい　方を　とおりましょう。とおった　方の　答えを　下の □ に　書きましょう。

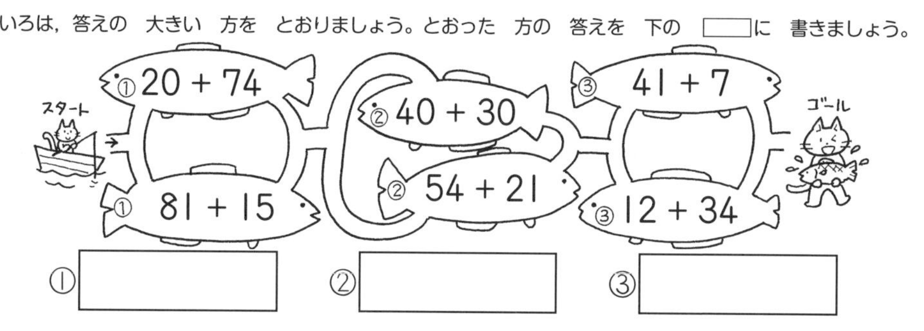

① □　② □　③ □

たし算の ひっ算（3）

くり上がり あり

名前

① 47 + 33

② 23 + 69

③ 9 + 49

④ 56 + 16

⑤ 29 + 15

⑥ 55 + 8

⑦ 74 + 17

⑧ 46 + 38

⑨ 35 + 55

⑩ 68 + 13

⑪ 19 + 21

⑫ 27 + 66

⑬ 37 + 23

⑭ 5 + 79

⑮ 18 + 7

⑯ 25 + 27

たし算の ひっ算（4）

くり上がり あり

名前

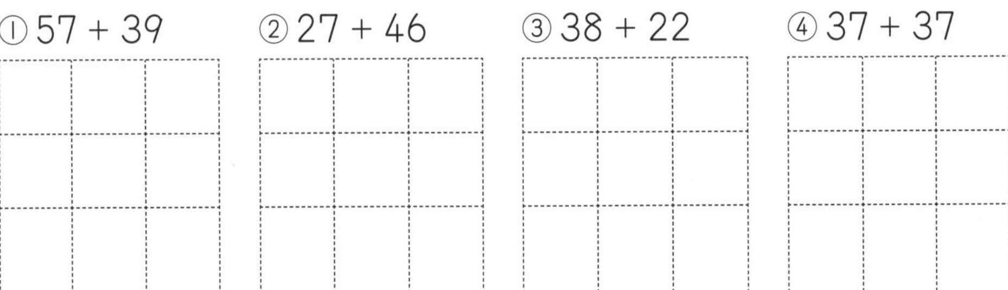

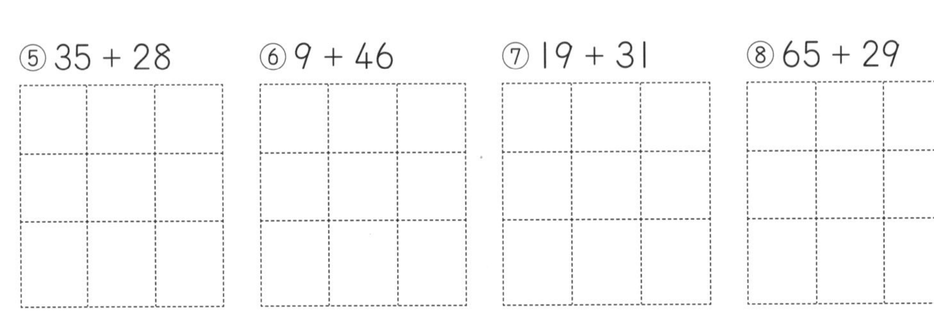

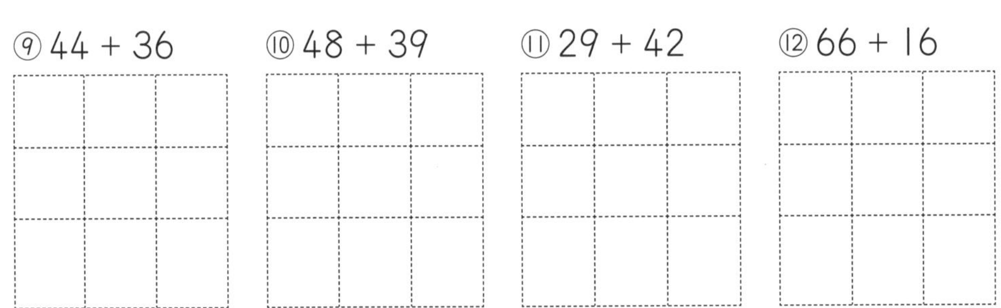

めいろは，答えの 大きい 方を とおりましょう。とおった 方の 答えを 下の □に 書きましょう。

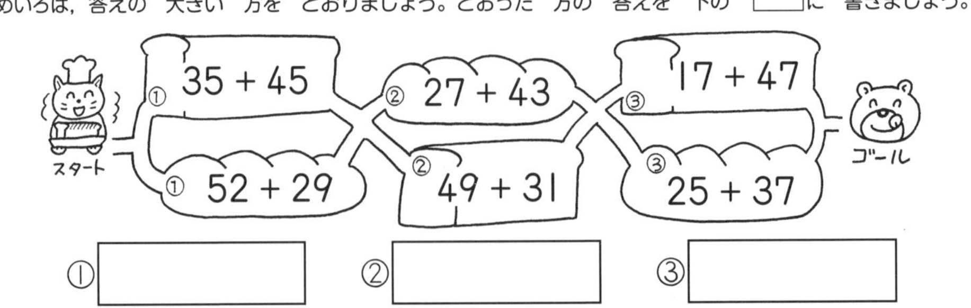

たし算の ひっ算（5）

くり上がり あり

名前

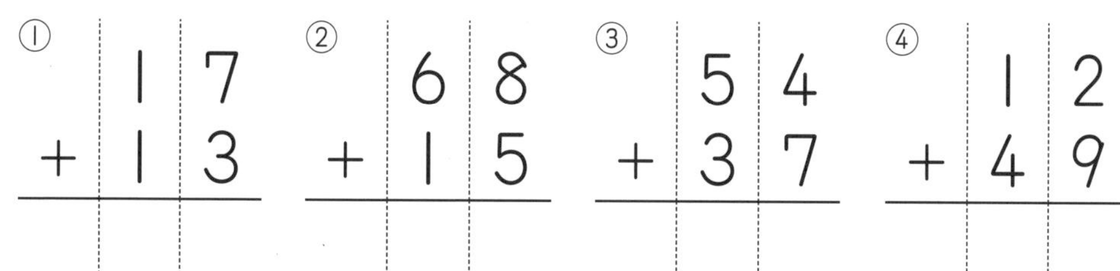

① 17 + 13

② 68 + 15

③ 54 + 37

④ 12 + 49

⑤ 74 + 18

⑥ 17 + 57

⑦ 46 + 24

⑧ 7 + 24

⑨ 69 + 9

⑩ 49 + 49

⑪ 28 + 37

⑫ 78 + 16

⑬ 5 + 39

⑭ 38 + 37

⑮ 69 + 19

⑯ 25 + 28

たし算の ひっ算（6）

くり上がり あり

名前

① 15 + 16　② 26 + 65　③ 56 + 26　④ 65 + 5

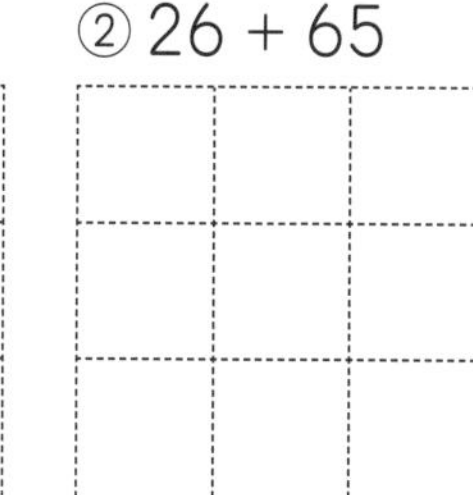

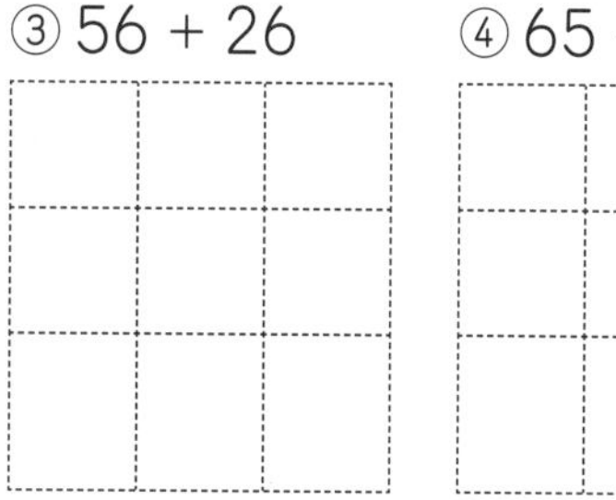

⑤ 5 + 58　⑥ 36 + 36　⑦ 64 + 28　⑧ 49 + 48

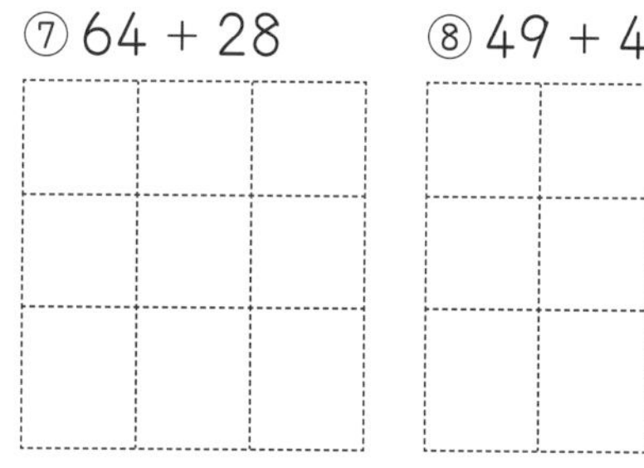

⑨ 24 + 26　⑩ 47 + 28　⑪ 71 + 19　⑫ 58 + 29

めいろは，答えの　大きい　方を　とおりましょう。とおった　方の　答えを　下の □ に　書きましょう。

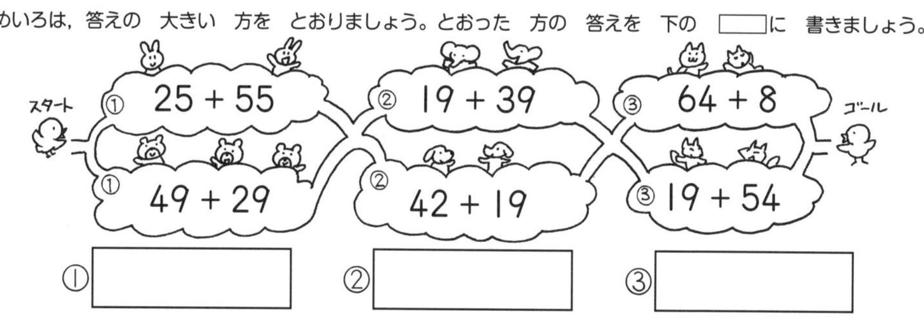

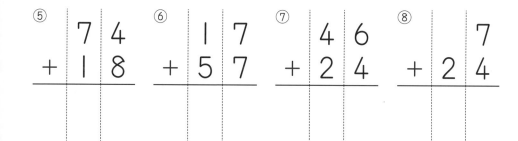

たし算の ひっ算（7）

名前

くり上がり あり・なし

① 26 + 13

② 37 + 29

③ 8 + 32

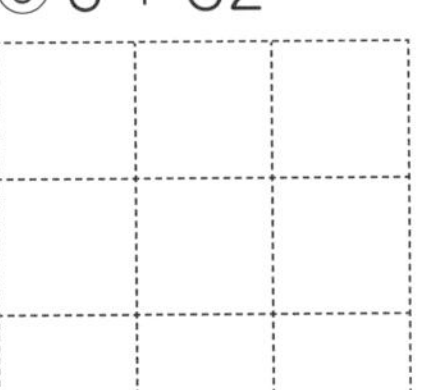

④ 43 + 47

⑤ 24 + 29

⑥ 29 + 13

⑦ 6 + 35

⑧ 68 + 9

⑨ 59 + 17

⑩ 49 + 26

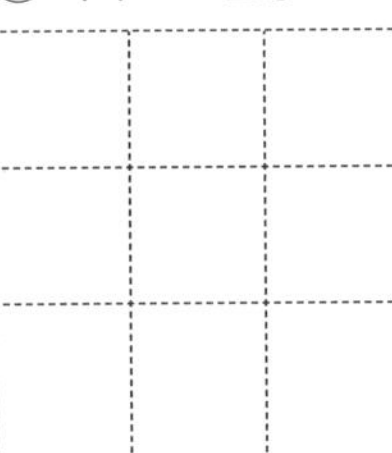

⑪ 23 + 28

⑫ 39 + 17

⑬ 36 + 29

⑭ 68 + 19

⑮ 56 + 43

⑯ 72 + 23

たし算の ひっ算（8）

名前

めいろ

● 答（こた）えの 大きい 方（ほう）を とおって ゴールまで 行（い）きましよう。とおった 方の 答えを □に 書（か）きましよう。

① □ ② □ ③ □ ④ □ ⑤ □

たし算の ひっ算（9）

文しょうだい ①

名前

1　はるかさんは，チョコレートを　18こ　作りました。お姉さんは，チョコレートを　26こ　作りました。２人　あわせて，何こ　作りましたか。

しき

答え

2　大きな　おさらに，いちごが　15こ　あります。小さな　おさらには，13こ　あります。いちごは　あわせて　何こ　ありますか。

しき

答え

3　しおひがりに　行き，りょうたさんは　38こ，貝を　とりました。弟は　りょうたさんより　5こ　多く　貝を　とりました。　弟は　何こ　貝をとりましたか。

しき

答え

4　たくとさんは　シールを　56まい　もって　います。友だちに　14まい　もらいました。たくとさんの　シールは，何まいに　なりましたか。

しき

答え

たし算の ひっ算（10）

文しょうだい ②

名前

1　赤い　色紙が　34まい　あります。黄色い　色紙は　赤い　色紙より　6まい　多いです。　黄色い　色紙は　何まい　ありますか。

しき

答え

2　ラムネは　47円です。グミは　25円です。１つずつ　買うと，何円に　なりますか。

しき

答え

3　けんやさんは，あめを　23こ　もって　います。お母さんに　8こ　もらいました。けんやさんの　あめは，ぜんぶで　何こに　なりましたか。

しき

答え

4　クッキーが　20まい　あります。今日　35まい　買いました。クッキーは　ぜんぶで　何まいに　なりましたか。

しき

答え

ふりかえりテスト　たし算の ひっ算

名前

1 計算を　しましょう。(4 × 17)

①39 + 21　②24 + 18　③6 + 48

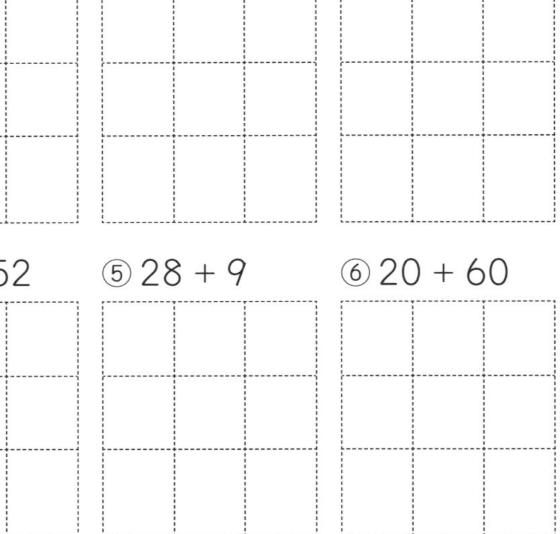

④37 + 52　⑤28 + 9　⑥20 + 60

⑦15 + 15　⑧88 + 11　⑨46 + 35

⑩58 + 38　⑪44 + 39　⑫31 + 25

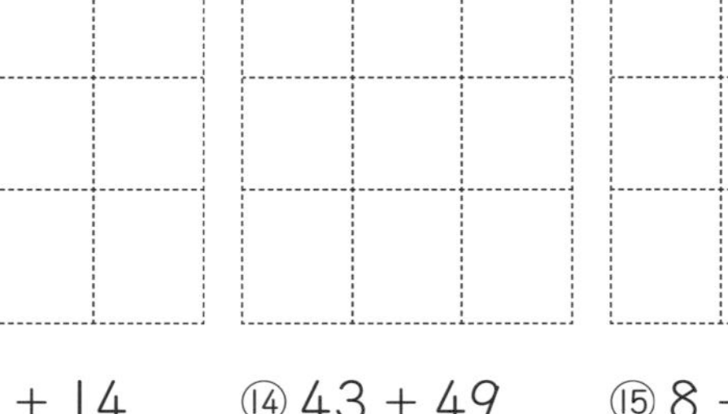

⑬67 + 14　⑭43 + 49　⑮8 + 58

⑯74 + 19　⑰45 + 16

2 まさとさんは　きのう　45ページ，今日　46ページ，本を　読みました。あわせて　何ページ　本を　読みましたか。(8)

しき

答え

3 なつきさんは　文ぼうぐやさんで　58円の　えんぴつと，36円の　けしゴムを　買いました。あわせて　何円ですか。(8)

しき

答え

4 ひなさんは　ビー玉を　28こ　もっています。お姉さんに　25こ　もらいました。ひなさんの　ビー玉は　何こに　なりましたか。(8)

しき

答え

5 はたけで，なすが 33本　とれました。きゅうりは　なすより　15本　多く　とれました。きゅうりは　何本　とれましたか。(8)

しき

答え

ひき算の ひっ算（1）

くり下がり なし ①

名前

① $92 - 30$

② $45 - 25$

③ $87 - 56$

④ $90 - 60$

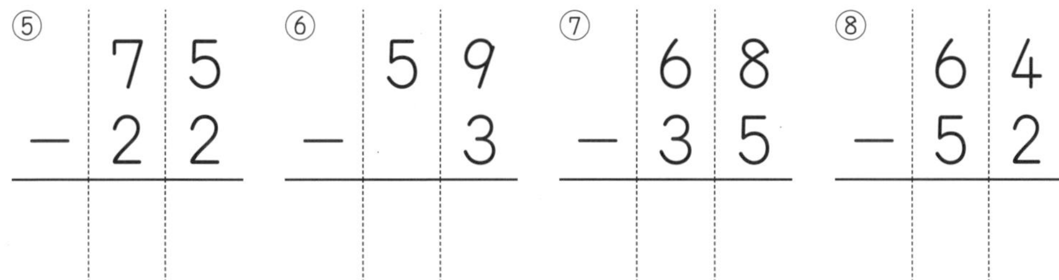

⑤ $75 - 22$

⑥ $59 - 3$

⑦ $68 - 35$

⑧ $64 - 52$

⑨ $66 - 35$

⑩ $58 - 23$

⑪ $69 - 14$

⑫ $76 - 72$

⑬ $98 - 25$

⑭ $82 - 40$

⑮ $78 - 67$

⑯ $39 - 2$

ひき算の ひっ算（2）

くり下がり なし ②

名前

① 69−5　② 55−42　③ 46−23　④ 88−44

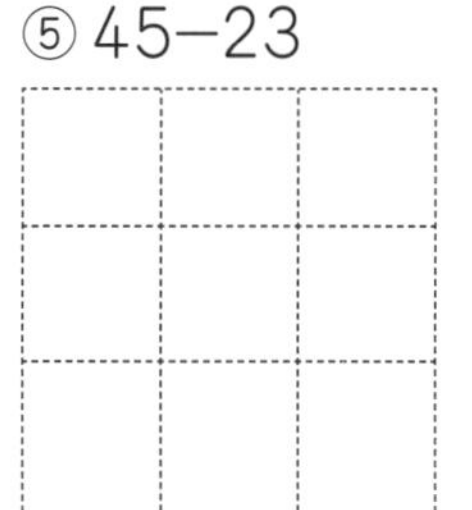

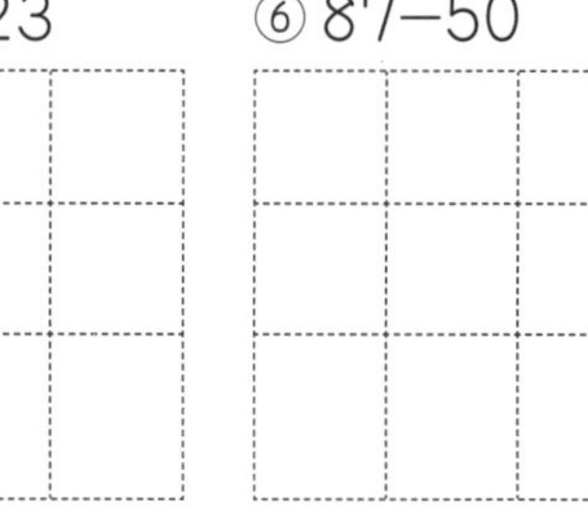

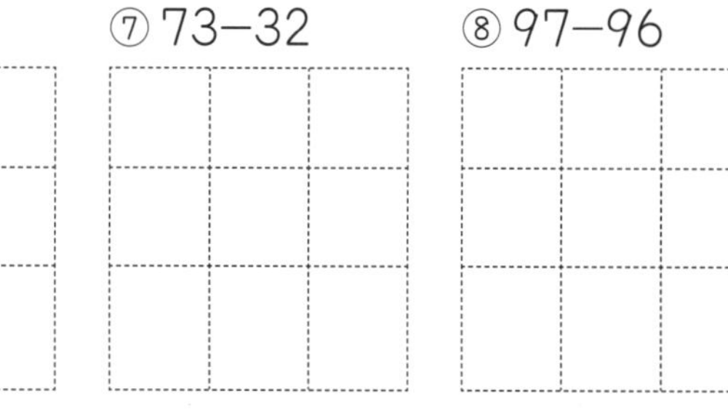

⑤ 45−23　⑥ 87−50　⑦ 73−32　⑧ 97−96

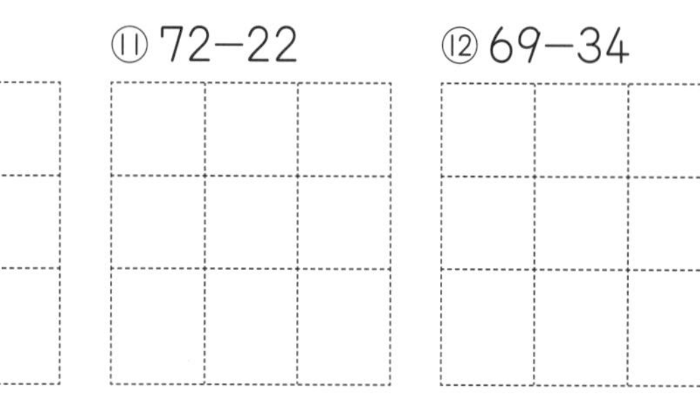

⑨ 99−21　⑩ 94−12　⑪ 72−22　⑫ 69−34

めいろは，答えの　大きい　方を　とおりましょう。とおった　方の　答えを　下の　□に　書きましょう。

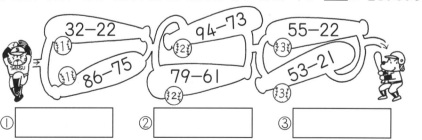

32−22　86−75　94−73　79−61　55−22　53−21

① □　② □　③ □

ひき算の ひっ算（3）

くり下がり あり ①

名前

① 80 − 8

② 62 − 35

③ 64 − 59

④ 23 − 9

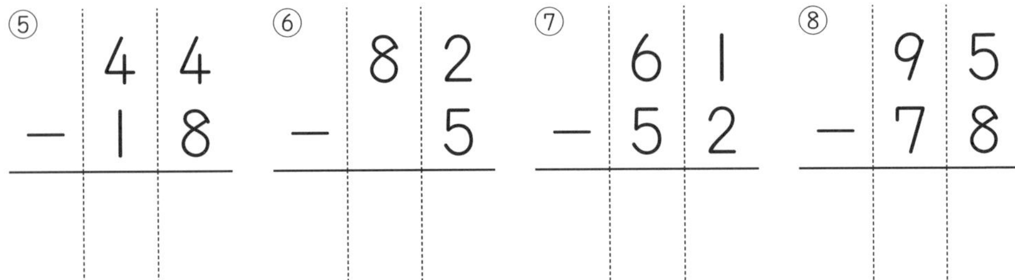

⑤ 44 − 18

⑥ 82 − 5

⑦ 61 − 52

⑧ 95 − 78

⑨ 52 − 23

⑩ 94 − 56

⑪ 70 − 37

⑫ 61 − 45

⑬ 60 − 24

⑭ 42 − 27

⑮ 78 − 29

⑯ 52 − 33

ひき算の ひっ算（4）

くり下がり あり ②

名前

① 54−29

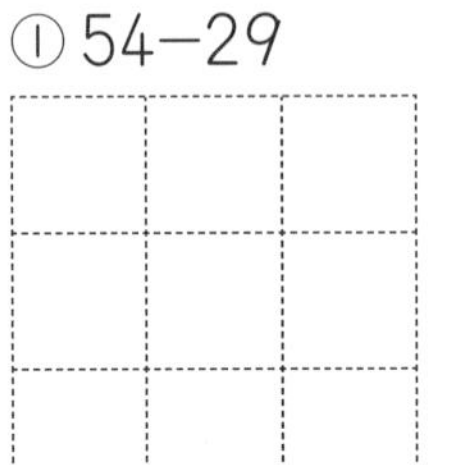

② 91−36

③ 60−3

④ 91−32

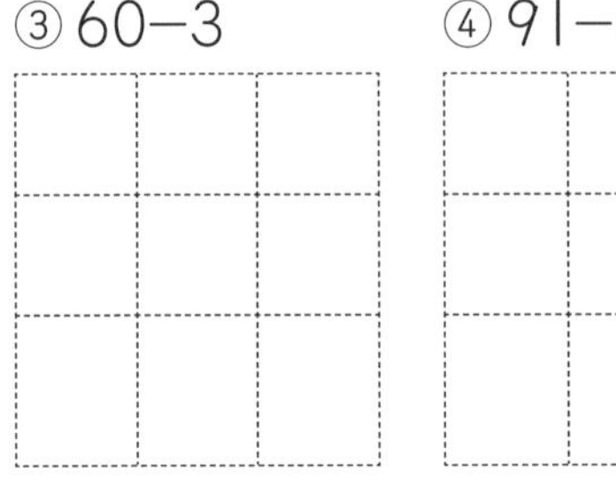

⑤ 83−77

⑥ 46−27

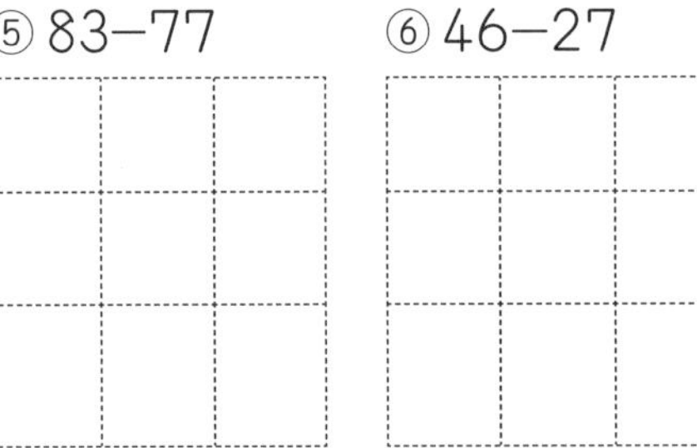

⑦ 74−66

⑧ 80−46

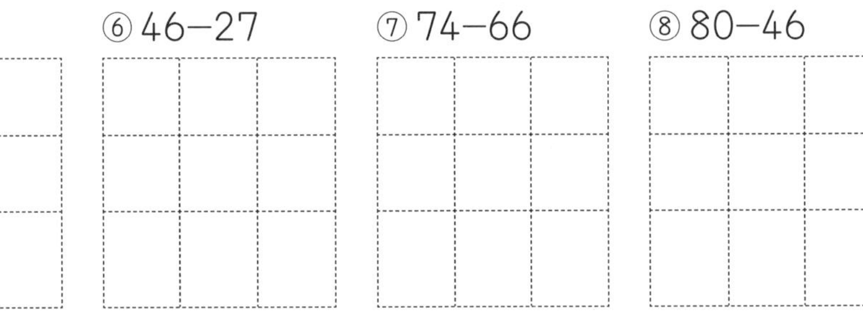

⑨ 83−55

⑩ 95−28

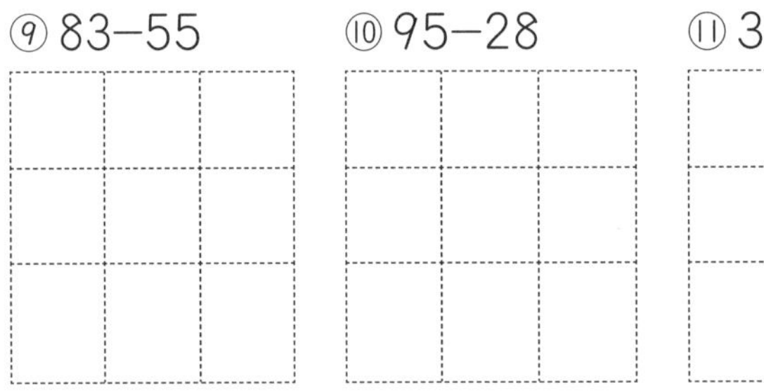

⑪ 32−29

⑫ 52−8

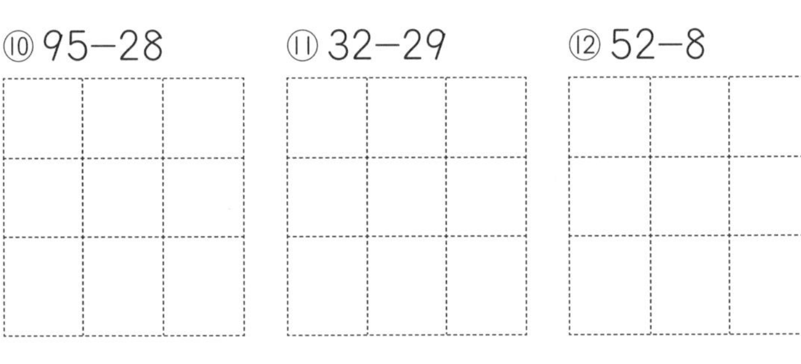

めいろは，答えの 大きい 方を とおりましょう。とおった 方の 答えを 下の □に 書きましょう。

① □ ② □ ③ □

ひき算の ひっ算（5）

くり下がり あり ③

名前

① 98 − 49

② 70 − 27

③ 65 − 38

④ 84 − 59

⑤ 60 − 9

⑥ 52 − 18

⑦ 96 − 68

⑧ 74 − 36

⑨ 92 − 48

⑩ 83 − 26

⑪ 55 − 37

⑫ 23 − 7

⑬ 80 − 44

⑭ 56 − 27

⑮ 72 − 8

⑯ 45 − 28

ひき算の ひっ算（6）

くり下がり あり ④

名前

① 70−6

② 66−19

③ 30−27

④ 55−38

⑤ 83−54

⑥ 50−42

⑦ 65−49

⑧ 91−67

⑨ 84−65

⑩ 72−59

⑪ 51−6

⑫ 63−28

めいろは，答えの 大きい 方を とおりましょう。とおった 方の 答えを 下の ▭に 書きましょう。

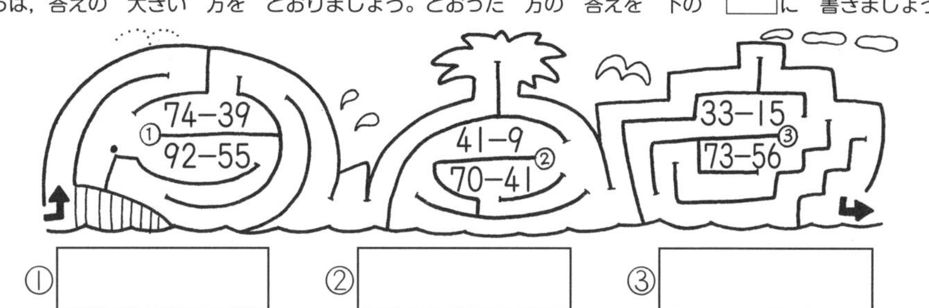

ひき算の ひっ算（7）

くり下がり あり・なし

名前

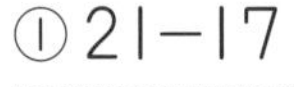

①21−17

②70−24

③52−29

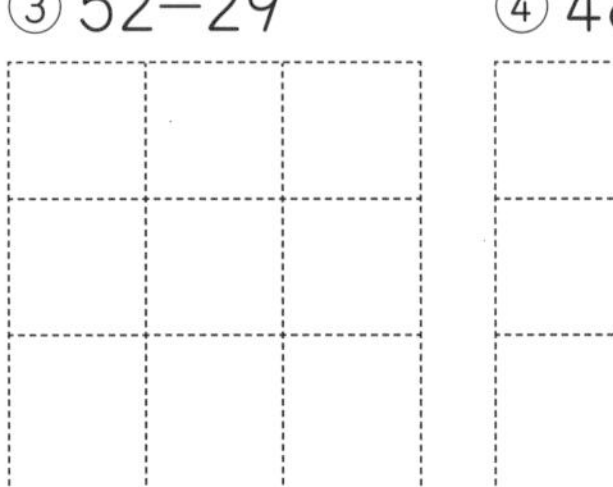

④48−7

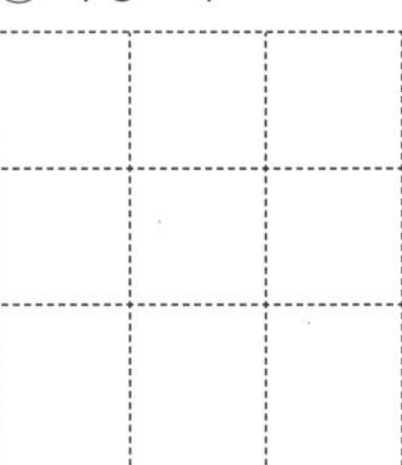

⑤85−27

⑥31−13

⑦75−45

⑧84−13

⑨81−66

⑩97−19

⑪91−28

⑫93−54

⑬32−18

⑭56−35

⑮40−28

⑯64−8

ひき算の ひっ算（8）

めいろ

名前

● 答(こた)えの　大きい　方(ほう)を　とおって　ゴールまで　行(い)きましょう。とおった　方の　答えを　□に　書(か)きましょう。

①□　②□　③□　④□　⑤□

ひき算の ひっ算（9）

文しょうだい ①

名前

1 メダカが 64ひき います。友(とも)だちに 25ひき あげました。メダカは 何(なん)びき のこって いますか。

しき

答(こた)え

2 はこに みかんが 50こ あります。2年生 32人に 1こずつ くばると，みかんは，何こ のこりますか。

しき

答え

3 こまを 34こ 作(つく)りました。そのうち，27こ まわりました。まわらなかったのは 何こですか。

しき

答え

4 玉入れを しました。赤組(あかぐみ)が 37こ，白組が 28こ 入りました。赤組は 白組より 何こ 多(おお)く 入りましたか。

しき

答え

ひき算の ひっ算（10）

文しょうだい ②

名前

1 パンを 53こ やいて，38人の 子どもに 1こずつ くばりました。パンは 何(なん)こ のこって いますか。

しき

答(こた)え

2 切手(きって)が 42まい あります。15まい つかうと，何まい のこりますか。

しき

答え

3 公園(こうえん)で 子どもが 26人 あそんで います。そのうち，男の子は 15人です。女の子は 何人ですか。

しき

答え

4 赤い チューリップが 70本，白い チューリップが 59本 さいて います。どちらが 何本 多(おお)く さいて いますか。

しき

答え

ふりかえりテスト　ひき算の ひっ算

名前

1　計算を　しましょう。(4×17)

①95－19　②60－29　③52－28

④42－36　⑤80－11　⑥56－39

⑦55－36　⑧72－19　⑨74－45

⑩44－18　⑪31－14　⑫88－55

⑬70－8　⑭81－25　⑮88－49

⑯64－37　⑰30－8

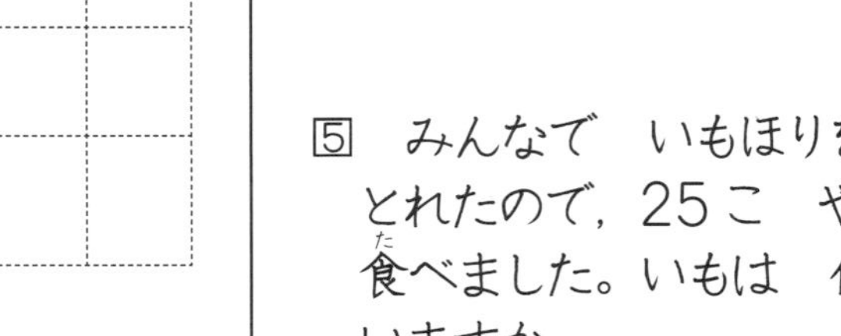

2　ぜんぶで　82ページの　本が　あります。今日までに　54ページ　読みました。のこりは　何ページですか。(8)

しき

答え

3　文ぼうぐやさんで　えんぴつと　クリップを買うと　95円でした。えんぴつは　65円です。クリップは　何円ですか。(8)

しき

答え

4　お父さんは　41才，お母さんは　38才です。どちらが　何才　年上ですか。(8)

しき

答え

5　みんなで　いもほりを　しました。41こ　とれたので，25こ　やきいもに　して食べました。いもは　何こ　のこって　いますか。(8)

しき

答え

たし算かな ひき算かな (1)

名前

① チョコクッキーを 38まい，こう茶クッキーを 27まい 作りました。ぜんぶで 何まい 作りましたか。

しき

答え

② バスに 43人 のって います。そのうち，おとなは 29人です。子どもは，何人ですか。

しき

答え

③ かなさんは，チョコレートを 18こ もって います。お父さんに 7こ もらいました。かなさんの チョコレートは，何こに なりましたか。

しき

答え

④ はこに じゃがいもが 82こ 入って います。りょうりを作るのに，35こ つかいました。のこりは 何こですか。

しき

答え

たし算かな ひき算かな (2)

名前

① かずまさんは，カードを 28まい もって います。お兄さんから 13まい もらいました。かずまさんの カードは 何まいに なりましたか。

しき

答え

② はこの 中に クッキーが 40まい あります。5まい 食べると，のこりは 何まいに なりますか。

しき

答え

③ はくちょうが みずうみに 24わ います。かもは 32わ います。どちらが 何わ 多いですか。

しき

答え

④ 50円の ガムと，38円の あめを 買います。ぜんぶで 何円に なりますか。

しき

答え

たし算かな ひき算かな (3)

名前

□1 おにぎりを，13こ 作(つく)りました。20こに するには，あと 何(なん)こ 作れば よいですか。

しき

答(こた)え

□2 2年生 36人が うんどう場(じょう)で あそんで います。18人は おにごっこを して，のこりの 人は ドッジボールを して います。ドッジボールを して いるのは 何人ですか。

しき

答え

□3 船(ふね)に 16人 のって います。あと 18人 のることが できます。船には ぜんぶで 何人 のることが できますか。

しき

答え

□4 あみさんは なわとびを しました。あと 4回(かい) とぶと，96回でした。あみさんは 何回 とびましたか。

しき

答え

たし算かな ひき算かな (4)

名前

□1 大なわとびを しました。1組(くみ)は 29回(かい) とびました。2組は，1組より 9回 多(おお)く とびました。2組は 何(なん)回 とびましたか。

しき

答(こた)え

□2 プリンは 92円です。ゼリーは，プリンより 27円 やすい そうです。ゼリーは 何円ですか。

しき

答え

□3 池(いけ)に メダカが 18ひき います。メダカの 赤ちゃんが 9ひき 生まれました。メダカは ぜんぶで 何びきに なりましたか。

しき

答え

□4 子どもが 30人で おにごっこを します。そのうち，おには 2人です。にげる 子どもは 何人ですか。

しき

答え

長さの たんい (1)

名前

1 テープを つかって ものの 長さを くらべました。いちばん 長いのは 何ですか。

つくえの よこ
ロッカーの はば
黒ばんの たて

答え（　　　　　　）

2 ファイルの たてと よこの 長さを スティックのりで くらべました。（ ）に 数字を 書きましょう。

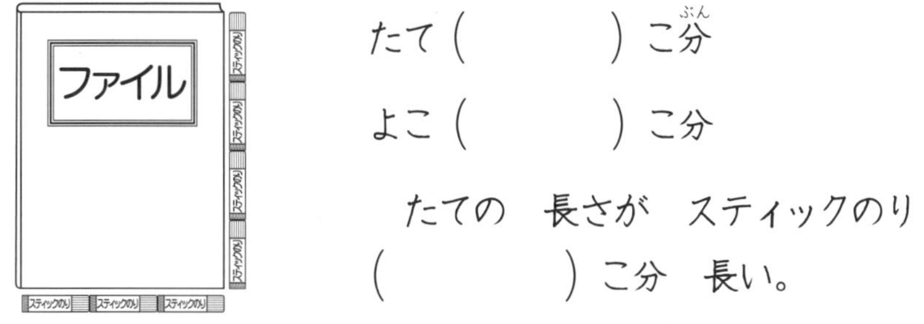

たて（　　　）こ分

よこ（　　　）こ分

たての 長さが スティックのり（　　　）こ分 長い。

3 けしゴムの たてと よこの 長さを ノートの ますで くらべました。（ ）に 数字を 書きましょう。

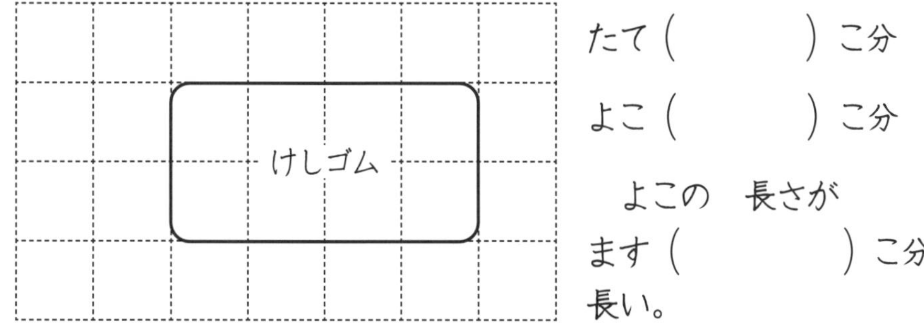

たて（　　　）こ分

よこ（　　　）こ分

よこの 長さが ます（　　　）こ分 長い。

長さの たんい (2)

名前

長さを はかる たんいに センチメートルが あります。
1センチメートルは 1cmと 書きます。

1 cmを 書く れんしゅうを しましょう。

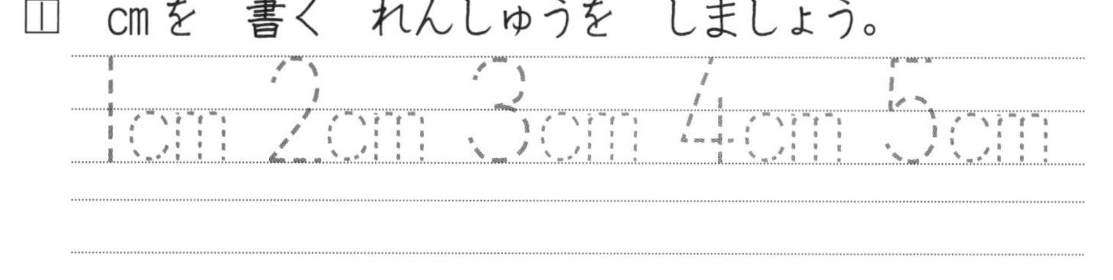

2 1ますが 1cmの 工作用紙で 長さを はかりましょう。

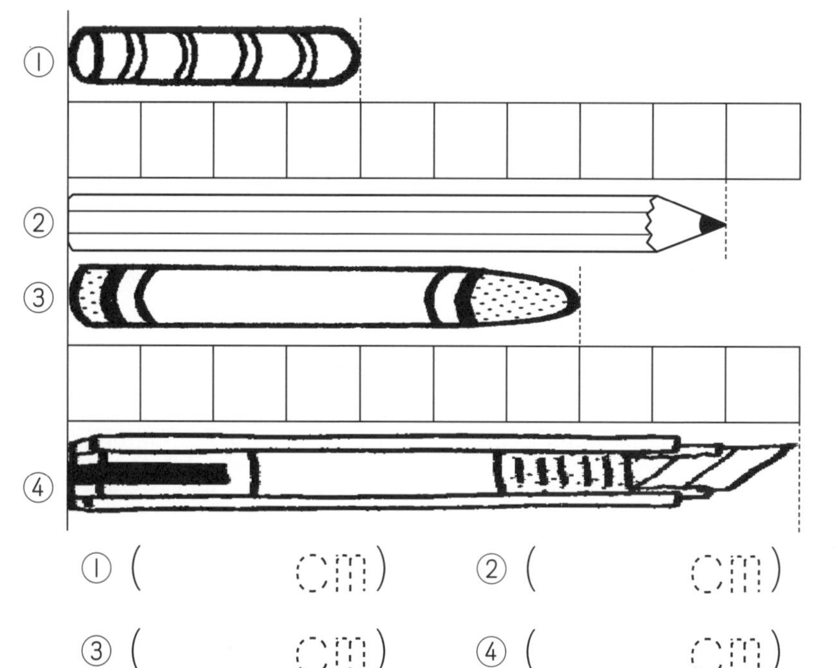

①（　　　cm）　②（　　　cm）

③（　　　cm）　④（　　　cm）

長さの たんい (3)

名前

1cmを 同じ長さに 10に 分けた 1こ分を **1ミリメートル**と いい，**1mm**と 書きます。
1cm＝10mm です。

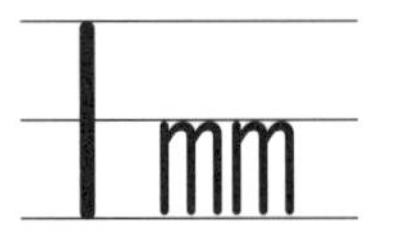

1 mmを 書く れんしゅうを しましょう。

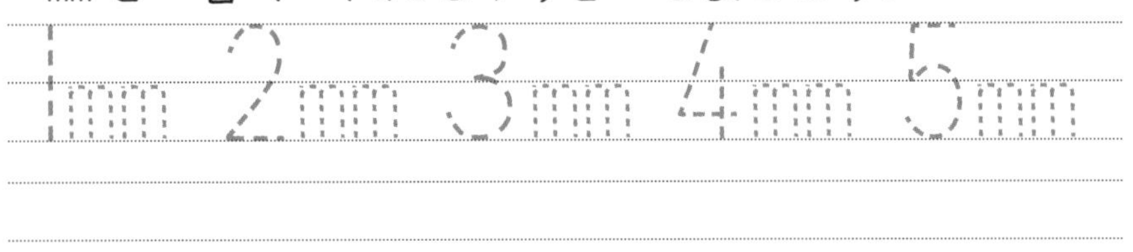

2 つぎの 長さは 何cm何mmですか。

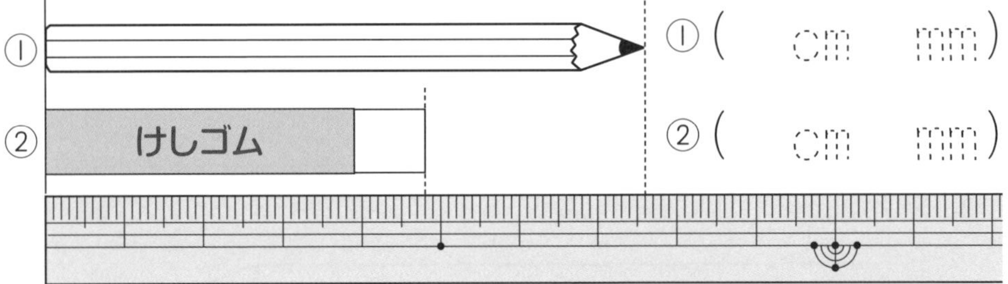

①（ cm mm）
②（ cm mm）

3 左の はしから あ，い，う，えまでの 長さを それぞれ答えましょう。

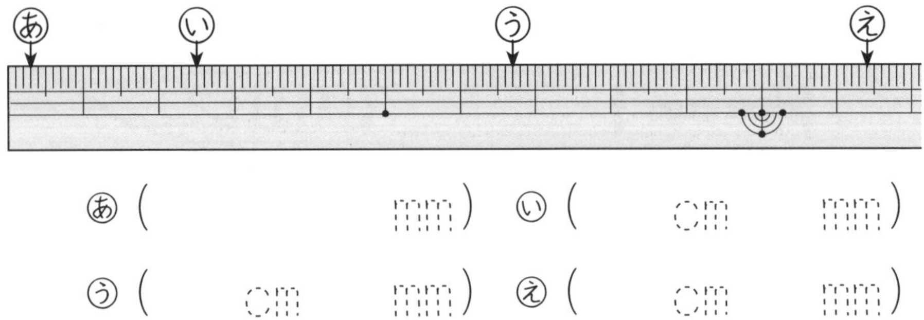

あ（ mm） い（ cm mm）
う（ cm mm） え（ cm mm）

長さの たんい (4)

名前

1 ものさしで 長さを はかりましょう。

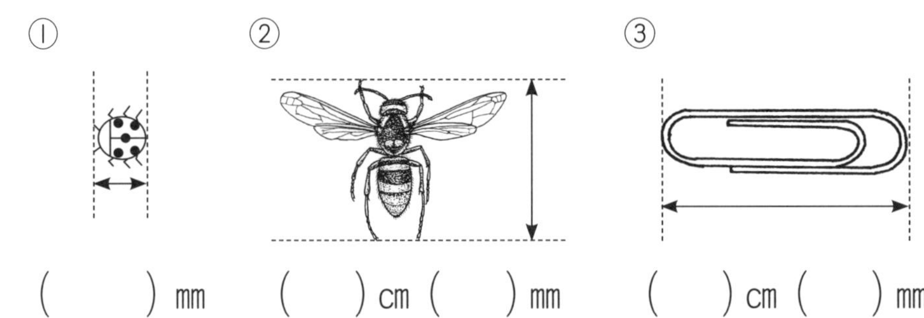

①（ ）mm ②（ ）cm（ ）mm ③（ ）cm（ ）mm

2 つぎの 長さを ものさしで はかりましょう。

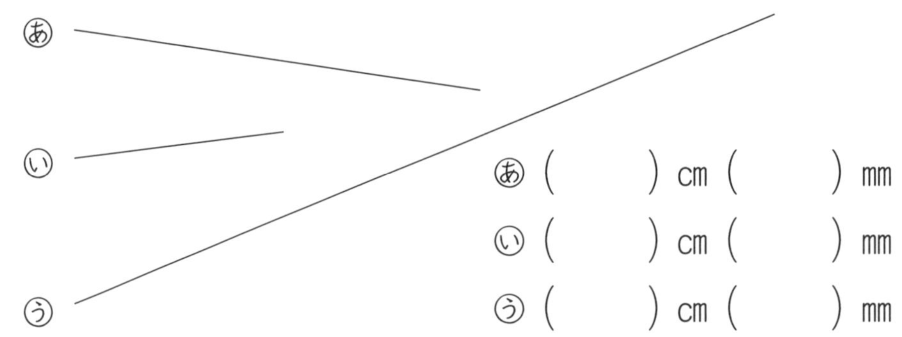

あ（ ）cm（ ）mm
い（ ）cm（ ）mm
う（ ）cm（ ）mm

3 ものさしで つぎの 長さの 線を ひきましょう。

① 6cm ・
② 4cm ・
③ 3cm5mm ・
④ 7cm3mm ・
⑤ 9cm7mm ・

長さの たんい (5)

名前

1 つぎの テープの 長(なが)さを はかりましょう。

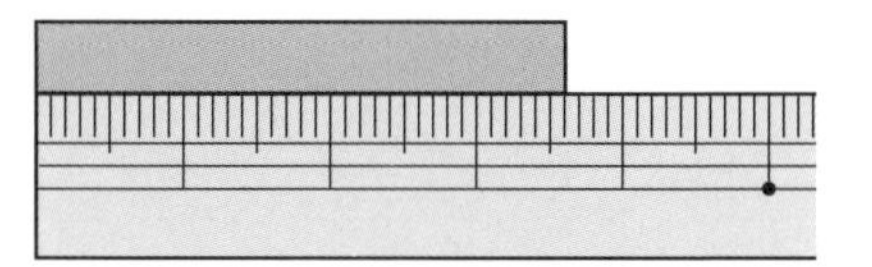

cm	mm
3	6

① 何(なん)cm何mmですか。（　　cm　　mm）

② mmだけで あらわすと 3cm＝（　　mm）だから，

はしたの（　　mm）と あわせて（　　mm）。

2 左の はしから あ，い，う，えまでの 長さは，それぞれ 何cm何mmですか。また，それは 何mmですか。

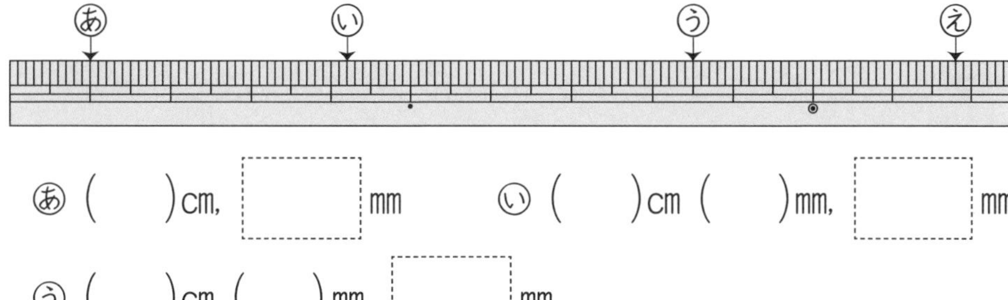

あ（　　）cm，［　　］mm　　い（　　）cm（　　）mm，［　　］mm

う（　　）cm（　　）mm，［　　］mm

え（　　）cm（　　）mm，［　　］mm

3 （　　）に あてはまる 数(かず)を 書(か)きましょう。

① 3cm5mm＝（　　）mm　　② 10cm2mm＝（　　）mm

③ 29mm＝（　　）cm（　　）mm　　④ 70mm＝（　　）cm

長さの たんい (6)

名前

1 3cmと 4cmの テープを かさならない ように つなぐと，何(なん)cmに なりますか。

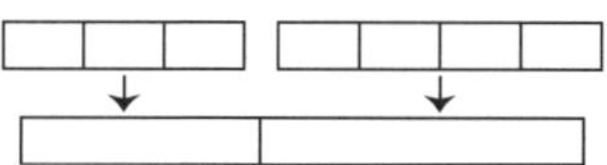

しき 3cm＋4cm＝

答(こた)え　　cm

2 6cmの テープから 2cm 切(き)りとると，のこりは 何cmですか。

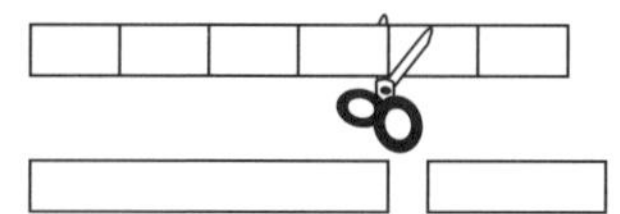

しき 6cm－2cm＝

答え　　cm

3 赤い リボンは 8cm，白い リボンは 3cm5mmです。ちがいは 何cm何mmですか。

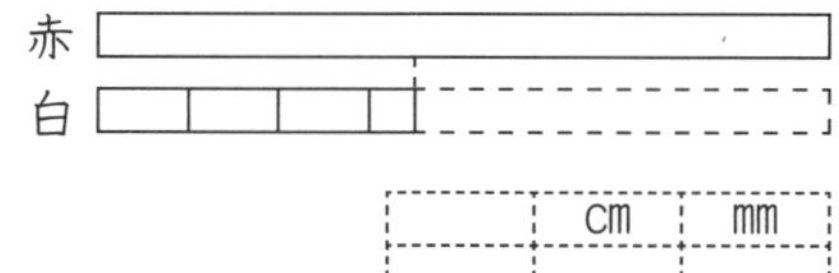

しき

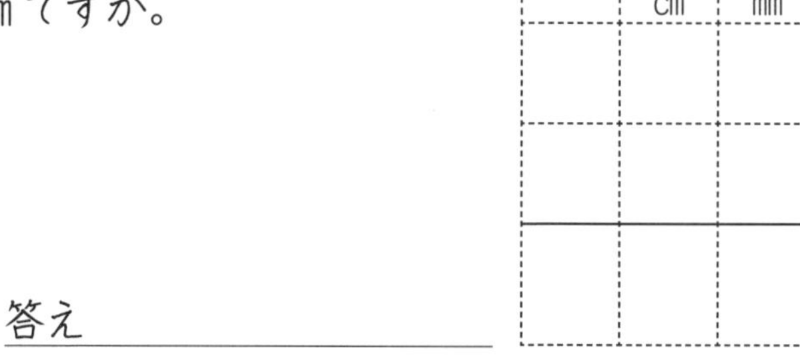

答え

4 8cm5mmの えんぴつを つかい，6cmに なりました。何cm何mm みじかく なりましたか。

しき

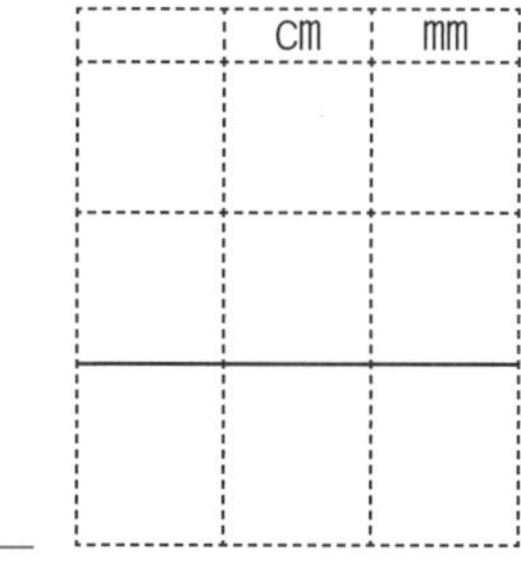

答え

長さの たんい (7)

名前

1 計算(けいさん)しましょう。

① 6cm + 8cm =　　② 5mm + 7mm =

③ 14mm + 8mm =　　④ 15cm − 6cm =

⑤ 23mm − 15mm =　　⑥ 53mm − 9mm =

2 計算しましょう。

① 4cm3mm + 2cm2mm =

	cm	mm

② 6cm4mm + 2cm9mm =

	cm	mm

③ 7cm6mm − 3cm4mm =

	cm	mm

④ 8cm4mm − 5cm7mm =

	cm	mm

長さの たんい (8)

名前

1 計算(けいさん)しましょう。

① 5cm7mm + 3cm =

② 10cm5mm + 3cm4mm =

③ 8cm1mm + 9mm =

④ 6cm7mm − 4cm =

⑤ 6cm3mm − 3mm =

2 はじめ 15cm5mm あった 色(いろ)えんぴつが，絵(え)を かいた あと 13cm5mm に なりました。何(なん)cm つかいましたか。

しき

答(こた)え

めいろは，答えの 大きい 方を とおりましょう。とおった 方の 答えを 下の □ に 書きましょう。

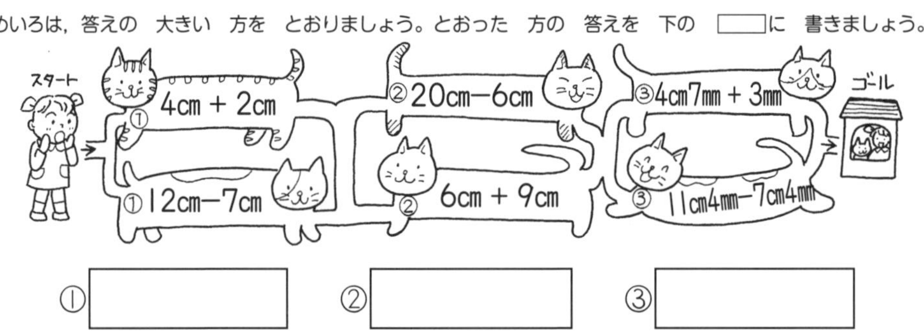

① □　② □　③ □

ふりかえりテスト　長さの たんい

名前

1　1ますが　1cmの　工作用紙で　長さを　はかりましょう。(4×2)

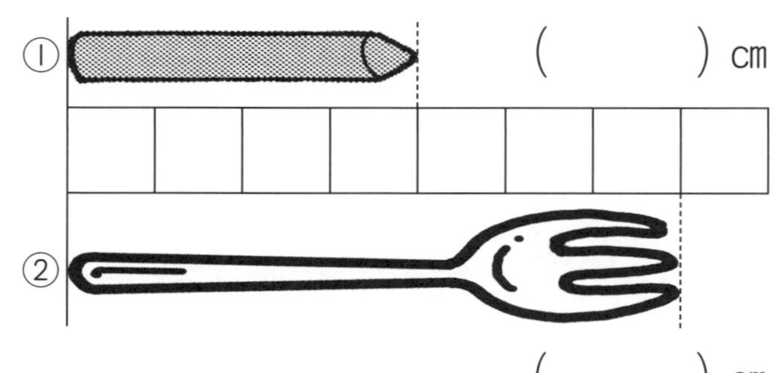

①（　　　）cm

②（　　　）cm

2　えんぴつの　長さは　何cmですか。(4×3)

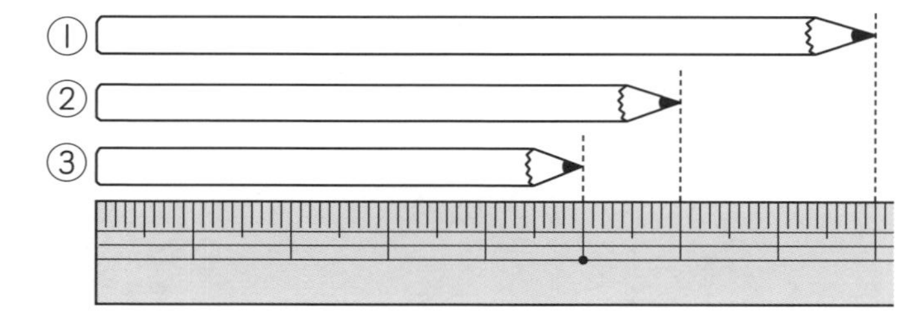

①（　　）cm　②（　　）cm　③（　　）cm

3　ものさしで　つぎの　長さの　線を　ひきましょう。(4×3)

①　2cm　・

②　3cm　・

③　6cm　・

4　つぎの　長さを　ものさしで　はかりましょう。(4×4)

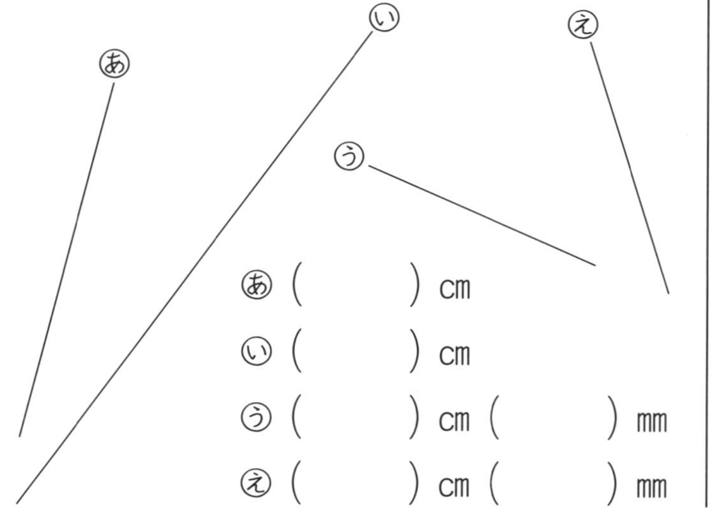

あ（　　　）cm

い（　　　）cm

う（　　　）cm（　　　）mm

え（　　　）cm（　　　）mm

5　つぎの　長さの　線を　ひきましょう。(4×2)

①　4cm2mm　・

②　2cm8mm　・

6　（　）に　あてはまる　数を　書きましょう。(4×4)

①　54mm＝（　　）cm（　　）mm

②　69mm＝（　　）cm（　　）mm

③　12cm7mm＝（　　　　）mm

④　8cm3mm＝（　　　　）mm

7　計算しましょう。(4×6)

①　16cm＋3cm＝

②　5cm2mm＋8mm＝

③　6cm6mm＋4cm＝

④　9cm－4cm＝

⑤　12cm3mm－6cm＝

⑥　5cm7mm－1cm7mm＝

8　18cm4mmの　ひもを　2つに　切りました。1本は，6cmです。もう　1本は，何cm何mmですか。(4)

しき

答え

1000までの 数（1）

名前

● はちは　ぜんぶで　何びき　いますか。

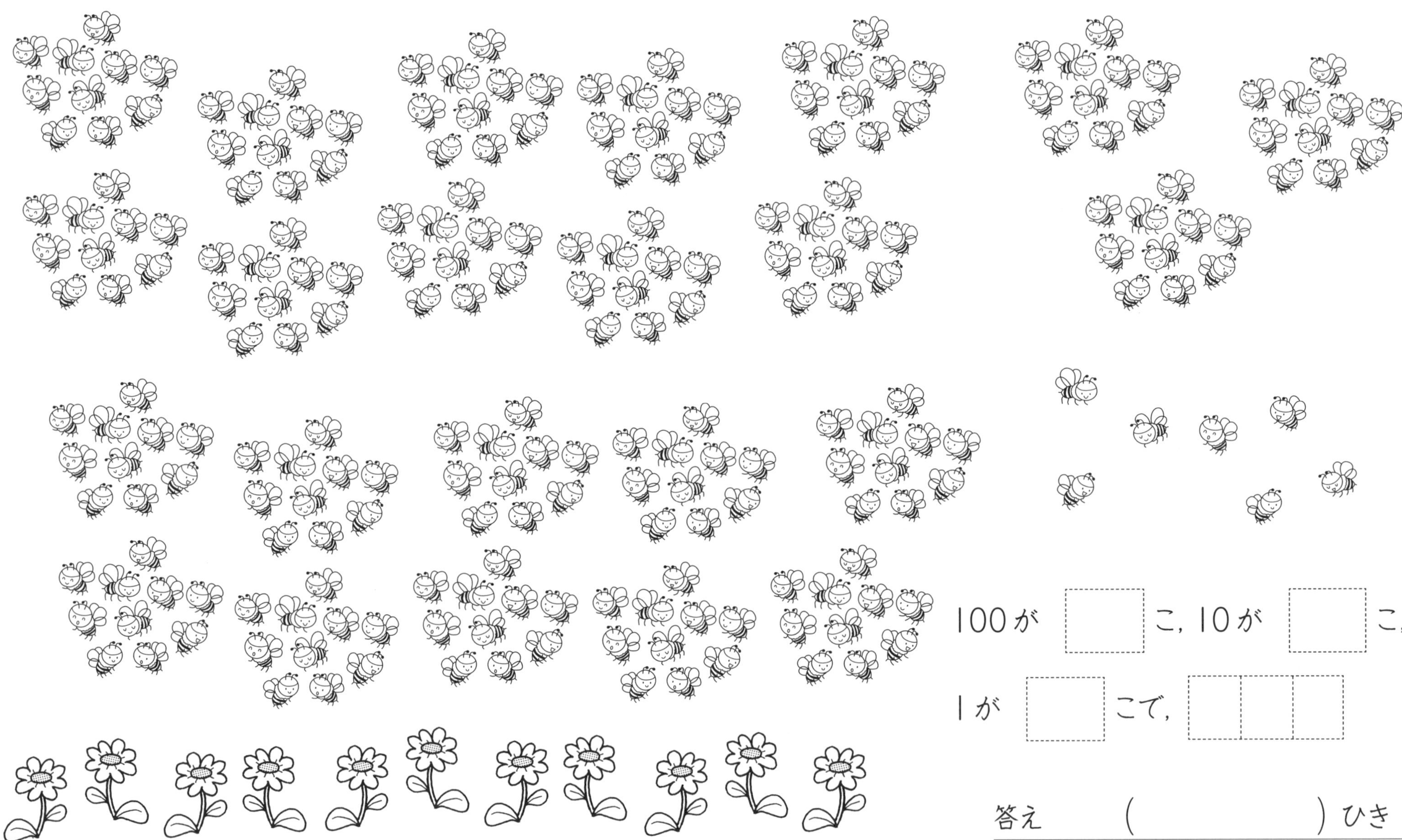

100が □ こ，10が □ こ，

1が □ こで，□□□

答え　（　　　　）ひき

1000までの 数（2）

名前

● □は，ぜんぶで 何（なん）こ ありますか。

①

百のくらい	十のくらい	一のくらい
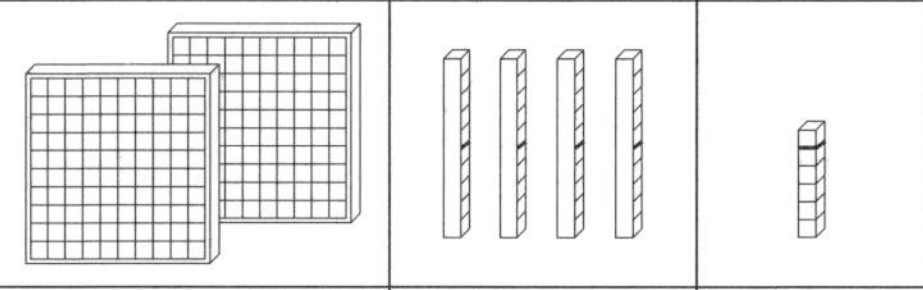		
二百	四十	六
2	4	6

百のくらいが（ 2 ），
十のくらいが（ 4 ），
一のくらいが（ 6 ）
ぜんぶで
（二百四十六）といい，
（ 246 ）と書（か）きます。

②

百のくらい	十のくらい	一のくらい
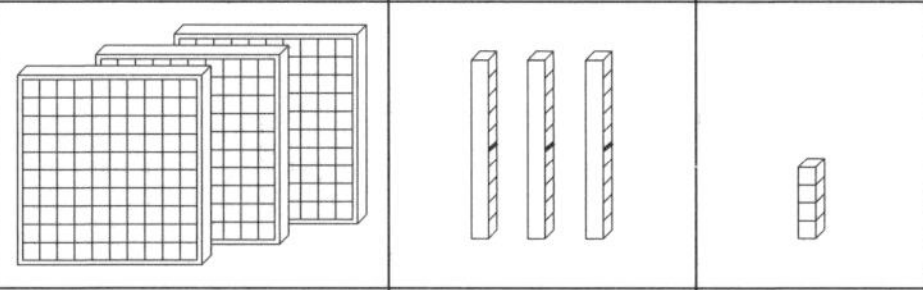		

百のくらいが（　　），
十のくらいが（　　），
一のくらいが（　　）
ぜんぶで
（　　　　　　）といい，
（　　　　）と書きます。

③

百のくらい	十のくらい	一のくらい
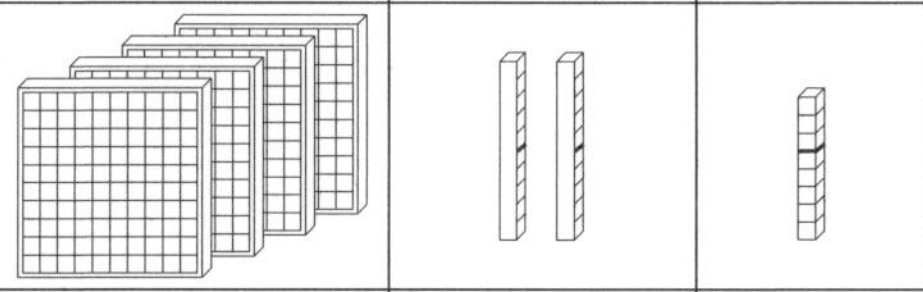		

百のくらいが（　　），
十のくらいが（　　），
一のくらいが（　　）
ぜんぶで
（　　　　　　）といい，
（　　　　）と書きます。

1000までの 数（3）

名前

● □は，ぜんぶで 何（なん）こ ありますか。

①

百のくらい	十のくらい	一のくらい
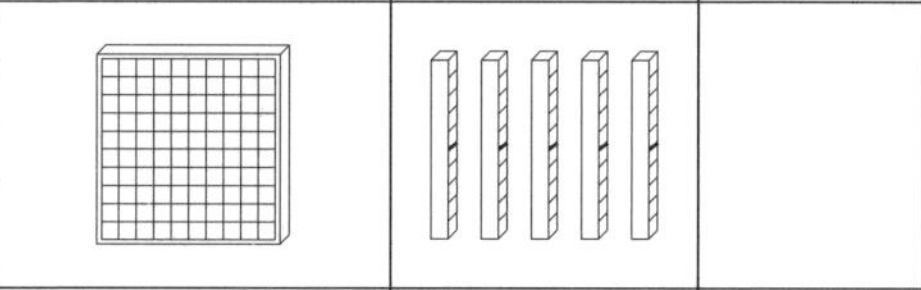		
百	五十	
1	5	0

百のくらいが（ 1 ），
十のくらいが（ 5 ），
一のくらいが（ 0 ）
ぜんぶで
（ 百五十 ）といい，
（ 150 ）と書（か）きます。

②

百のくらい	十のくらい	一のくらい
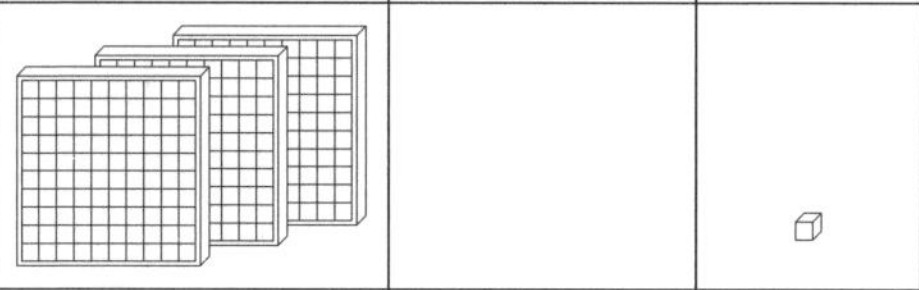		

百のくらいが（　　），
十のくらいが（　　），
一のくらいが（　　）
ぜんぶで
（　　　　　　）といい，
（　　　　）と書きます。

③

百のくらい	十のくらい	一のくらい
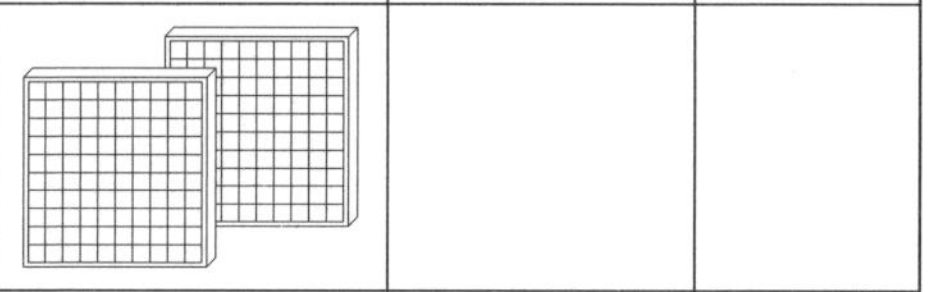		

百のくらいが（　　），
十のくらいが（　　），
一のくらいが（　　）
ぜんぶで
（　　　　　　）といい，
（　　　　）と書きます。

1000までの 数（4）

名前

1 つぎの 数を 数字で 書きましょう。

① 二百と 七十と 八を あわせた 数 （　　　）

② 六百と 五を あわせた 数 （　　　）

③ 八百と 八を あわせた 数 （　　　）

④ 100を 7こ，10を 3こ，1を 9こ あわせた 数 （　　　）

⑤ 100を 4こ，10を 6こ あわせた 数 （　　　）

⑥ 100を 9こ あわせた 数 （　　　）

2 つぎの 数を 数字で 書いて，かん字で 読み方を 書きましょう。

	数字	読み方（かん字）
① 百のくらいが 3，十のくらいが 7，一のくらいが 6		
② 百のくらいが 5，十のくらいが 0，一のくらいが 4		
③ 百のくらいが 1，十のくらいが 6，一のくらいが 0		
④ 100を7こと，10を3こ		
⑤ 100を2こと，1を7こ		
⑥ 100を9こと，10を4こ		

1000までの 数（5）

名前

1 □に あてはまる 数を 書きましょう。

① 397 － □ － 399 － □ － 401 － □ －

② 760 － □ － 780 － 790 － □ － □ －

③ 530 － 520 － □ － □ － 490 － □ －

④ 300 － 299 － □ － □ － 296 － □ －

2 ↑の ところの 数を 書きましょう。

①

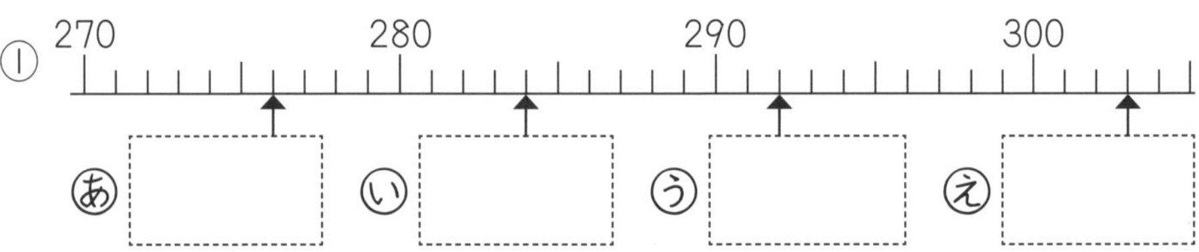

②

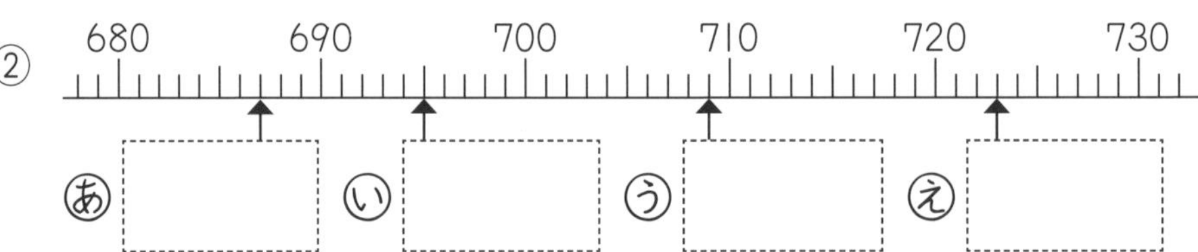

③

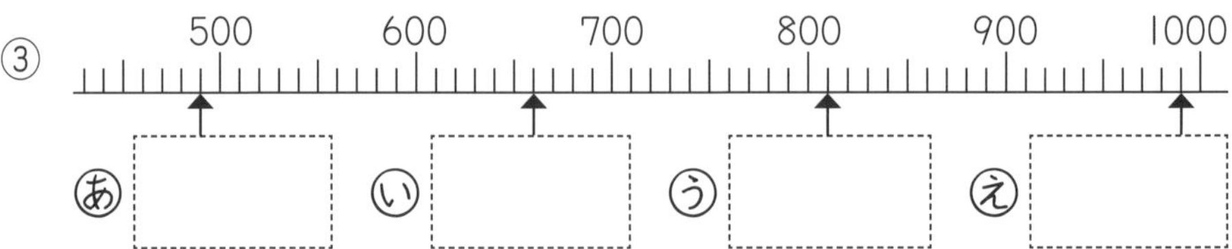

1000までの 数（6）

名前 ＿＿＿＿＿＿＿＿＿＿

1 を，100こずつ　つめた　はこが　あります。

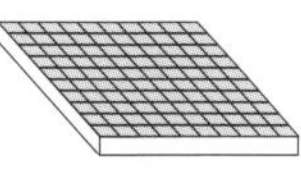

① 2はこ分では，何こ　ありますか。

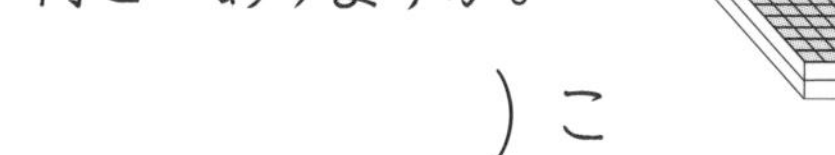

（　　　　　　）こ

② 9はこ分では，何こ　ありますか。

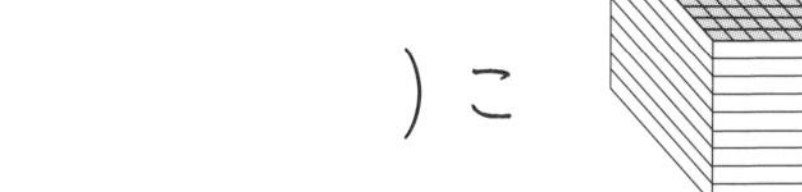

（　　　　　　）こ

③ 10ぱこ分では，何こ　ありますか。

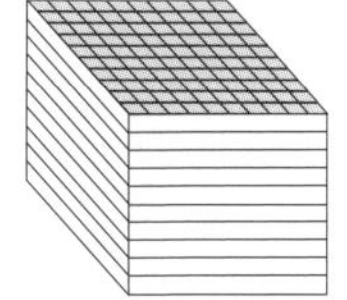

（　　　　　　）こ

2 つぎの　数の　線を　見て，①～⑤の　数を　書きましょう。

0　100　200　300　400　500　600　700　800　900　1000

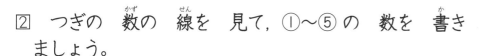

① 200より　500　大きい　数　（　　　　　　）

② 400より　50　大きい　数　（　　　　　　）

③ 700より　300　大きい　数　（　　　　　　）

④ 1000より　100　小さい　数　（　　　　　　）

⑤ 800より　10　小さい　数　（　　　　　　）

1000までの 数（7）

名前 ＿＿＿＿＿＿＿＿＿＿

1 250は，10を　何こ　あつめた　数ですか。

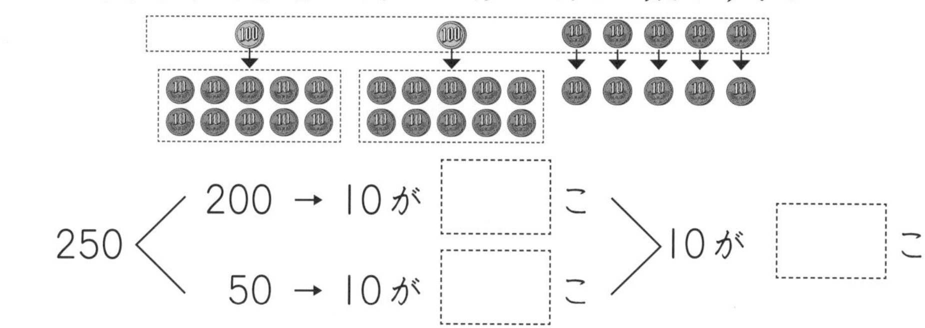

250 ＜ 200 → 10が □ こ ／ 50 → 10が □ こ ＞ 10が □ こ

2 □に　あてはまる　数を　書きましょう。

① 390は，100を □ こと，10を □ こ　あわせた　数です。

② 390は，10を □ こ　あつめた　数です。

③ 1000は，10を □ こ　あつめた　数です。

また，100を □ こ　あつめた　数です。

④ 10を　72こ　あつめた　数は □ です。

3 つぎの　数を，下の線に　↑で　書き入れましょう。

［れい］978　㋐961　㋑969　㋒994　㋓1000

960　970　980　990　1000　1010

↑ れい

1000までの 数 (8)

名前

□1 どちらの 数(かず)が 大きいですか。> か，<を つかって あらわしましょう。

① 389  398　② 269 □ 271

③ 903  899　④ 999  1000

⑤ 693  691　⑥ 530  503

□2 計算(けいさん)を しましょう。

① 60 + 80 =　② 700 + 200 =

③ 500 + 40 =　④ 400 + 600 =

⑤ 900 − 500 =　⑥ 1000 − 300 =

⑦ 690 − 90 =

めいろは，数の 大きい 方を とおりましょう。とおった 方の 数を 下の □に 書きましょう。

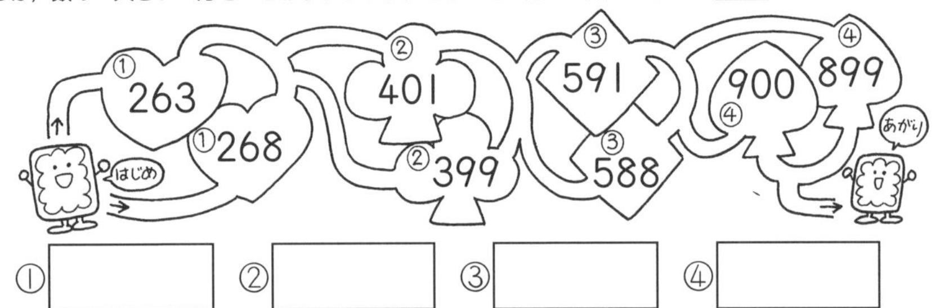

① □　② □　③ □　④ □

1000までの 数 (9)

名前

● 580から 590，600…と 1000まで じゅんばんに 線(せん)で つなぎましょう。

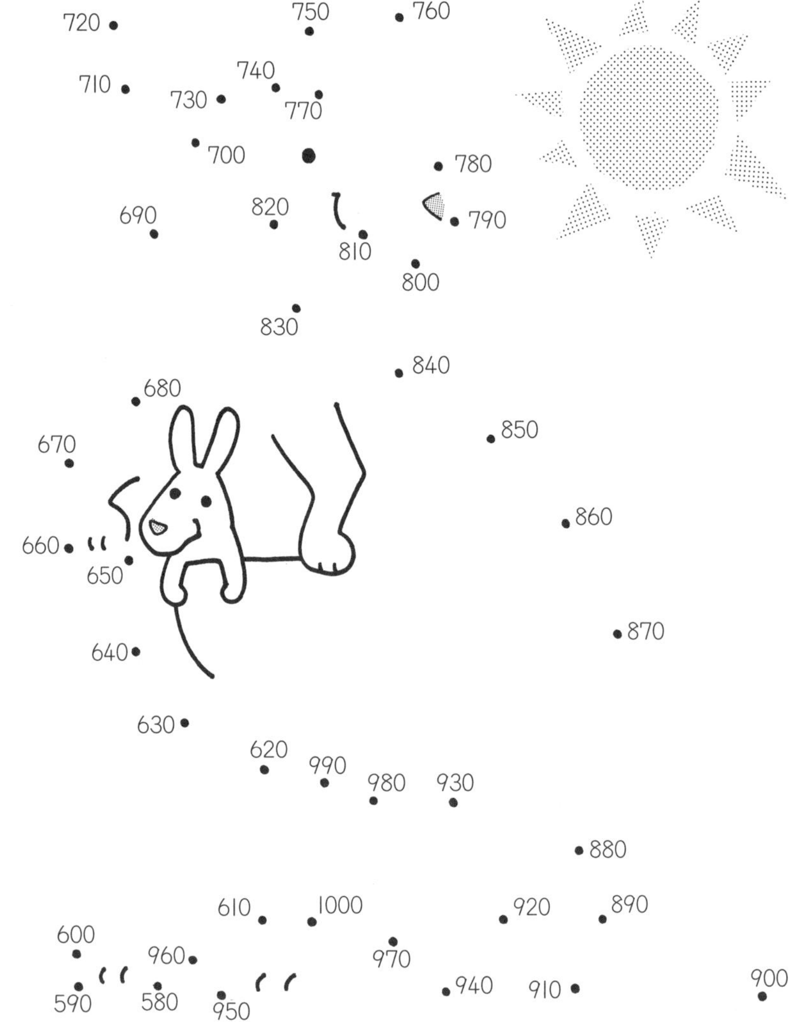

ふりかえりテスト 1000までの 数

名前

1 ▱は，ぜんぶで 何(なん)こ ありますか。(5×3)

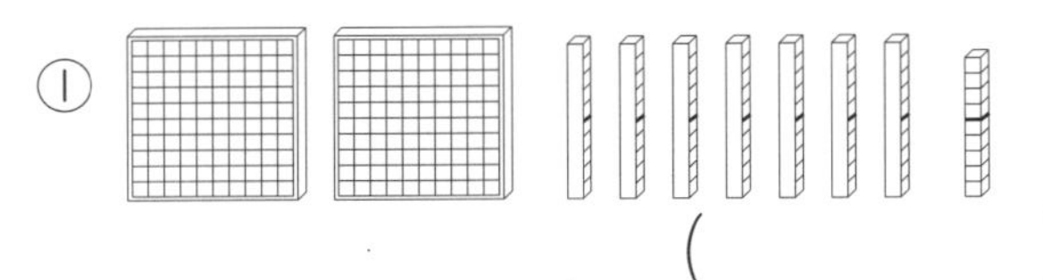

① (　　　　)こ

② (　　　　)こ

③ (　　　　)こ

2 つぎの 数(かず)を 数字(すうじ)で 書(か)きましょう。(4×5)

① 六百と 五十と 二を あわせた 数
(　　　　　　)

② 四百と 八十を あわせた 数
(　　　　　　)

③ 九百と 五を あわせた 数
(　　　　　　)

④ 100を 8こ，10を 4こ，あわせた 数
(　　　　　　)

⑤ 100を 1こ，1を 7こ，あわせた 数
(　　　　　　)

3 □に あてはまる 数を 書きましょう。(2×6)

① 590－□－610－□－630

② 325－□－335－340－□

③ 997－998－□－□－1001

4 どちらの 数が 大きいですか。>か，<をつかって あらわしましょう。(4×4)

① 700 □ 695　② 202 □ 199

③ 489 □ 498　④ 950 □ 955

5 ↑の 数を □に 書きましょう。(3×4)

① 470　480　490　500

㋐ □　㋑ □

② 960　970　980　990

㋐ □　㋑ □

6 □に あてはまる 数を 書きましょう。(4×4)

① 560は，100を□こと，10を□こ あわせた 数です。

② 560は，10を□こ あつめた 数です。

③ 10を 94こ あつめた 数は□です。

④ 100を 8こ あつめた 数は□です。

7 どちらの 数が 大きいですか。>か，<を つかって あらわしましょう。また，2つの 数を ↑で あらわしましょう。(3×3)

197 □ 205

190　200　210　220

水の かさの たんい（1）

名前

かさを　あらわす　たんいに　リットルがあります。
1リットルは **1L**と　書きます。
水などの　かさは　1リットルが
いくつ分　あるかで　あらわします。

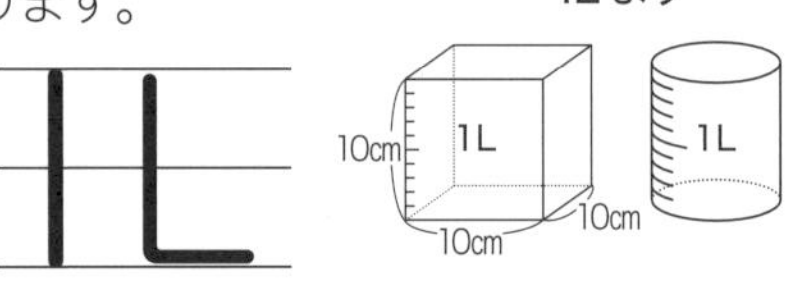

1　Lを　書く　れんしゅうを　しましょう。

2　1L ますで　はかりました。何Lですか。

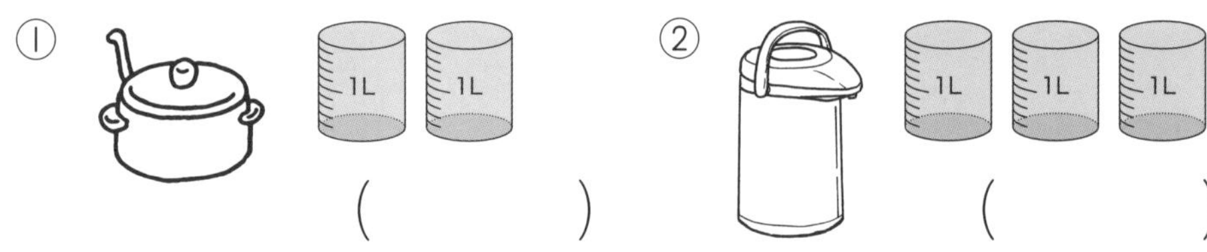

①（　　　）　②（　　　）

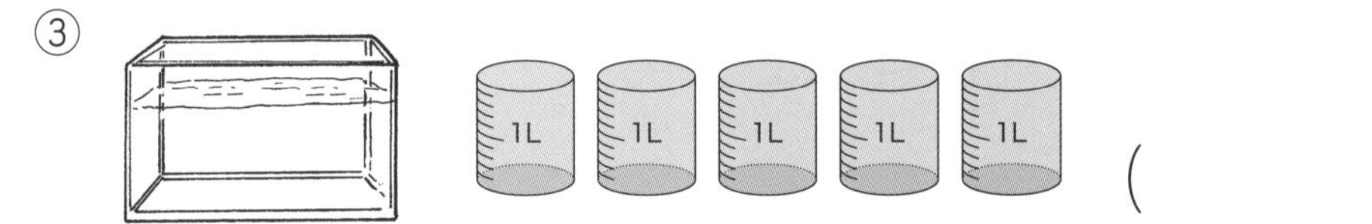

③（　　　）

④（　　　）

水の かさの たんい（2）

名前

1デシリットルは　1Lを　同じ　かさに　10に　分けた
1こ分の　かさです。
1デシリットルを **1dL**と　書きます。　1L ＝ □ dL

1dL

1　dLを　書く　れんしゅうを　しましょう。

1dL 2dL 3dL 4dL 5dL

2　1L ますや　1dL ますで　はかりました。㋐，㋑の
あらわし方で　書きましょう。

① ㋐ □ dL

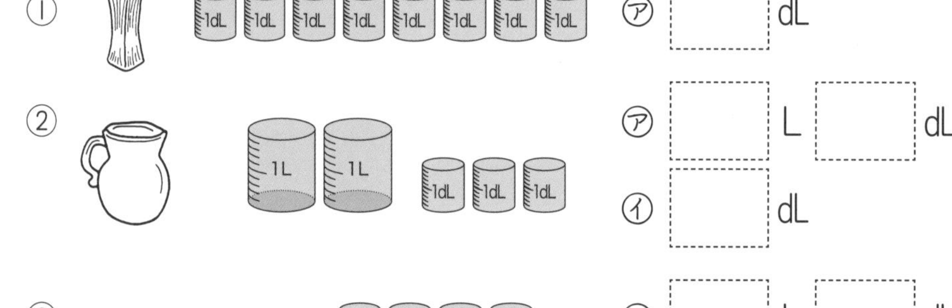

② ㋐ □ L □ dL　㋑ □ dL

③ ㋐ □ L □ dL　㋑ □ dL

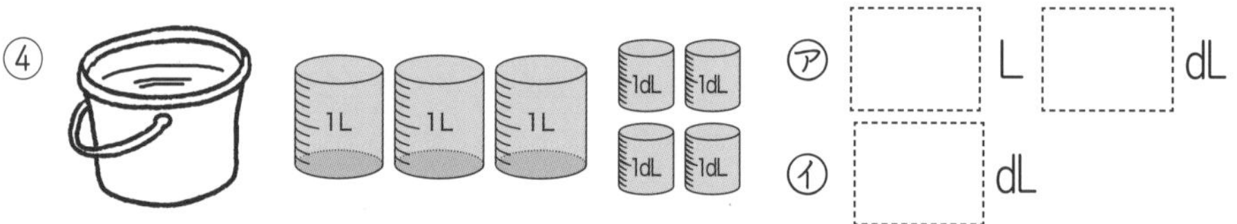

④ ㋐ □ L □ dL　㋑ □ dL

水の かさの たんい (3)

名前

□1 小さい やかんに 1L2dL，大きい やかんに，3L の 水が 入ります。あわせると 何L 何dL ですか。

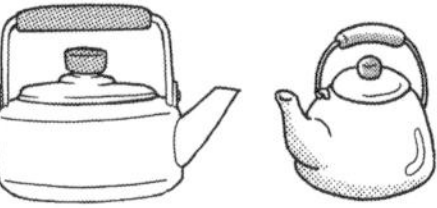

しき

答え ＿＿＿＿＿＿

□2 牛にゅうが びんに 2dL，紙パックに，9dL あります。かさの ちがいは どれだけですか。

しき

答え ＿＿＿＿＿＿

□3 ペットボトルに 1L5dL，水とうに 1L4dLの 水が 入って います。水は ぜんぶで 何L 何dL ありますか。

しき

答え ＿＿＿＿＿＿

□4 あぶらが 4L6dL あります。天ぷらを 作るのに 1L5dL つかいました。何L 何dL のこって いますか。

しき

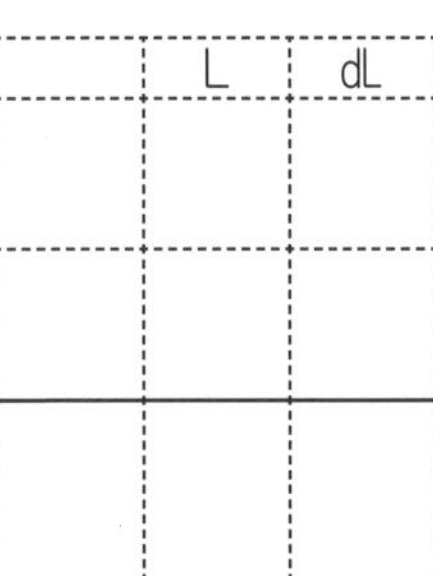

答え ＿＿＿＿＿＿

水の かさの たんい (4)

名前

□1 計算を しましょう。

① 5dL ＋ 3dL ＝

② 3L2dL ＋ 2L3dL ＝

③ 2L4dL ＋ 4dL ＝

④ 4L1dL ＋ 3L ＝

⑤ 8L − 2L ＝

⑥ 4L8dL − 1L5dL ＝

⑦ 3L7dL − 2L ＝

⑧ 4L5dL − 5dL ＝

□2 コーンスープが 大きいなべに 2L4dL，小さい なべに 6dL 入って います。

① あわせて かさは どれだけに なりますか。

しき

	L	dL

答え ＿＿＿＿＿＿

② かさの ちがいは どれだけですか。

しき

	L	dL

答え ＿＿＿＿＿＿

水の かさの たんい (5)

名前

dLより　小さい　かさを　あらわす　たんいに　ミリリットルが　あります。1ミリリットルは 1mL と書きます。

1L = 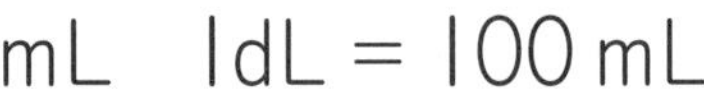 mL　1dL = 100 mL

1 mLを　書く　れんしゅうを　しましょう。

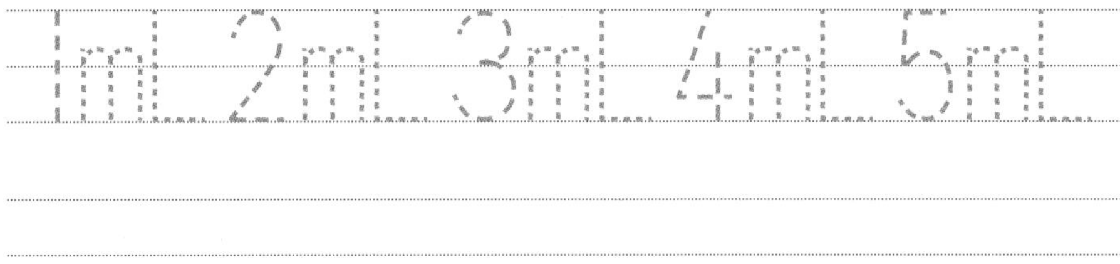

2 (　)に　あてはまる　数を　書きましょう。

① 1L = (　　) dL　② 5L = (　　　) mL

③ 1L3dL = (　　) dL　④ 4dL = (　　　) mL

めいろは，かさの　大きい　方を　とおりましょう。とおった　方の　かさを　下の □に　書きましょう。

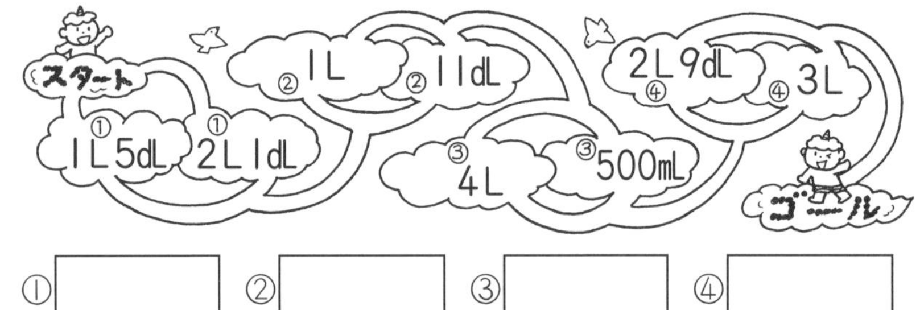

① □　② □　③ □　④ □

水の かさの たんい (6)

名前

1 (　)に　あてはまる　かさの　たんい（L，dL，mL）を　書きましょう。

① 牛にゅうの　大きな　パックの　かさ　1 (　　)

② かんジュースの　かさ　350 (　　)

③ 水そうに　入る　水の　かさ　8 (　　)

④ 水とうに　入る　お茶の　かさ　6 (　　)

⑤ コップに　入る　むぎ茶の　かさ　2 (　　)

⑥ 目ぐすりの　入れものの　かさ　10 (　　)

2 つぎの　かさを　くらべて　大きい方に　○を　つけましょう。

① (2L9dL , 2L5dL)　② (3dL , 400mL)

③ (1L2dL , 15dL)　④ (8L , 7L8dL)

⑤ (4dL , 3000mL)　⑥ (1L , 1dL)

⑦ (1L , 900mL)　⑧ (5dL , 1L)

ふりかえりテスト　水の かさの たんい

名前

1　1L ますや　1dL ますで　はかりました。かさを　書きましょう。(4×4)

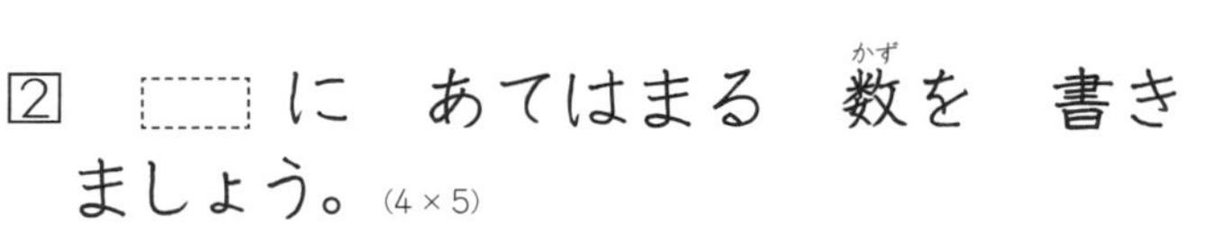

①　□ L □ dL

②　□ L □ dL

③　□ L □ dL

④　□ dL

2　□ に　あてはまる　数を　書きましょう。(4×5)

①　1L ＝ □ dL

②　3L ＝ □ mL

③　4L2dL ＝ □ dL

④　18dL ＝ □ L □ dL

⑤　6dL ＝ □ mL

3　（　　）に　あてはまる　かさの　たんい（L, dL, mL）を　書きましょう。(4×4)

①　バケツに　入る　水の　かさ　8（　　　）

②　スプーンで　すくえる　スープの　かさ　6（　　　）

③　きゅう食の　牛にゅうパックの　かさ　2（　　　）

④　家の　おふろに　入る　水の　かさ　250（　　　）

4　たし算を　しましょう。(4×5)

①　4L＋2L＝ □ L

②　3dL＋6dL＝ □ dL

③　1L5dL＋5L＝ □ L □ dL

④　2dL＋1L2dL＝ □ L □ dL

⑤　1L4dL＋4L3dL＝ □ L □ dL

5　ひき算を　しましょう。(4×5)

①　10L − 8L＝ □ L

②　7dL − 3dL＝ □ dL

③　4L3dL − 2L＝ □ L □ dL

④　8L6dL − 2dL＝ □ L □ dL

⑤　6L4dL − 1L4dL＝ □ L

6　5dL の　こいジュースに　1L3dL の　水を　まぜて　ジュースを　作りました。

①　ジュースは　何L何dL　できましたか。(4)

しき

答え

②　できたジュースを　6dL　のみました。何L何dL　のこって　いますか。(4)

しき

答え

時こくと 時間（1）

名前

家を　出る　　公園に　つく　　てつぼうで　あそぶ　　サッカーを　する　　公園を　出る

1　上の　あ，い，う，え，おの　時計の　時こくを　書きましょう。

あ（　　）時　　い（　　）時（　　）分　　う（　　）時（　　）分　　え（　　）時（　　）分　　お（　　）時

2　つぎの　時間を　書きましょう。

①　家を　出てから　公園に　つくまでの　時間

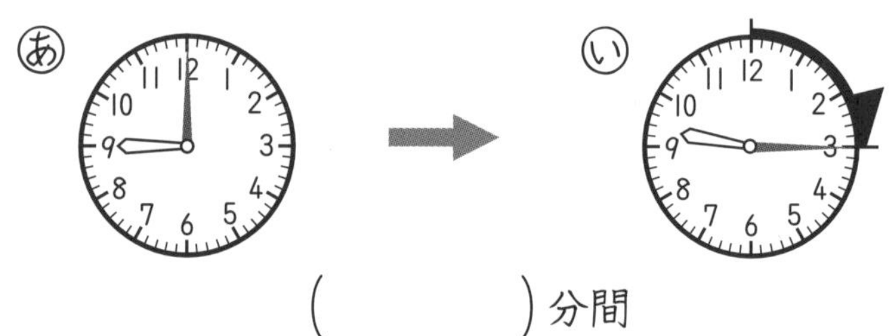

（　　　　）分間

③　公園に　ついてから　サッカーを　するまでの　時間

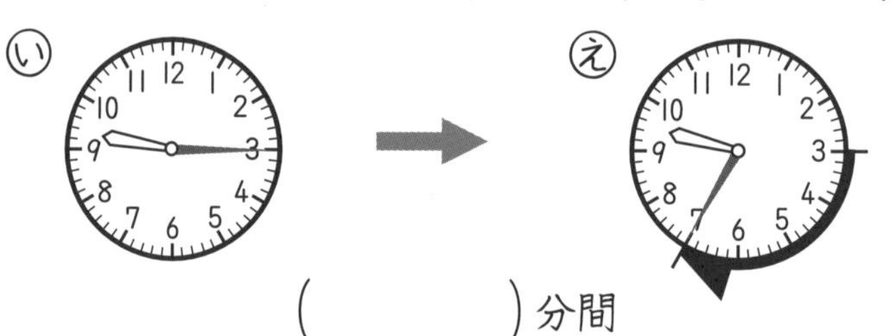

（　　　　）分間

②　公園に　ついてから　てつぼうで　あそぶまでの　時間

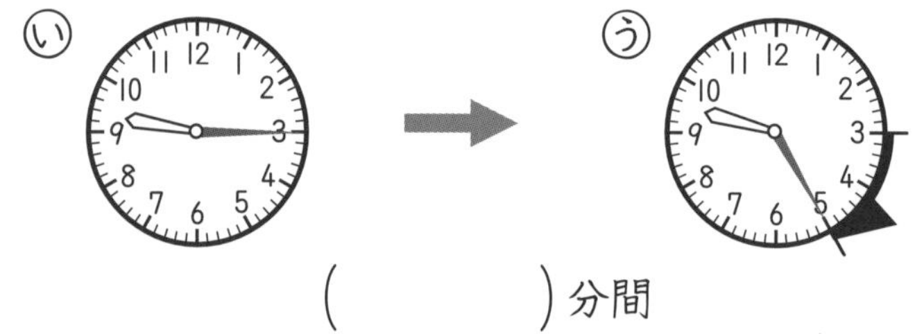

（　　　　）分間

④　家を　出てから　公園を　出るまでの　時間

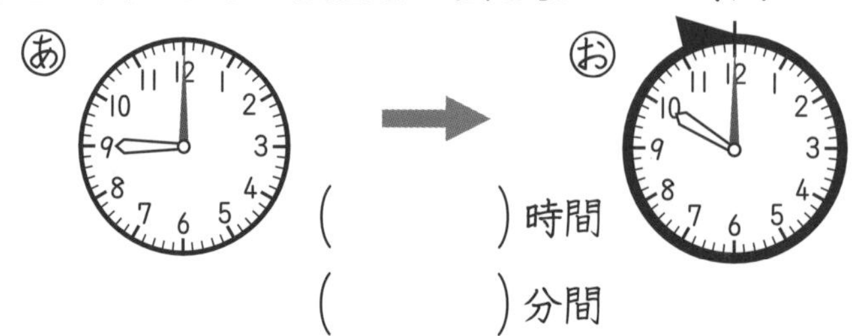

（　　　　）時間

（　　　　）分間

時こくと 時間（2）

名前

● ㋐から ㋑までの 時間を 書きましょう。

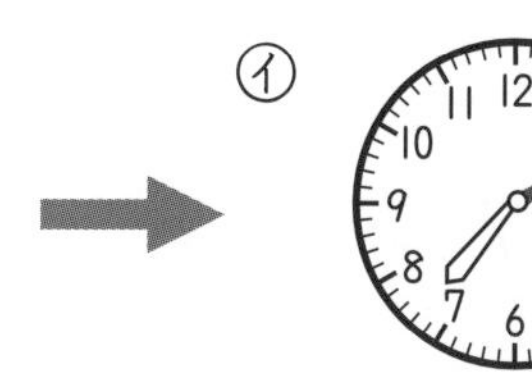

（　　　）分間

（　　　）分間

（　　　）分間

（　　　）分間

（　　　）分間

（　　　）時間

時こくと 時間（3）

名前

1 今の 時こくは 8時20分です。
つぎの 時こくを もとめましょう。

①  1時間前　　②  1時間後

（　　）時（　　）分　　（　　）時（　　）分

2 今の 時こくは 2時30分です。
つぎの 時こくを もとめましょう。

① 10分前　　② 20分後

（　　）時（　　）分　　（　　）時（　　）分

③ 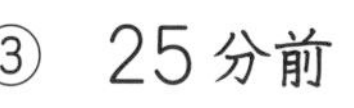 25分前　　④ 15分後

（　　）時（　　）分　　（　　）時（　　）分

3 （　）に あてはまる 数を 書きましょう。

① 1時間20分 ＝（　　　）分

② 1時間15分 ＝（　　　）分

③ 1時間30分 ＝（　　　）分

④ 70分 ＝（　　　）時間（　　　）分

⑤ 85分 ＝（　　　）時間（　　　）分

⑥ 100分 ＝（　　　）時間（　　　）分

時こくと 時間（4）

名前

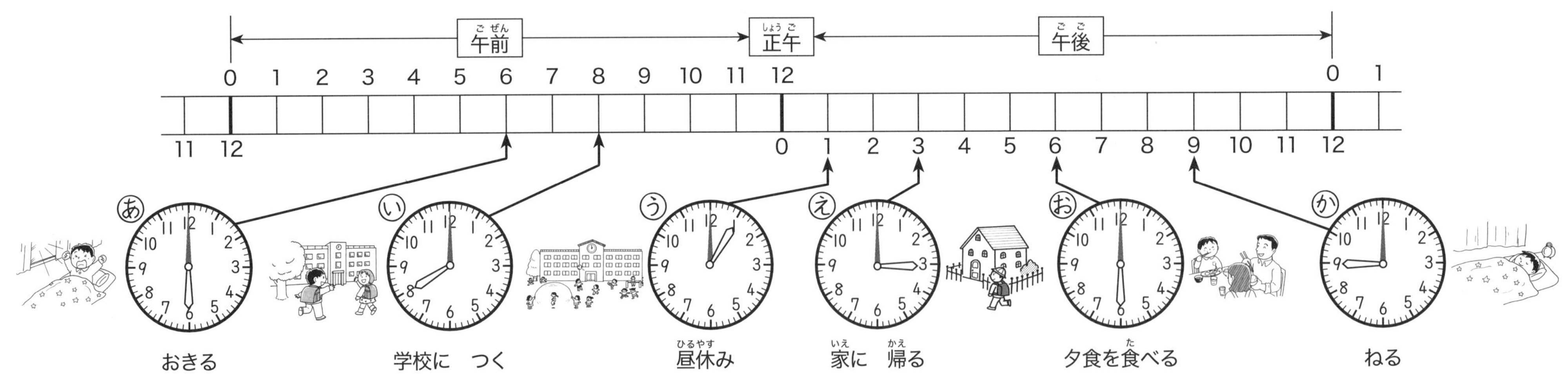

1　上の　あ，い，う，え，お，か の　時こくを　午前，午後を　つかって　書きましょう。

あ（　　　　　）　い（　　　　　）

う（　　　　　）　え（　　　　　）

お（　　　　　）　か（　　　　　）

2　（　）に　あてはまる　数を　書きましょう。

① 午前は（　　　）時間，午後は（　　　）時間です。

② 1日は（　　　）時間です。

③ 時計の　みじかい　はりは，1日に（　　　）回　回ります。

3　つぎの　時間を　書きましょう。

① 学校に　ついてから
家に　帰るまでの　時間

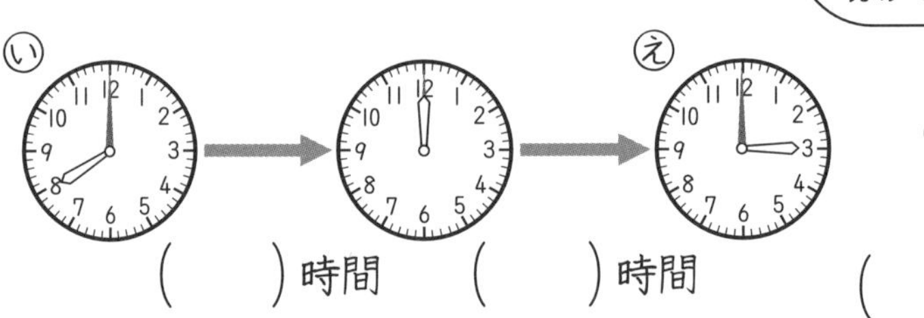

正午までの　時間と
正午からの　時間に
分けて　考えよう。

（　　）時間　（　　）時間　（　　　）時間

② おきてから　家に　帰るまでの　時間　（　　　）時間

③ おきてから　夕食を　食べるまでの　時間　（　　　）時間

④ おきてから　ねるまでの　時間　（　　　）時間

時こくと 時間（5）

名前

□1 時間や 時こくの ことばの つかい方が 正しいものに ○を，まちがっているものに ×を つけましょう。

べん強している時間は2時間です。

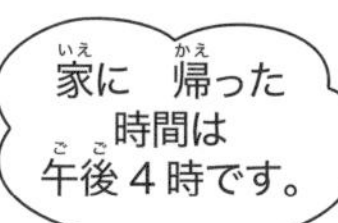

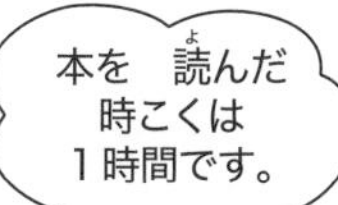

バスが はっ車する時こくは10時15分です。

□2 時間の 長い じゅんに，記ごうを ならべましょう。

㋐ 20時間	㋑ 80分	㋒ 1日	㋓ 5時間

□ → □ → □ → □

□3 みさきさんは，お母さんと ケーキを 作りました。午前11時に 作りはじめて，作りおわったのは，午後2時30分でした。ケーキを 作って いたのは，何時間何分ですか。

答え

時こくと 時間（6）

名前

● ゆう園地に 行きました。絵を 見て，時こくを （　）に，時間を □に 書きましょう。

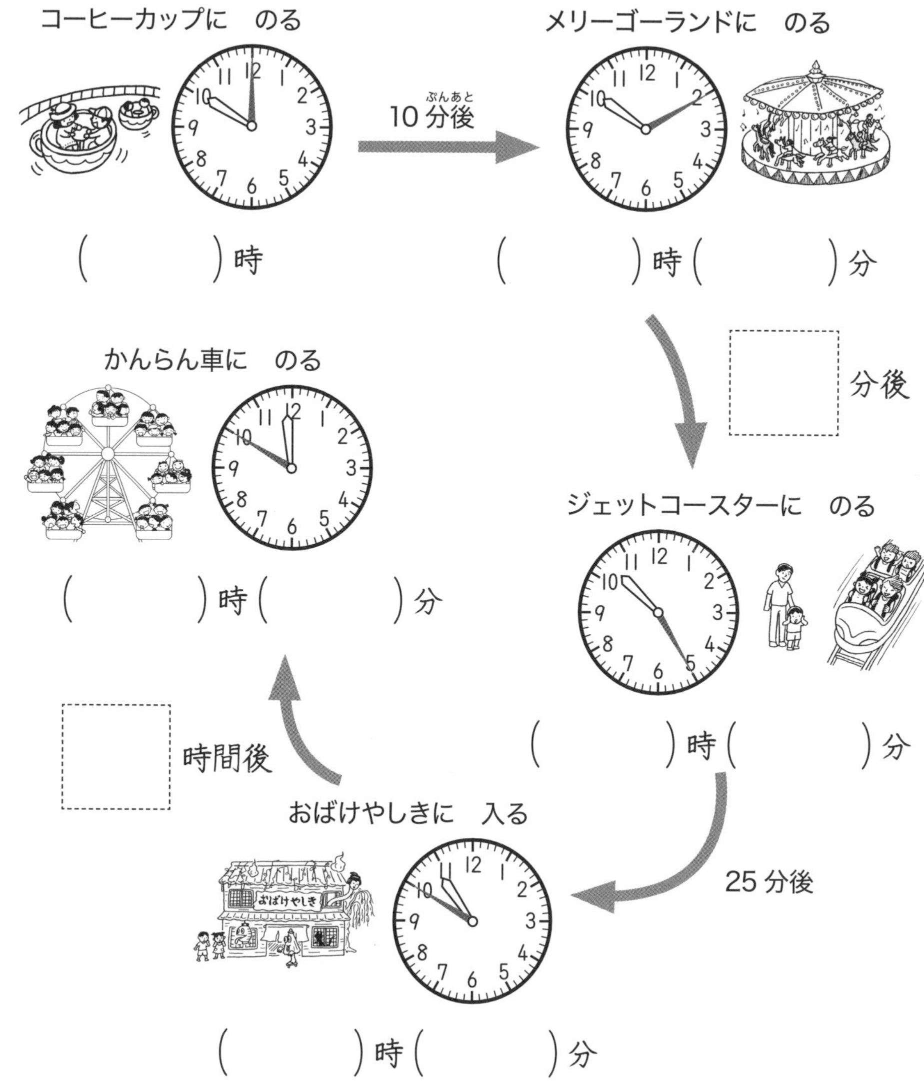

ふりかえりテスト 時こくと 時間

名前

1 ㋐から ㋑までの 時間を もとめましょう。(5×5)

① ㋐ ㋑

(　　　) 分間

② ㋐ ㋑

(　　　) 分間

③ ㋐ ㋑

(　　　) 時間

④ ㋐ ㋑

(　　　) 分間

⑤ ㋐ ㋑

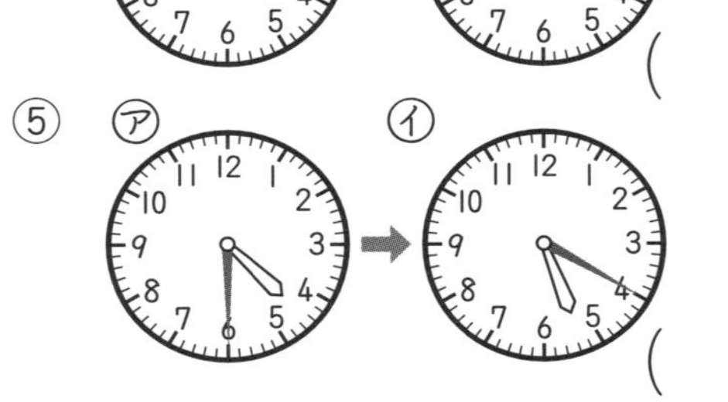

(　　　) 分間

2 右の 時計を 見て つぎの 時こくを もとめましょう。(5×5)

① 右の 時計の 時こく

(　　　　　　　　)

② 30分前の 時こく

(　　　　　　　　)

③ 20分後の 時こく

(　　　　　　　　)

④ 1時間前の 時こく

(　　　　　　　　)

⑤ 1時間後の 時こく

(　　　　　　　　)

3 (　)に あてはまる 数を 書きましょう。(5×5)

① 1時間50分 ＝ (　　　) 分

② 90分 ＝ (　　　) 時間 (　　　) 分

③ 120分 ＝ (　　　) 時間

④ 午前と 午後は，それぞれ (　　　) 時間です。

⑤ 1日は (　　　) 時間です。

4 つぎの 時間を もとめましょう。(5×5)

① 午前8時から 午後2時までの 時間

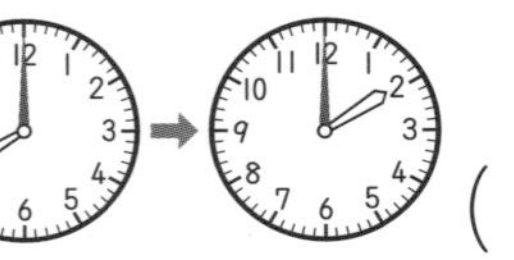

(　　　　　　　　)

② 午前11時から 正午までの 時間

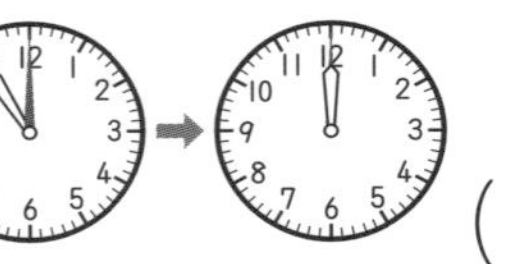

(　　　　　　　　)

③ 午後2時に ピアノの れんしゅうを はじめて，午後4時に おわるまでの 時間

(　　　　　　　　)

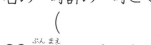

④ 朝7時に おきて，夜8時に ねるまでの 時間

(　　　　　　　　)

⑤ 午前10時に 家を出て 午後3時に 帰るまでの 時間

(　　　　　　　　)

たし算と ひき算の ひっ算 (1)

くり上がり１回 ①

名前

① 85 + 94

② 75 + 52

③ 60 + 80

④ 73 + 75

⑤ 90 + 32

⑥ 40 + 73

⑦ 41 + 61

⑧ 84 + 52

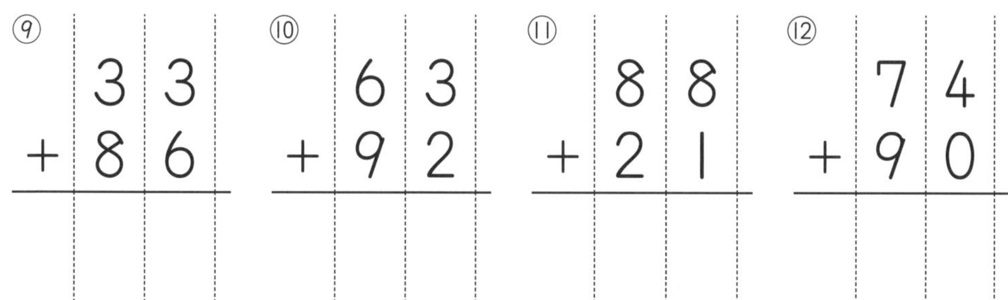

めいろは，答えの　大きい　方を　とおりましょう。とおった　方の　答えを　下の　□に　書きましょう。

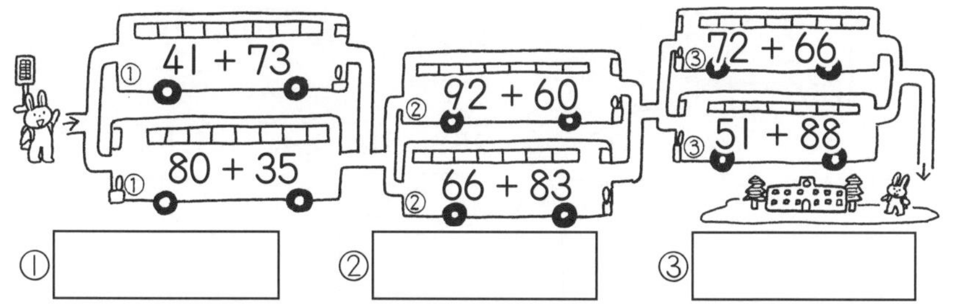

たし算と ひき算の ひっ算 (2)

くり上がり１回 ②

名前

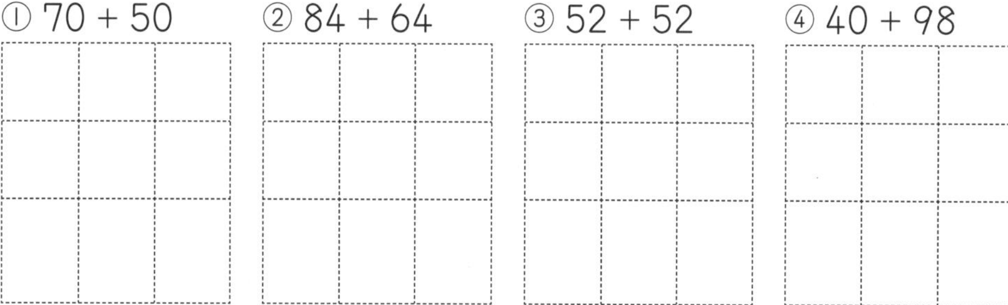

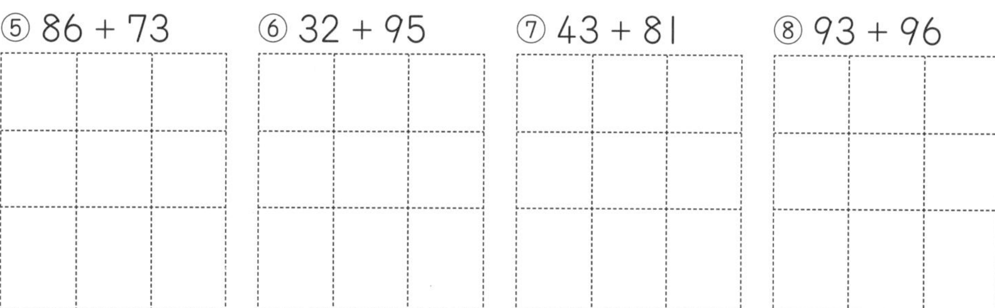

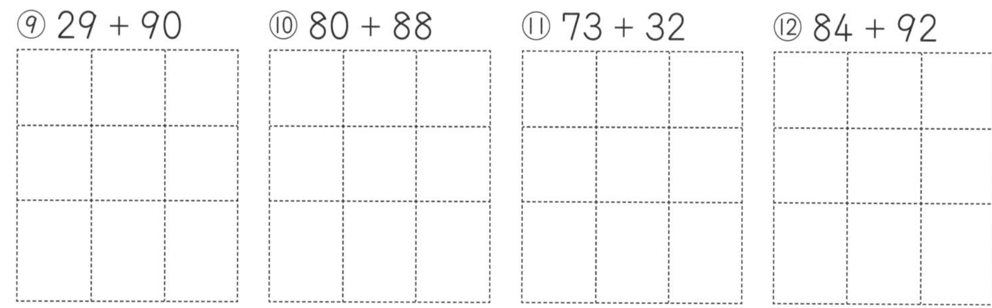

めいろは，答えの　大きい　方を　とおりましょう。とおった　方の　答えを　下の　□に　書きましょう。

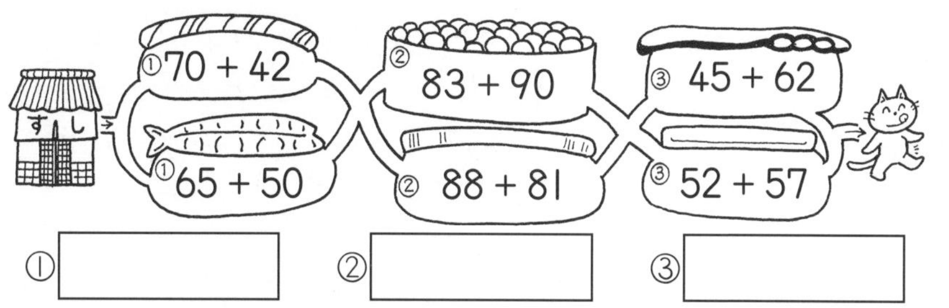

たし算と ひき算の ひっ算（3）

名前

くり上がり２回 ①

① 52 + 88

② 83 + 79

③ 76 + 44

④ 29 + 88

⑤ 56 + 96

⑥ 46 + 99

⑦ 14 + 87

⑧ 71 + 39

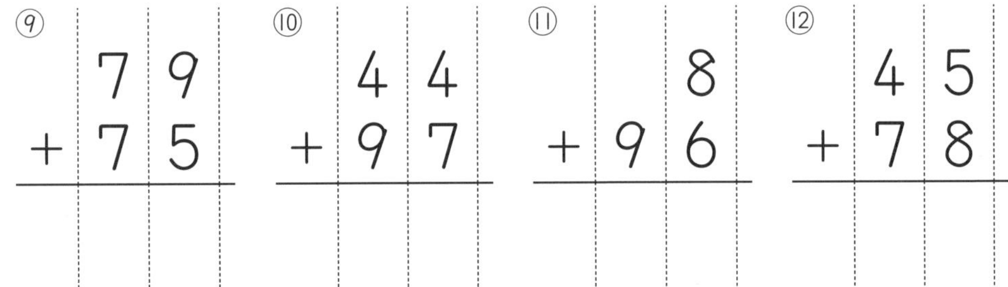

⑨ 79 + 75

⑩ 44 + 97

⑪ 8 + 96

⑫ 45 + 78

めいろは，答えの　大きい　方を　とおりましょう。とおった　方の　答えを　下の　□に　書きましょう。

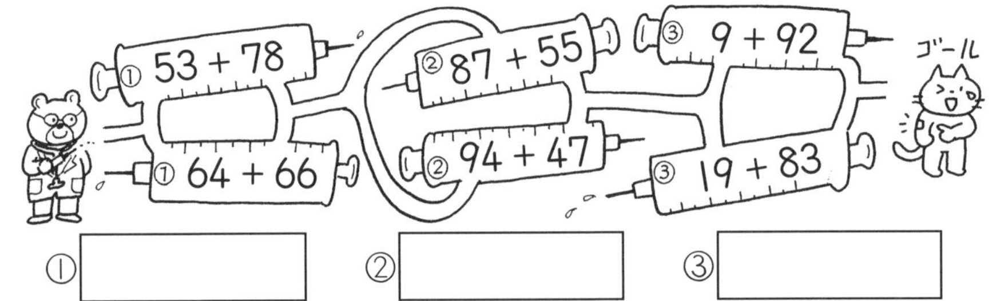

① □　② □　③ □

たし算と ひき算の ひっ算（4）

名前

くり上がり２回 ②

① 99 + 5　② 99 + 85　③ 59 + 79　④ 64 + 68

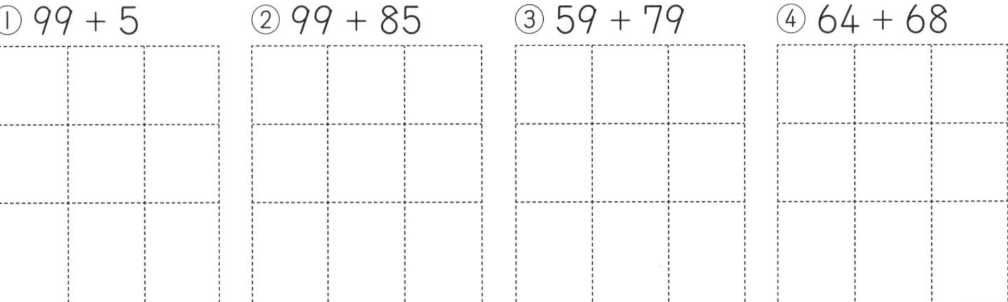

⑤ 89 + 59　⑥ 88 + 19　⑦ 38 + 76　⑧ 63 + 97

⑨ 72 + 49　⑩ 38 + 78　⑪ 56 + 56　⑫ 44 + 66

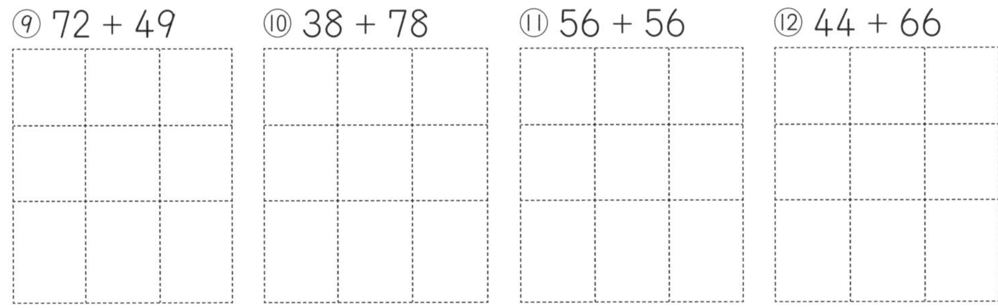

めいろは，答えの　大きい　方を　とおりましょう。とおった　方の　答えを　下の　□に　書きましょう。

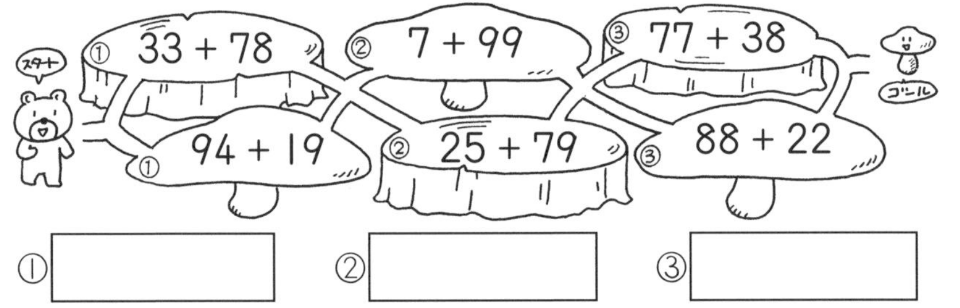

① □　② □　③ □

たし算と ひき算の ひっ算 (5)

くり上がり１回・２回 ①

名前

① 29 + 83

② 93 + 93

③ 36 + 75

④ 49 + 85

⑤ 68 + 58

⑥ 95 + 48

⑦ 90 + 60

⑧ 89 + 35

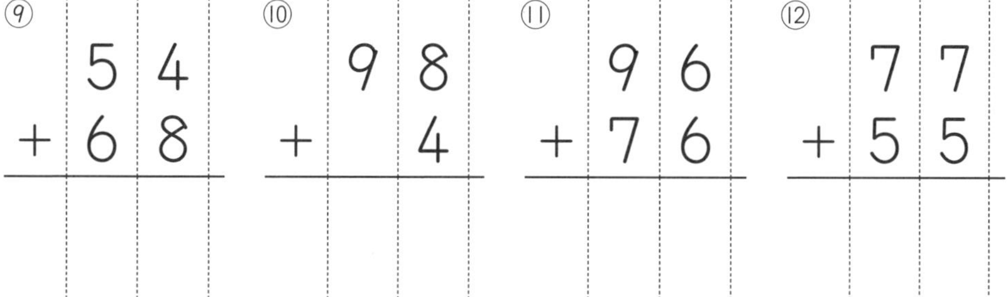

⑨ 54 + 68

⑩ 98 + 4

⑪ 96 + 76

⑫ 77 + 55

めいろは，答えの　大きい　方を　とおりましょう。とおった　方の　答えを　下の　□に　書きましょう。

①　②　③

たし算と ひき算の ひっ算 (6)

くり上がり１回・２回 ②

名前

① 25 + 78

② 76 + 65　③ 59 + 95　④ 55 + 67

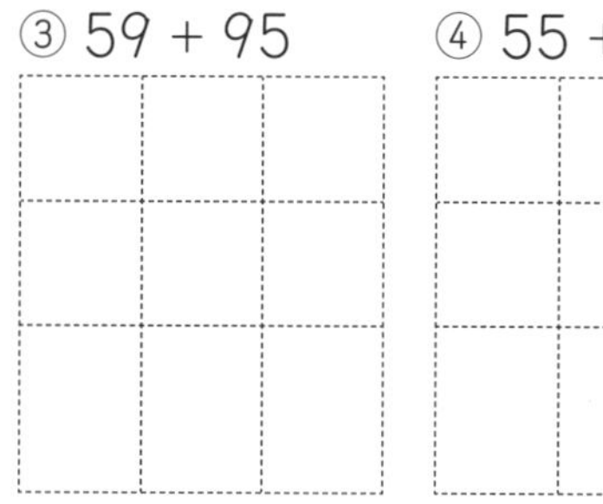

⑤ 9 + 99　⑥ 89 + 21　⑦ 48 + 69　⑧ 70 + 80

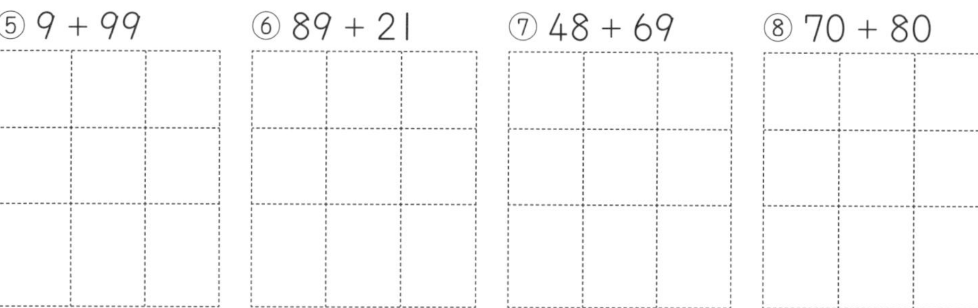

⑨ 98 + 36　⑩ 38 + 68　⑪ 82 + 44　⑫ 97 + 67

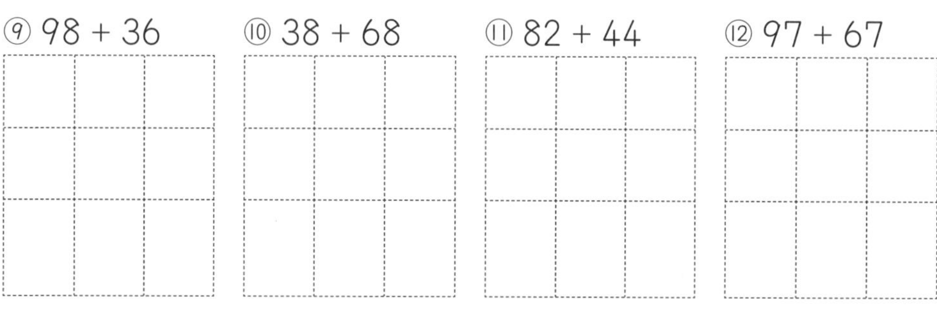

めいろは，答えの　大きい　方を　とおりましょう。とおった　方の　答えを　下の　□に　書きましょう。

①　②　③

たし算と ひき算の ひっ算 (7)

くり下がり１回 ①

名前

① 144 − 51

② 189 − 99

③ 154 − 72

④ 111 − 40

⑤ 115 − 45

⑥ 107 − 50

⑦ 148 − 96

⑧ 122 − 31

⑨ 166 − 83

⑩ 145 − 60

⑪ 123 − 31

⑫ 168 − 75

めいろは，答えの 大きい 方を とおりましょう。とおった 方の 答えを 下の □に 書きましょう。

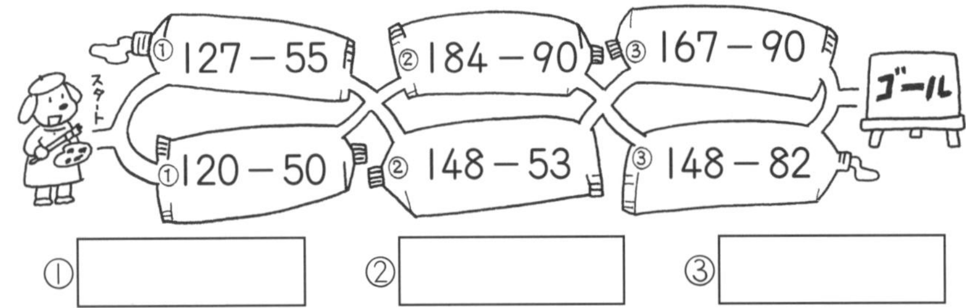

① □　② □　③ □

たし算と ひき算の ひっ算 (8)

くり下がり１回 ②

名前

① 139 − 71

② 117 − 72

③ 172 − 81

④ 159 − 75

⑤ 143 − 80

⑥ 126 − 52

⑦ 134 − 40

⑧ 165 − 84

⑨ 147 − 72

⑩ 113 − 90

⑪ 166 − 94

⑫ 155 − 75

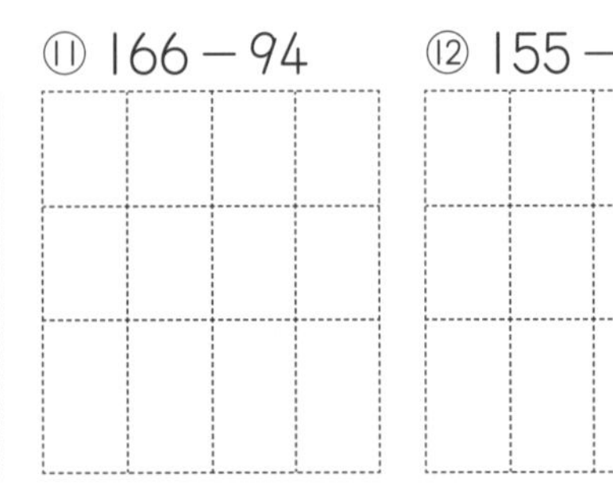

めいろは，答えの 大きい 方を とおりましょう。とおった 方の 答えを 下の □に 書きましょう。

レストラン

1 144 − 82

1 135 − 74

2 106 − 43

2 158 − 92

3 135 − 60

3 115 − 35

ゴール

① □　② □　③ □

たし算と ひき算の ひっ算 (9)

くり下がり２回 ①

名前

① 112 − 44
② 180 − 95
③ 144 − 67
④ 150 − 76

⑤ 103 − 39
⑥ 123 − 56
⑦ 106 − 7
⑧ 100 − 68

⑨ 164 − 88
⑩ 100 − 55
⑪ 107 − 78
⑫ 132 − 93

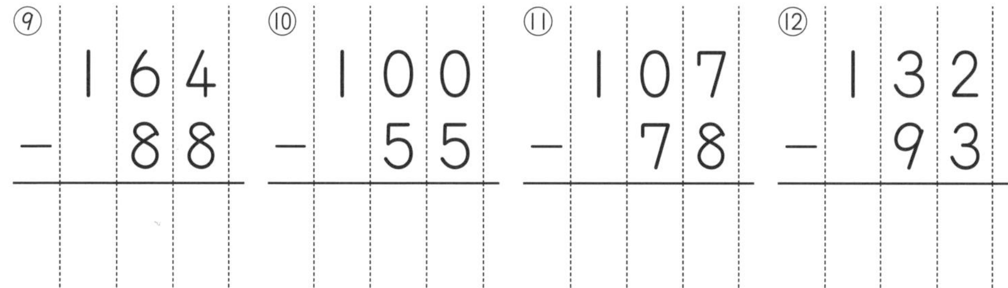

めいろは，答えの　大きい　方を　とおりましょう。とおった　方の　答えを　下の　□に　書きましょう。

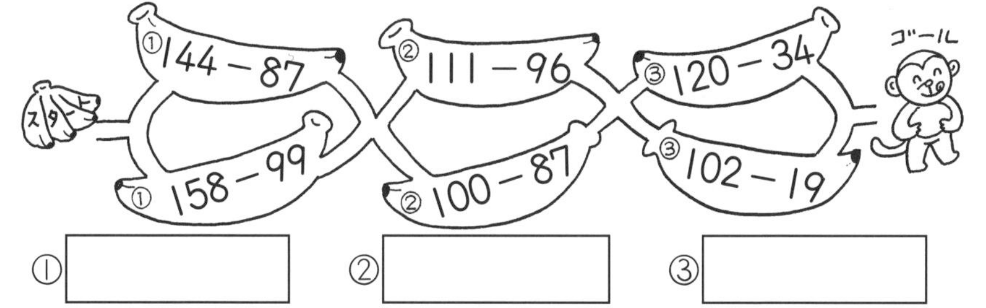

① □　② □　③ □

たし算と ひき算の ひっ算 (10)

くり下がり２回 ②

名前

① 105 − 58
② 137 − 99
③ 100 − 8
④ 101 − 37

⑤ 162 − 93
⑥ 171 − 85
⑦ 132 − 56
⑧ 152 − 77

⑨ 133 − 84
⑩ 100 − 48
⑪ 104 − 45
⑫ 125 − 97

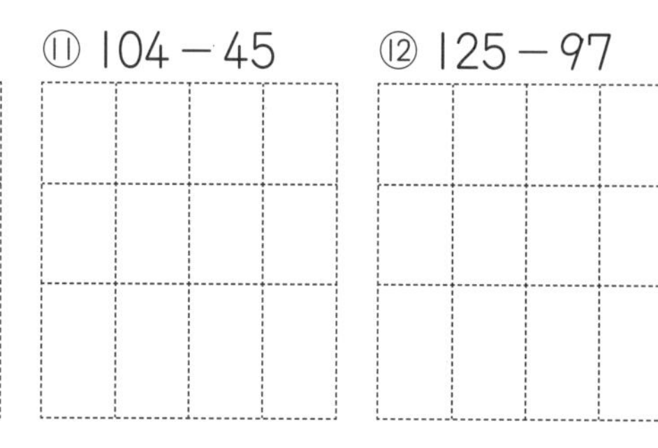

めいろは，答えの　大きい　方を　とおりましょう。とおった　方の　答えを　下の　□に　書きましょう。

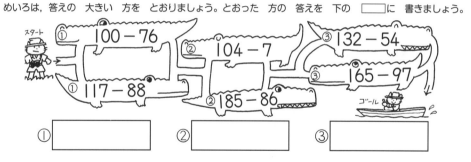

スタート
① 100 − 76
① 117 − 88
② 104 − 7
② 185 − 86
③ 132 − 54
③ 165 − 97
ゴール

① □　② □　③ □

たし算と ひき算の ひっ算 (11)

くり下がり１回・２回 ①

名前

① 124 − 58　② 102 − 85　③ 188 − 92　④ 104 − 6

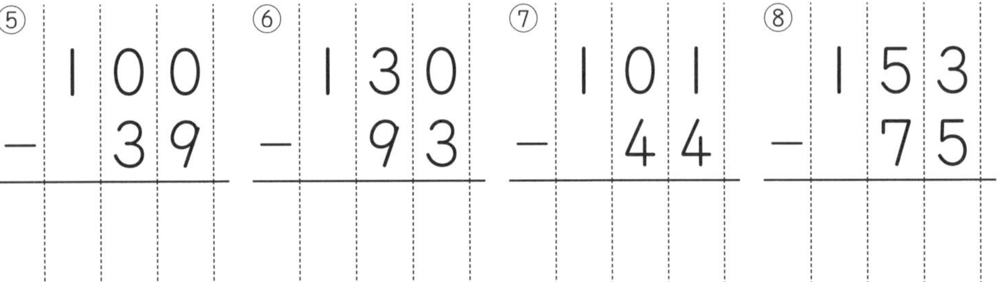

⑤ 100 − 39　⑥ 130 − 93　⑦ 101 − 44　⑧ 153 − 75

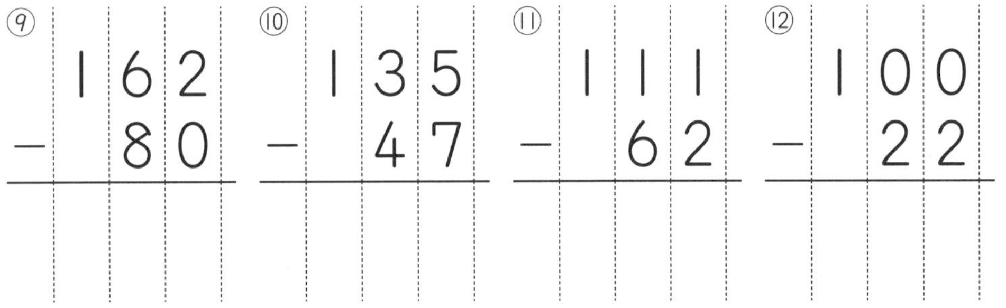

⑨ 162 − 80　⑩ 135 − 47　⑪ 111 − 62　⑫ 100 − 22

めいろは，答えの　大きい　方を　とおりましょう。とおった　方の　答えを　下の　□に　書きましょう。

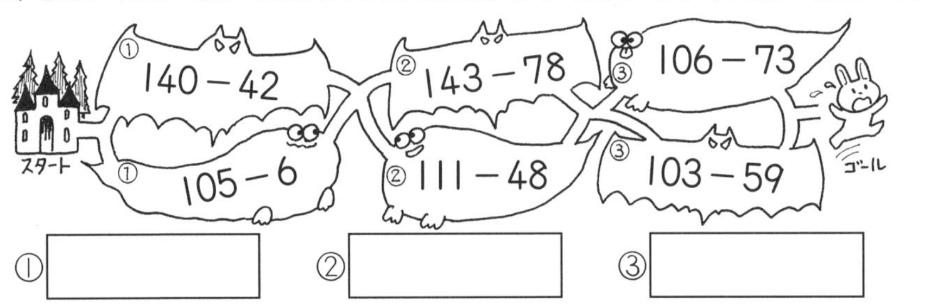

①　　②　　③

たし算と ひき算の ひっ算 (12)

くり下がり１回・２回 ②

名前

① 113 − 55

② 100 − 63

③ 105 − 37　④ 127 − 72

⑤ 100 − 46

⑥ 124 − 59

⑦ 133 − 46　⑧ 103 − 28

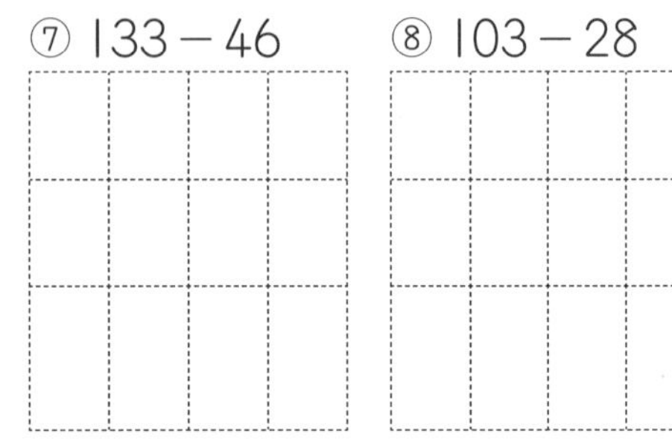

⑨ 147 − 65　⑩ 102 − 8　⑪ 171 − 95　⑫ 164 − 68

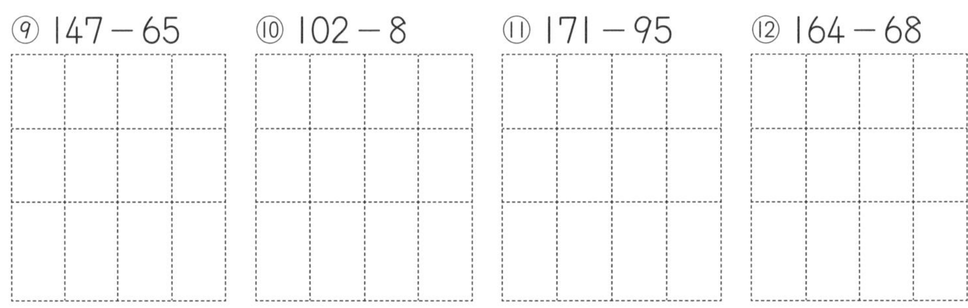

めいろは，答えの　大きい　方を　とおりましょう。とおった　方の　答えを　下の　□に　書きましょう。

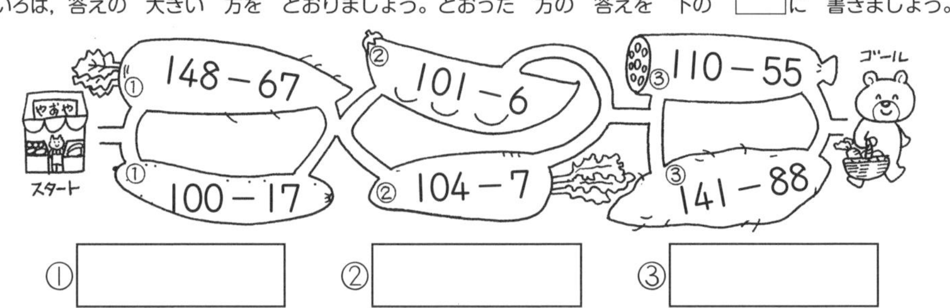

①　　②　　③

たし算と ひき算の ひっ算 (13)

文しょうだい ①

名前 ____________________

1　1こ　95円の　プリンと　1こ　88円の　シュークリームを買いました。あわせて　いくらに　なりますか。

しき

答え ____________

2　メロンパンは　1こ　130円，クリームパンは　1こ　92円です。ねだんの　ちがいは　いくらですか。

しき

答え ____________

3　ぜんぶで　124ページの　本が　あります。76ページ　読むとのこりは　何ページに　なりますか。

しき

答え ____________

4　さやかさんは　シールを　62まい　もって　います。お姉さんに　48まい　もらいました。ぜんぶで　何まいに　なりましたか。

しき

答え ____________

たし算と ひき算の ひっ算 (14)

文しょうだい ②

名前 ____________________

1　公園で　子どもが　102人　あそんで　います。そのうち男の子は　56人です。女の子は　何人　いますか。

しき

答え ____________

2　はたけで　ピーマンが　65こ　とれました。ミニトマトはピーマンより　39こ　多く　とれました。ミニトマトは　何ことれましたか。

しき

答え ____________

3　はるきさんの　学校の　2年生は　115人です。1年生は2年生より　28人　少ないです。1年生は　何人いますか。

しき

答え ____________

4　なわとびを　きのうは　76回，今日は　97回　とびました。あわせて　何回　とびましたか。

しき

答え ____________

たし算と ひき算の ひっ算 (15)

3つの 数を つかった 計算 ①

名前

□1 35円の　ラムネと　58円の　チョコレートを　買って，100円　はらいました。おつりは　何円に　なりますか。

しき

答え

□2 うんどう場で　1年生が　42人，2年生が　49人，3年生が　37人　あそんでいます。うんどう場には，みんなで　何人　いますか。

しき

答え

□3 こうきさんは，ひまわりの　たねを　89こ　もって　います。お姉さんから　54こ　もらって，弟に　65こ　あげました。ひまわりの　たねは，何こ　のこって　いますか。

しき

答え

□4 もときさんは　187円　もって　います。弟は　もときさんより　95円　少なく，妹は　弟より　68円　多く　もって　います。妹は　何円　もって　いますか。

しき

答え

たし算と ひき算の ひっ算 (16)

3つの 数を つかった 計算 ②

名前

□1 ゆいさんは　なわとびで　91回　とびました。お兄さんは　ゆいさんより　29回　多く，妹は　お兄さんより　52回　少なく　とびました。妹は　なわとびで　何回　とびましたか。

しき

答え

□2 ちゅう車場に　車が　73台　とまって　います。18台　出て　いって，56台　入って　きました。ちゅう車場の　車は　何台に　なりましたか。

しき

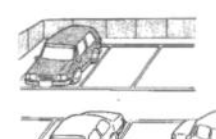

答え

□3 赤，青，黒の　ボールペンが　あわせて　134本　あります。そのうち　赤が　41本，青が　36本です。黒の　ボールペンは　何本　ありますか。

しき

答え

□4 クッキーが　おさらに　16まい，はこに　77まい，ふくろに　46まい　入って　います。クッキーは　ぜんぶで　何まい　ありますか。

しき

答え

ふりかえりテスト ① たし算と ひき算の ひっ算

名前

1 計算(けいさん)を しましょう。(4×18)

① 34 + 85　② 59 + 72　③ 36 + 86

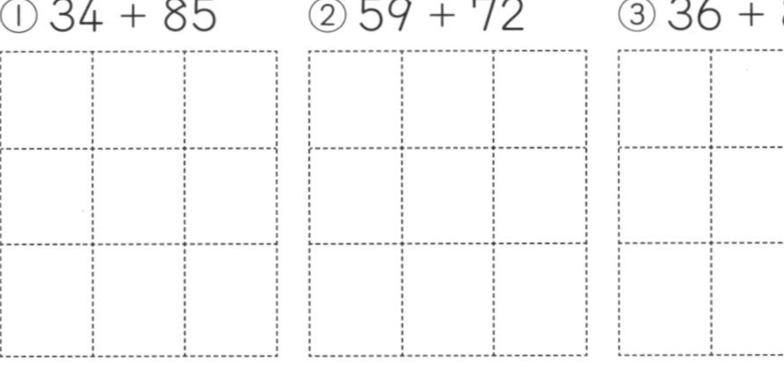

④ 92 + 69　⑤ 76 + 29　⑥ 82 + 47

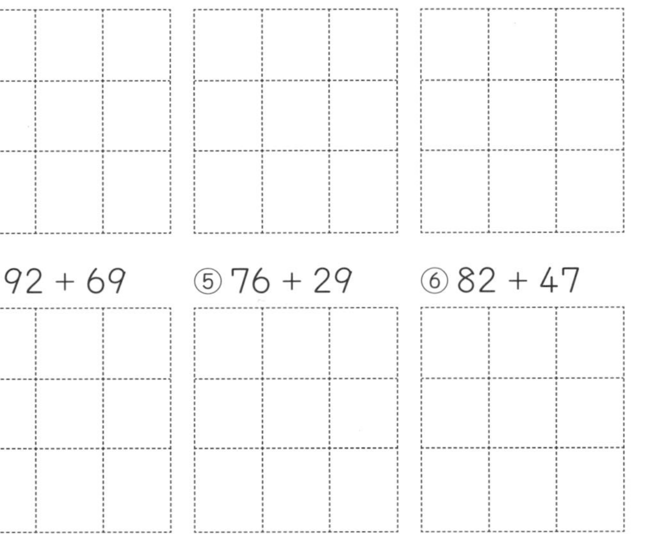

⑦ 97 + 43　⑧ 88 + 45　⑨ 72 + 54

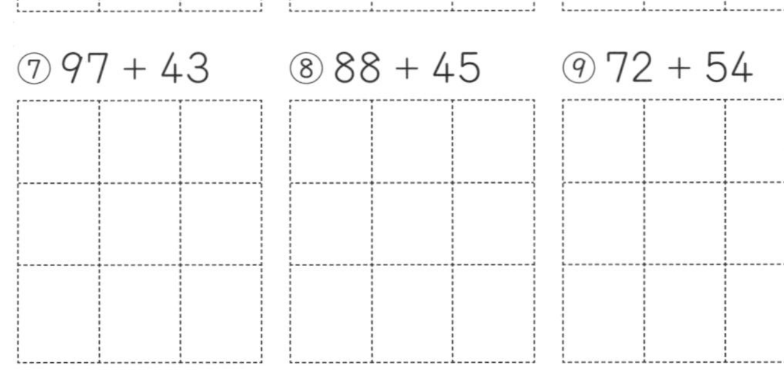

⑩ 100 − 17　⑪ 114 − 36　⑫ 110 − 48

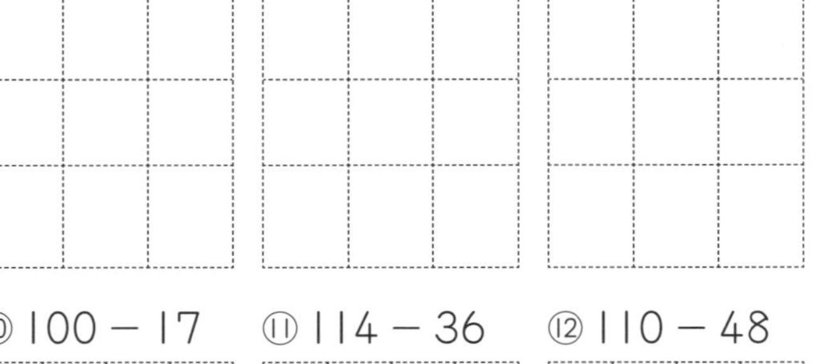

⑬ 105 − 12　⑭ 144 − 92　⑮ 125 − 58

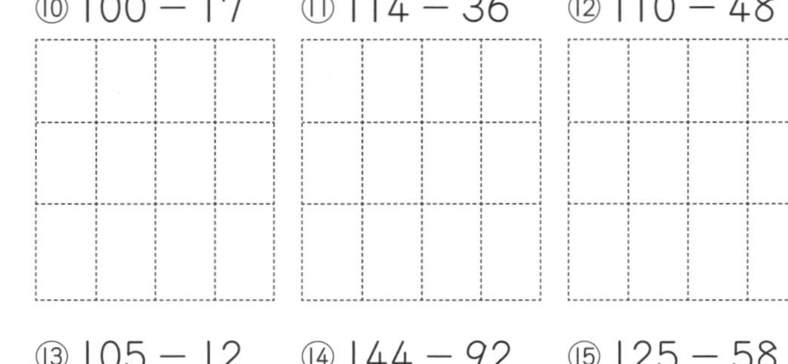

⑯ 180 − 93　⑰ 111 − 22　⑱ 172 − 96

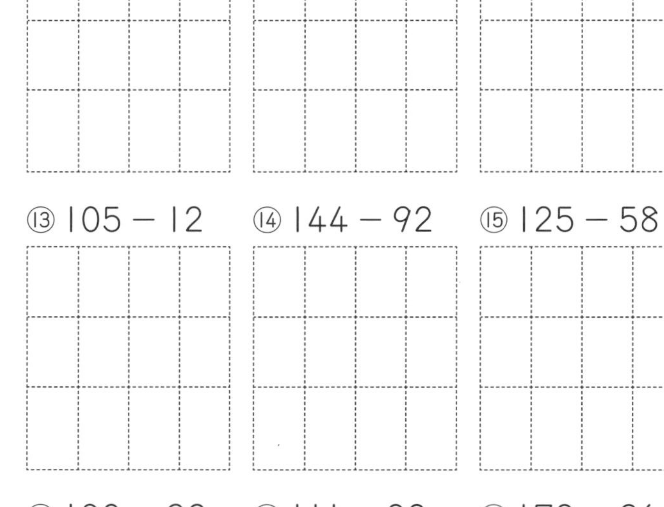

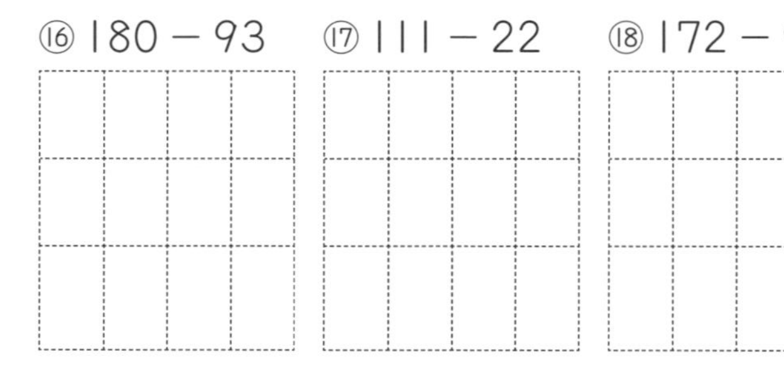

2 あきかんひろいで　1組(くみ)は　57こ，2組は　68こ　ひろいました。ひろった　あきかんは　あわせて　何(なん)こに　なりますか。(7)

しき

答(こた)え

3 体(たい)いくかんに　子どもが　63人います。あとから　49人きました。子どもは　ぜんぶで　何人に　なりましたか。(7)

しき

答え

4 164ページの　本が　あります。読(よ)んだページは，78ページです。読んで　いないページは，何ページですか。(7)

しき

答え

5 たつやさんは　色紙(いろがみ)を　101まい，かなさんは　72まい　もって　います。どちらが　何まい　多(おお)いですか。(7)

しき

答え

ふりかえりテスト ② 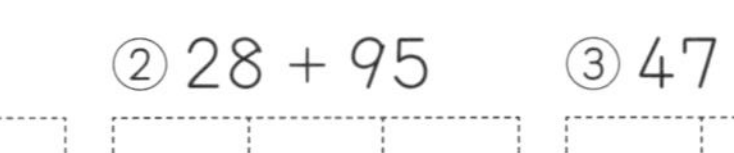 たし算と ひき算の ひっ算

名前

1 計算を　しましょう。(4×18)

① 94＋8　② 28＋95　③ 47＋89

④ 76＋90　⑤ 46＋71　⑥ 53＋66

⑦ 36＋93　⑧ 79＋51　⑨ 88＋94

⑩ 128－49　⑪ 140－55　⑫ 103－89

⑬ 137－68　⑭ 180－98　⑮ 133－37

⑯ 122－32　⑰ 107－59　⑱ 156－75

2 本だなに　絵本が　53さつ，図かんが　78さつ　あります。あわせて　何さつ　ありますか。(7)

しき

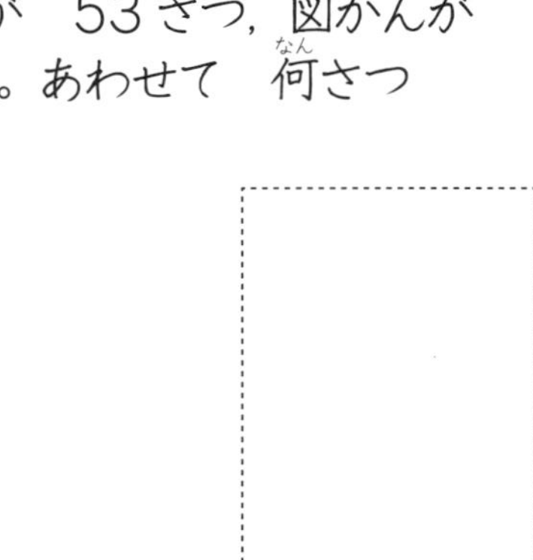

答え

3 132円　もって　います。88円の　えんぴつを　買いました。のこりは　何円に　なりますか。(7)

しき

答え

4 黒い　ペンが　115本　あります。赤い　ペンは　黒いペンより　37本　少ないです。赤い　ペンは　何本　ありますか。(7)

しき

答え

5 チョコレートクッキーが　63まい　あります。レーズンクッキーは　チョコレートクッキーより　47まい　多く　あります。レーズンクッキーは　何まい　ありますか。(7)

しき

答え

3けたの たし算・ひき算（1）

たし算 ①

名前

① $533 + 7$

② $662 + 29$

③ $307 + 77$

④ $448 + 38$

⑤ $117 + 5$

⑥ $9 + 356$

⑦ $247 + 3$

⑧ $8 + 159$

⑨ $26 + 157$

⑩ $804 + 6$

⑪ $435 + 18$

⑫ $318 + 64$

めいろは，答えの　大きい　方を　とおりましょう。とおった　方の　答えを　下の □ に　書きましょう。

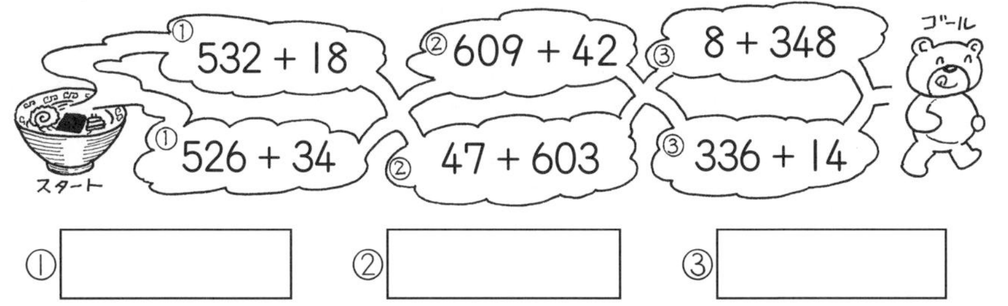

① □　② □　③ □

3けたの たし算・ひき算（2）

たし算 ②

名前

① $559 + 4$

② $215 + 5$

③ $165 + 7$

④ $8 + 345$

⑤ $622 + 39$

⑥ $909 + 45$

⑦ $708 + 2$

⑧ $46 + 428$

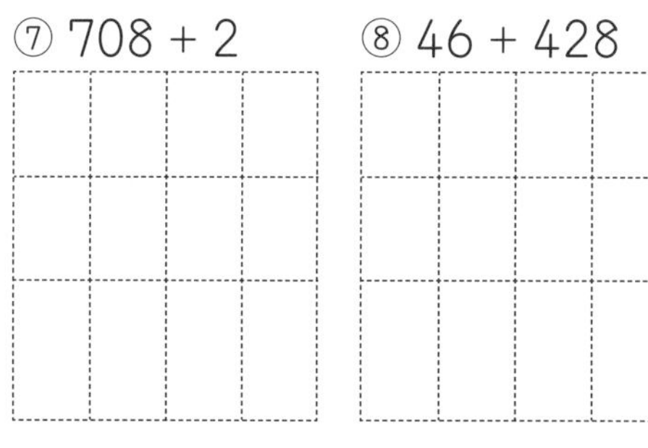

⑨ $555 + 35$

⑩ $606 + 49$

⑪ $557 + 25$

⑫ $452 + 28$

めいろは，答えの　大きい　方を　とおりましょう。とおった　方の　答えを　下の □ に　書きましょう。

① □　② □　③ □

3けたの たし算・ひき算 (3)

ひき算 ①

名前

① 547 − 9　② 230 − 8　③ 821 − 3　④ 352 − 5

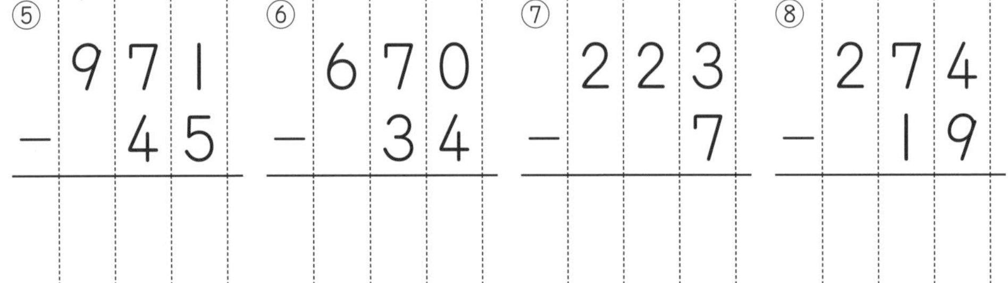

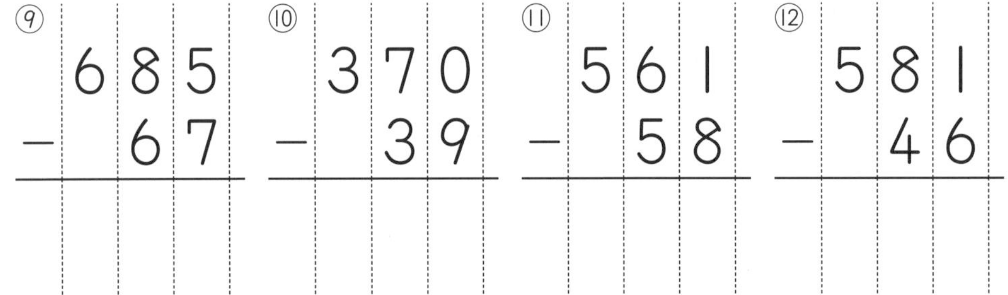

めいろは，答えの　大きい　方を　とおりましょう。とおった　方の　答えを　下の ☐ に　書きましょう。

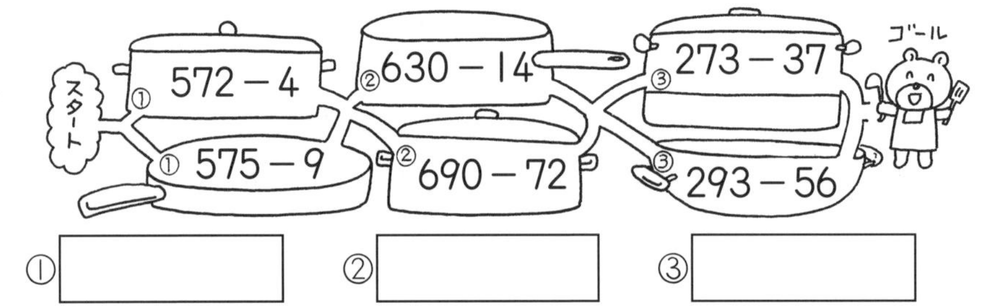

① ☐　② ☐　③ ☐

3けたの たし算・ひき算 (4)

ひき算 ②

名前

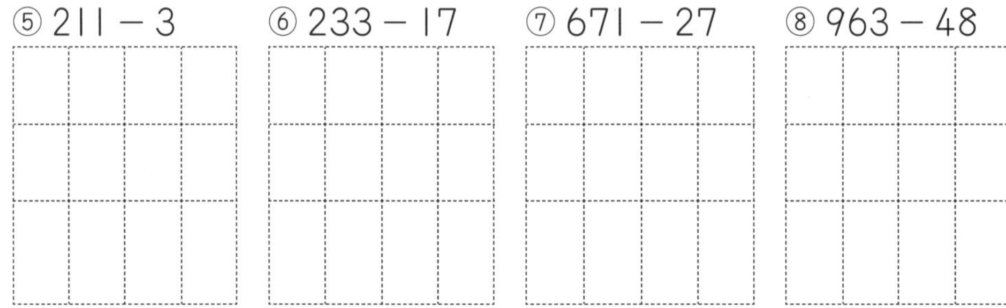

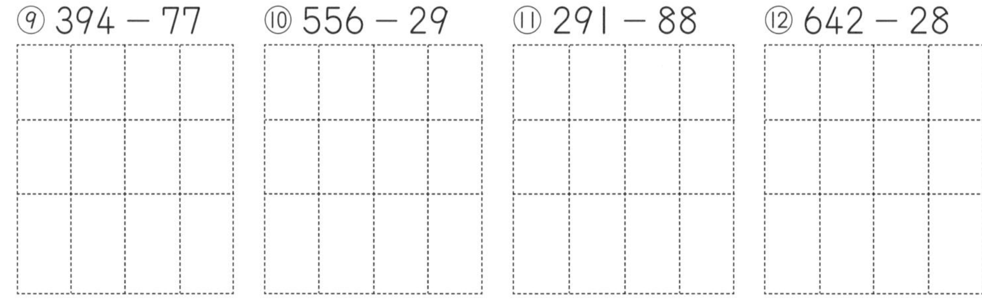

めいろは，答えの　大きい　方を　とおりましょう。とおった　方の　答えを　下の ☐ に　書きましょう。

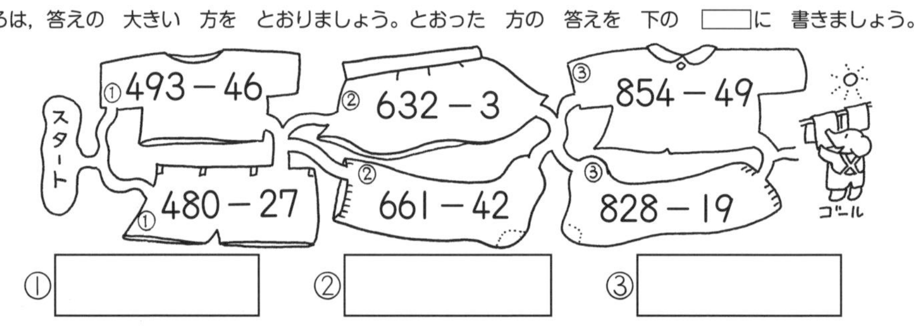

① ☐　② ☐　③ ☐

計算の くふう（1）

名前

1 計算を しなくても 答えが 同じに なることが わかるしきを 見つけて 線で むすびましょう。

① 18 + 55 •	• あ 37 + 38
	• い 55 + 18
② 29 + 91 •	
	• う 67 + 37
③ 38 + 37 •	
	• え 42 + 67
④ 67 + 42 •	• お 91 + 29

2 □に あう 数を 書きましょう。

① 54 + 38 = 38 + □

② 69 + 29 = 29 + □

③ 77 + 87 = □ + 77

④ 23 + 48 = □ + 23

⑤ 98 + 16 = 16 + □

計算の くふう（2）

名前

● （ ）の中を 先に 計算して 答えを 出しましょう。

① 48 + (4 + 6)

② 67 + (15 + 5)

③ 35 + (23 + 17)

④ 50 + (18 + 32)

⑤ 30 + (47 + 13)

⑥ 45 + (38 + 2)

⑦ 16 + (11 + 49)

めいろは，答えの 大きい 方を とおりましょう。とおった 方の 答えを 下の □に 書きましょう。

スタート

① 20+(6+4)

① 10+(25+5)

② 17+(61+9)

② 48+(21+19)

③ 16+(17+3)

③ 25+(8+2)

ゴール

① □ ② □ ③ □

計算の くふう (3)

名前

● くふうして 計算しましょう。

① 35 + 23 + 7

② 25 + 16 + 15

③ 19 + 53 + 21

④ 36 + 12 + 48

⑤ 55 + 74 + 45

⑥ 7 + 39 + 33

⑦ 23 + 16 + 14

⑧ 42 + 3 + 37

計算の くふう (4)

名前

● 計算が かんたんに なるように ( ) を つかった 1つの しきに あらわして，答えを もとめましょう。

① あかりさんは くりを 14こ，さくらさんは 22こ，ももさんは 18こ ひろいました。くりは ぜんぶで 何こ ありますか。

しき

答え

② 池に あひるが 18わ いました。そこへ，3わ はいって 来ました。また，7わ はいって 来ました。あひるは ぜんぶで 何わに なりましたか。

しき

答え

③ みなとさんは カードを 46まい もって います。お兄さんから 15まい，弟から 4まい もらいました。カードは ぜんぶで 何まいに なりましたか。

しき

答え

計算の くふう（5）

名前 ＿＿＿＿＿＿＿＿

1 □に あてはまる ＞，＜を 書(か)きましょう。

①	623	□	632	②	302	□	299
③	101	□	99	④	420	□	402
⑤	268	□	269	⑥	590	□	589
⑦	750	□	706	⑧	190	□	199

2 □に入る 数字(すうじ)を 答(こた)えの らんの □に すべて 書きましょう。

① 436 ＜ 4□6

答え

② 7□8 ＞ 755

答え □ □ □ □ □

計算の くふう（6）

名前 ＿＿＿＿＿＿＿＿

1 □に あてはまる ＞，＜，＝を 書(か)きましょう。

①	140	□	70＋60	②	210	□	620－400
③	45＋45	□	100	④	930－70	□	860
⑤	150	□	80＋80	⑥	340	□	400－50
⑦	83＋38	□	120	⑧	530－45	□	480
⑨	180	□	60＋120	⑩	160	□	300－135
⑪	536＋344	□	808	⑫	935－320	□	651

めいろは，数の 大きい 方を とおりましょう。とおった 方の 数を 下の □に 書きましょう。

① □ ② □ ③ □ ④ □

ふりかえりテスト　計算の くふう

名前

1　計算を　しましょう。(5×12)

① 75＋　(3＋2)　＝

② 27＋(26＋4)　＝

③ 56＋(18＋2)　＝

④ 32＋(15＋5)　＝

⑤ 29＋(25＋5)　＝

⑥ 24＋　(8＋2)　＝

⑦ 35＋(17＋3)　＝

⑧ 79＋　(4＋6)　＝

⑨ 25＋　(3＋2)　＝

⑩ 15＋　(7＋3)　＝

⑪ 42＋(16＋4)　＝

⑫ 60＋(19＋21)＝

2　計算が　かんたんに　なるように（　）を　つかった　1つの　しきに　あらわして，答えを　もとめましょう。(10×4)

① ひとみさんは　30円の　ラムネと　32円の　ガムと，28円の　チョコレートを　買いました。ぜんぶで　何円ですか。

しき

答え

② はとが　12わ　いました。そこへ　7わ　とんで　きました。そのあと　8わ　とんで　きました。はとは　何わに　なりましたか。

しき

答え

③ キャラメルを　15こ　もって　いました。お兄さんから　8こ，お姉さんから　2こ　もらいました。キャラメルは　ぜんぶで　何こに　なりましたか。

しき

答え

④ えんぴつを　23本　もって　いました。6本　買い，おまけで　4本　もらいました。えんぴつは　何本に　なりましたか。

しき

答え

三角形と 四角形（1）

名前

● つぎの　生きものの　まわりの　・と　・を　直線で　つないで　かこみ，　三角形や　四角形を　作りましょう。

三角形と 四角形（2）

名前

1　（　）に　あう　ことばを　入れましょう。

3本の　直線で　かこまれた　形を　（　　　　）と　いいます。

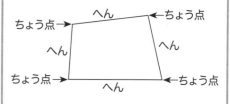

4本の　直線で　かこまれた　形を　（　　　　）と　いいます。

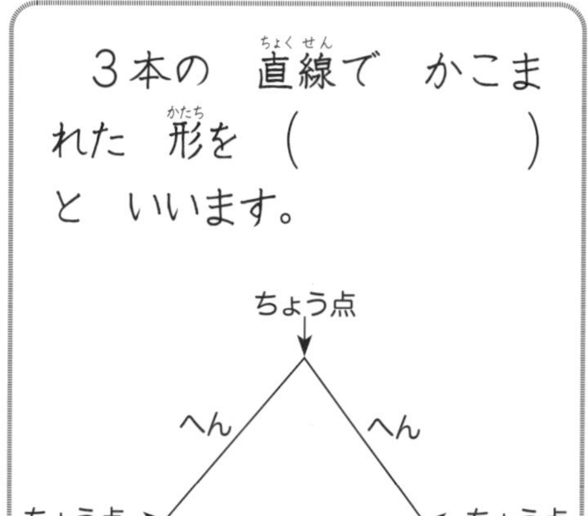

ちょう点　へん　ちょう点　へん　へん　ちょう点　へん　ちょう点

2　（　）に　あてはまる　ことばや　数を　書きましょう。

① 三角形や　四角形の　かどの　点を　（　　　　）と　いい，まわりの　直線を　（　　　　）と　いいます。

② 三角形の　へんは　（　　）本，ちょう点は　（　　）こ　です。

③ 四角形の　へんは　（　　）本，ちょう点は　（　　）こ　です。

三角形と 四角形（3）

名前

□1 三角形を えらび，下の （ ）に 記ごうを 書きましょう。

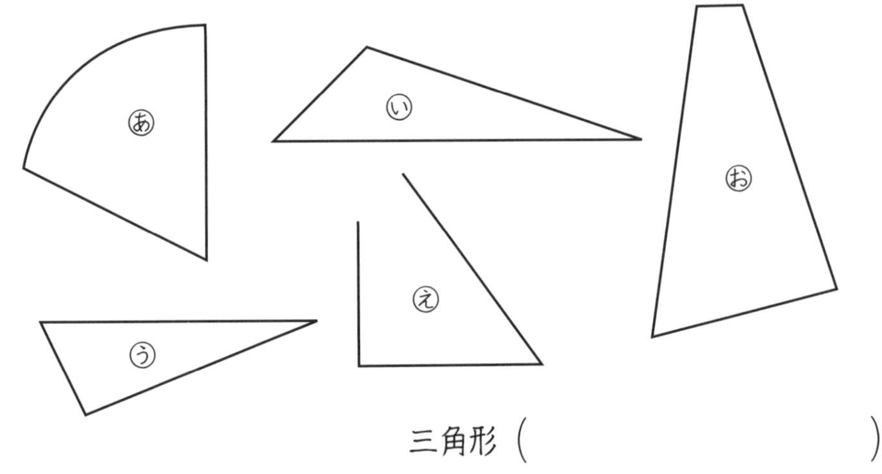

三角形（　　　　　　　　　）

□2 四角形を えらび，下の （ ）に 記ごうを 書きましょう。

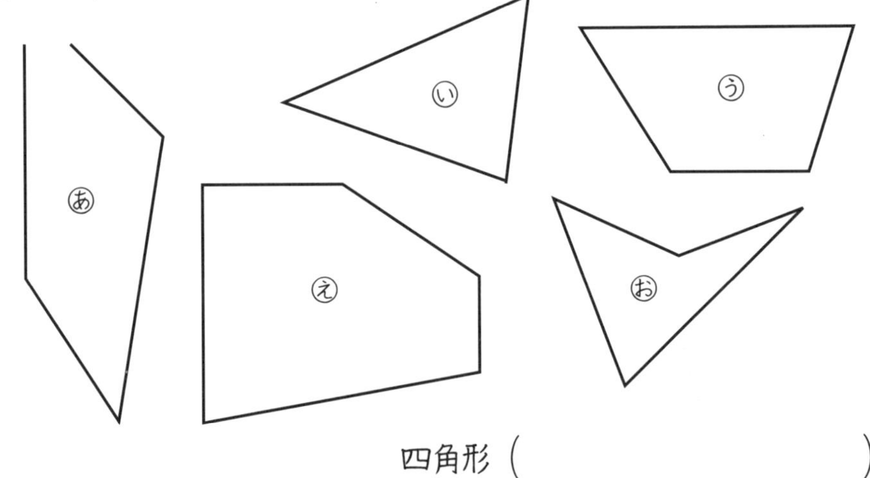

四角形（　　　　　　　　　）

三角形と 四角形（4）

名前

紙を ぴったり かさなるように おって できた かどの形を 直角といいます。

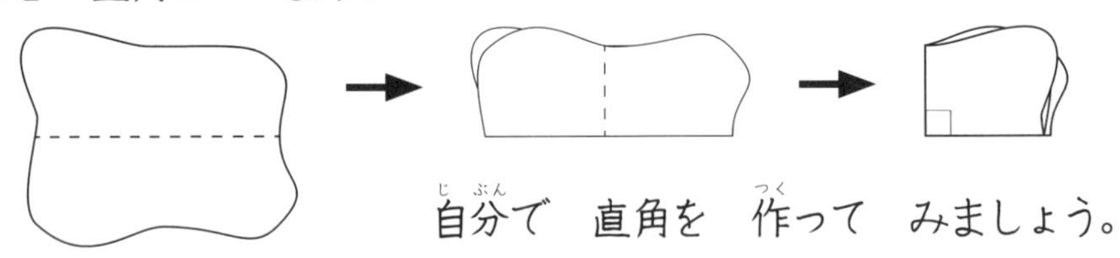

自分で 直角を 作って みましょう。

□1 下の 図で 直角を 見つけ，直角の かどを 赤く ぬりましょう。

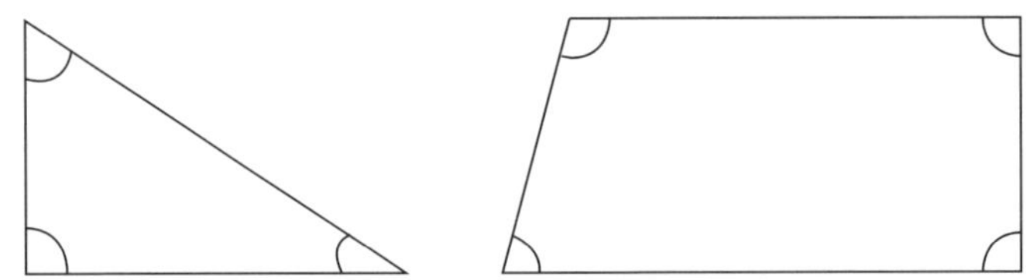

□2 同じ 文字の 点を ものさしで むすんで 直線を ひきましょう。

① できた 三角形を 赤で ぬりましょう。

② できた 四角形を 青で ぬりましょう。

あ　い　う　え　お　か

三角形と 四角形（5）

名前

4つの　かどが　すべて　直角な　四角形を（　　　　　　）と　いいます。
長方形の　むかいあっている　へんの　長さは　同じです。

● 長方形は　どれですか。（　）に　記ごうを　書きましょう。

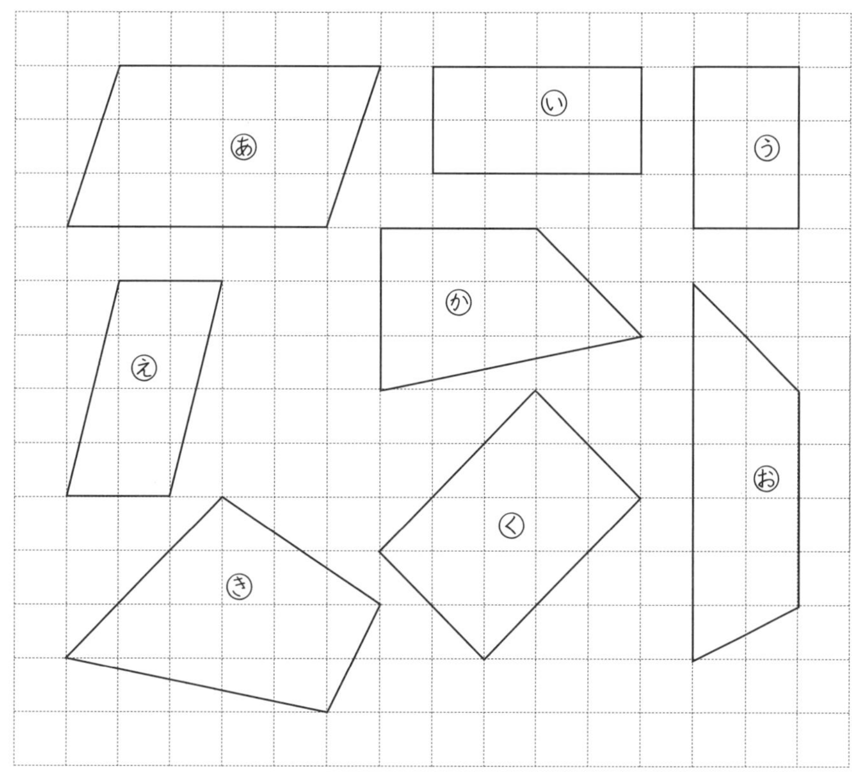

長方形（　　　　　　　　）

三角形と 四角形（6）

名前

● いろいろな　大きさの　長方形を　かきましょう。

① へんの　長さが，4cmと　6cmの　長方形

② へんの　長さが，2cmと　7cmの　長方形

③ へんの　長さが，3cmと　5cmの　長方形

三角形と 四角形 (7)

名前

4つの かどが すべて 直角で，4つの へんの 長さも すべて 同じ 四角形を，**正方形**と いいます。

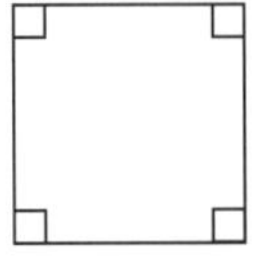

① 下の 図から 正方形を えらび，(　)に 記ごうを 書きましょう。

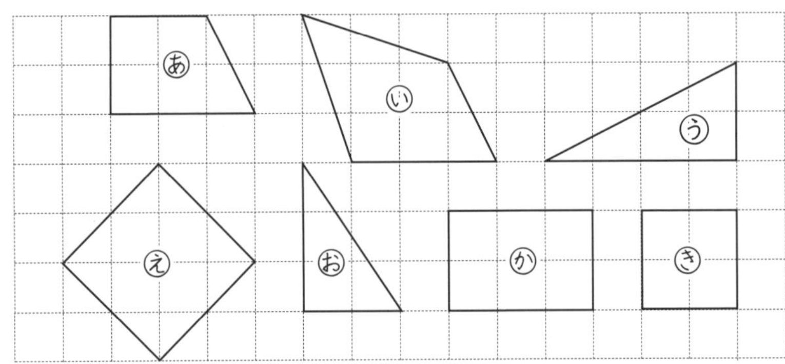

正方形（　　　　　　　　）

② いろいろな 大きさの 正方形を 3つ かきましょう。

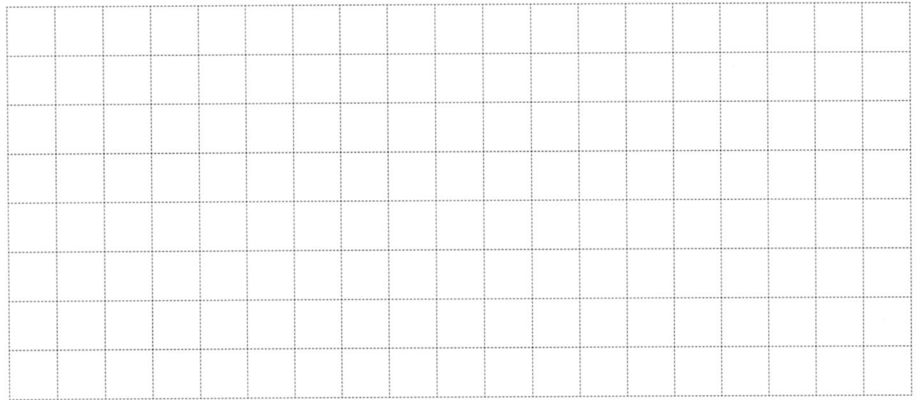

三角形と 四角形 (8)

名前

直角の かどのある 三角形を **直角三角形**と いいます。

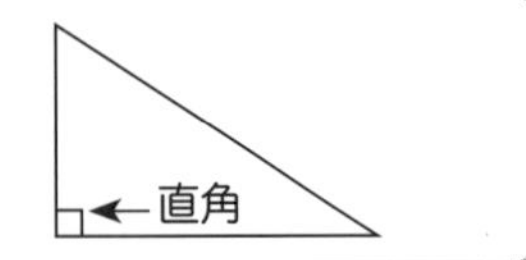

① 直角三角形は どれですか。三角じょうぎで，しらべましょう。

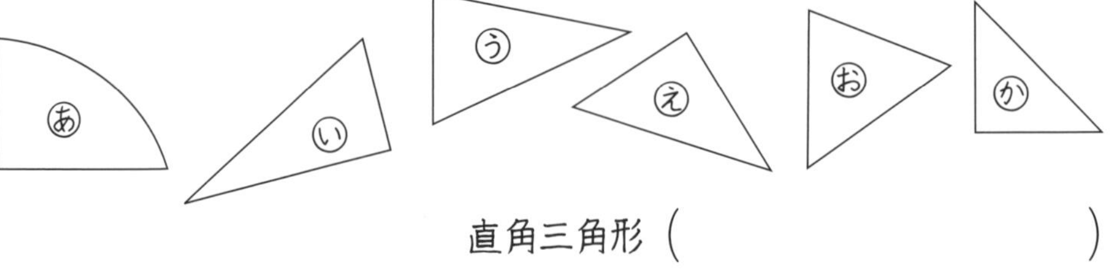

直角三角形（　　　　　　　　）

② ・と ・を 直線で つないで いろいろな 大きさの直角三角形を，3つ かきましょう。

ふりかえりテスト　三角形と 四角形

名前

1　(　)に　あてはまる　数や　ことばを　書きましょう。(3×8)

① まっすぐな　線を　(　　　　)と　いいます。

② 3本の 直線で　かこまれた　形を　(　　　　)と　いいます。

③ 4本の　直線で　かこまれた　形を　(　　　　)と　いいます。

④ 三角形のへんは(　　　)本,　ちょう点は(　　　)こです。

⑤ 4つの　かどが　すべて　直角な　四角形を　(　　　　)と　いいます。

⑥ 4つの　かどが　すべて　直角で,　4つの　へんの　長さも　すべて　同じ　四角形を　(　　　　)と　いいます。

⑦ 直角の　かどのある　三角形を　(　　　　　)と　いいます。

2　下の　図から　三角形, 四角形を　えらび, (　)に　記ごうで　書きましょう。(4×4)

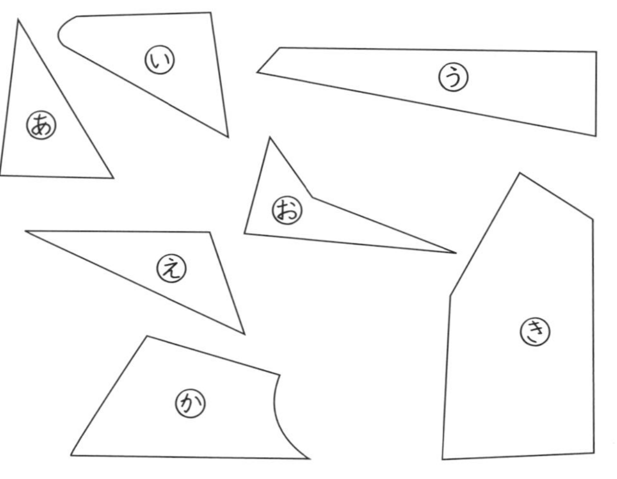

三角形 (　　　　　　)

四角形 (　　　　　　)

3　下の　図から　長方形, 正方形, 直角三角形を　えらび, (　)に　記ごうで　書きましょう。(5×6)

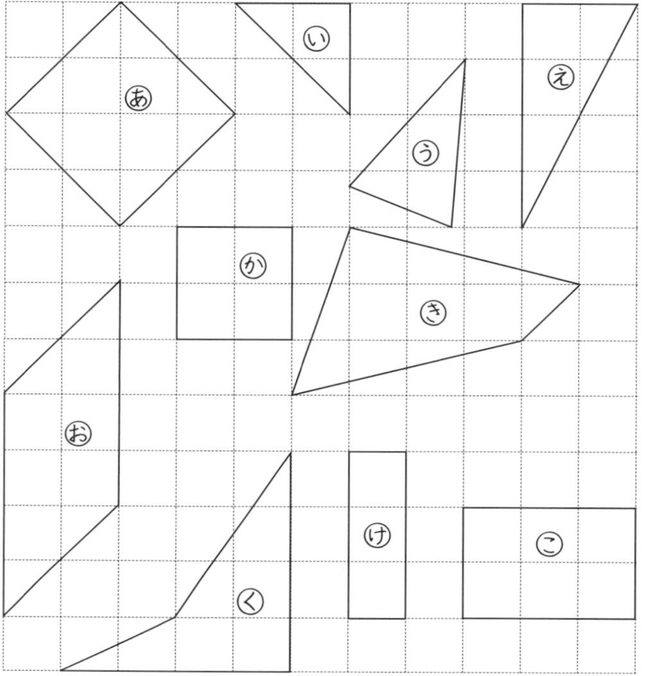

長方形　(　　　　　　)

正方形　(　　　　　　)

直角三角形 (　　　　　　)

4　点と　点を　直線で　むすんで　正方形, 長方形, 直角三角形を　1つずつ　かきましょう。(10×3)

かけ算（1）

名前

● （れい）のように　絵を　見て　かけ算の　しきを　作りましょう。

気きゅう　馬　ベンチ　犬の のりもの　ボート　自てん車　シーソー

（れい）　犬の　のりもの　6 × 2 ＝ 12

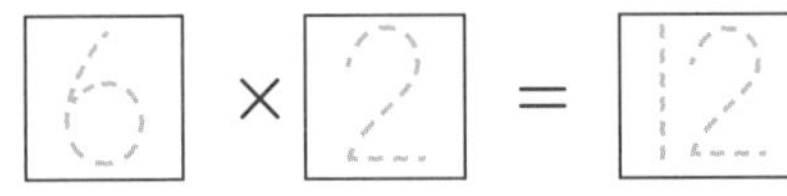

①　　×　　＝

②　　×　　＝

③　　×　　＝

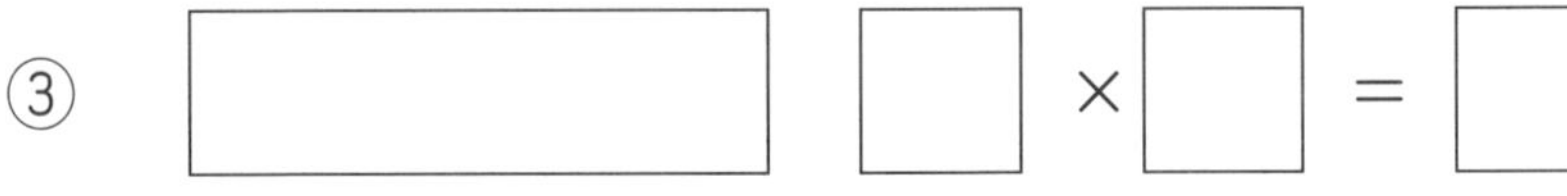

④　　×　　＝

⑤　　×　　＝

かけ算（2）

名前

1

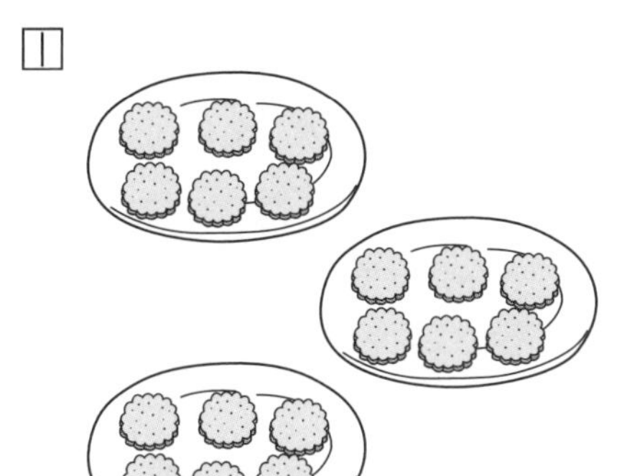

1さらに　クッキーが

[　　] まいずつ　あります。

[　　] さら　あるので，クッキーは

ぜんぶで [　　] まいです。

2

水そうに　金魚（きんぎょ）が

[　　] ひきずつ　入って　います。

[　　] こ　あるので，金魚は

ぜんぶで [　　] ひきです。

3

1かごに　りんごが

[　　] こずつ　あります。

[　　] かご　あるので，りんごは

ぜんぶで [　　] こです。

かけ算（3）

名前

1

1パックに　たまごが

[　　] こずつ　入って　います。

[　　] パック　あるので，たまごは

ぜんぶで [　　] こです。

2

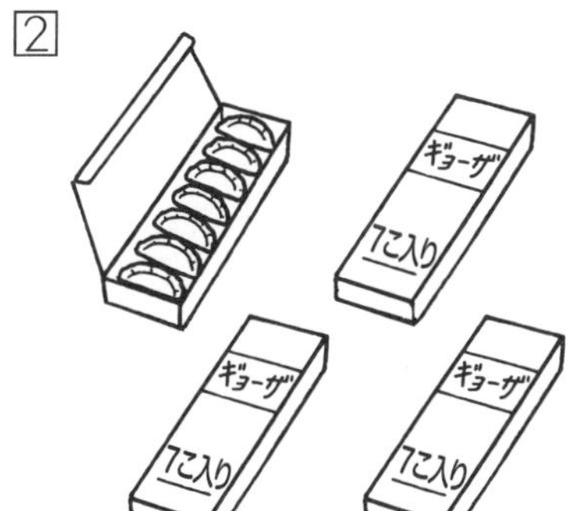

1はこに　ギョーザが

[　　] こずつ　入って　います。

[　　] はこ　あるので，ギョーザは

ぜんぶで [　　] こです。

3

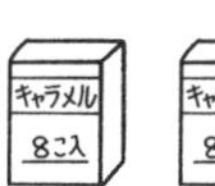

1はこに　キャラメルが

[　　] こずつ　入って　います。

[　　] はこ　あるので，キャラメルは

ぜんぶで [　　] こです。

かけ算（4）

2のだん

名前

$2 \times 1 =$ □ にいちが　に

$2 \times 2 =$ □ ににんが　し

$2 \times 3 =$ □ にさんが　ろく

$2 \times 4 =$ □ にしが　はち

$2 \times 5 =$ □ にご　じゅう

$2 \times 6 =$ □ にろく　じゅうに

$2 \times 7 =$ □ にしち　じゅうし

$2 \times 8 =$ □ にはち　じゅうろく

$2 \times 9 =$ □ にく　じゅうはち

2のだんの　れんしゅう

① $2 \times 5 =$

② $2 \times 6 =$

③ $2 \times 8 =$

④ $2 \times 4 =$

⑤ $2 \times 7 =$

⑥ $2 \times 4 =$

⑦ $2 \times 5 =$

⑧ $2 \times 6 =$

⑨ $2 \times 7 =$

⑩ $2 \times 9 =$

⑪ $2 \times 2 =$

⑫ $2 \times 1 =$

⑬ $2 \times 8 =$

⑭ $2 \times 3 =$

⑮ $2 \times 9 =$

かけ算（5）

5のだん

名前

$5 \times 1 =$ □ ごいちが　ご

$5 \times 2 =$ □ ごに　じゅう

$5 \times 3 =$ □ ごさん　じゅうご

$5 \times 4 =$ □ ごし　にじゅう

$5 \times 5 =$ □ ごご　にじゅうご

$5 \times 6 =$ □ ごろく　さんじゅう

$5 \times 7 =$ □ ごしち　さんじゅうご

$5 \times 8 =$ □ ごは　しじゅう

$5 \times 9 =$ □ ごっく　しじゅうご

5のだんの　れんしゅう

① $5 \times 3 =$

② $5 \times 9 =$

③ $5 \times 5 =$

④ $5 \times 9 =$

⑤ $5 \times 6 =$

⑥ $5 \times 4 =$

⑦ $5 \times 1 =$

⑧ $5 \times 4 =$

⑨ $5 \times 8 =$

⑩ $5 \times 5 =$

⑪ $5 \times 7 =$

⑫ $5 \times 8 =$

⑬ $5 \times 2 =$

⑭ $5 \times 6 =$

⑮ $5 \times 3 =$

かけ算（6）

3のだん

名前

$3 \times 1 =$ □ さんいちが　さん

$3 \times 2 =$ □ さんにが　ろく

$3 \times 3 =$ □ さざんが　く

$3 \times 4 =$ □ さんし　じゅうに

$3 \times 5 =$ □ さんご　じゅうご

$3 \times 6 =$ □ さぶろく　じゅうはち

$3 \times 7 =$ □ さんしち　にじゅういち

$3 \times 8 =$ □ さんぱ　にじゅうし

$3 \times 9 =$ □ さんく　にじゅうしち

3のだんの　れんしゅう

① $3 \times 7 =$

② $3 \times 3 =$

③ $3 \times 7 =$

④ $3 \times 9 =$

⑤ $3 \times 5 =$

⑥ $3 \times 4 =$

⑦ $3 \times 6 =$

⑧ $3 \times 8 =$

⑨ $3 \times 1 =$

⑩ $3 \times 2 =$

⑪ $3 \times 8 =$

⑫ $3 \times 5 =$

⑬ $3 \times 6 =$

⑭ $3 \times 4 =$

⑮ $3 \times 9 =$

かけ算（7）

4のだん

名前

$4 \times 1 =$ □ しいちが　し

$4 \times 2 =$ □ しにが　はち

$4 \times 3 =$ □ しさん　じゅうに

$4 \times 4 =$ □ しし　じゅうろく

$4 \times 5 =$ □ しご　にじゅう

$4 \times 6 =$ □ しろく　にじゅうし

$4 \times 7 =$ □ ししち　にじゅうはち

$4 \times 8 =$ □ しは　さんじゅうに

$4 \times 9 =$ □ しく　さんじゅうろく

4のだんの　れんしゅう

① $4 \times 8 =$

② $4 \times 9 =$

③ $4 \times 6 =$

④ $4 \times 3 =$

⑤ $4 \times 1 =$

⑥ $4 \times 5 =$

⑦ $4 \times 7 =$

⑧ $4 \times 4 =$

⑨ $4 \times 2 =$

⑩ $4 \times 8 =$

⑪ $4 \times 6 =$

⑫ $4 \times 4 =$

⑬ $4 \times 9 =$

⑭ $4 \times 7 =$

⑮ $4 \times 5 =$

かけ算（8）

2～5のだん

名前

① 3×2＝
② 2×1＝
③ 4×6＝
④ 5×4＝
⑤ 3×4＝
⑥ 5×6＝
⑦ 4×4＝
⑧ 2×3＝
⑨ 3×8＝
⑩ 5×8＝
⑪ 2×6＝
⑫ 4×8＝
⑬ 3×5＝
⑭ 5×9＝
⑮ 2×8＝
⑯ 5×7＝
⑰ 2×5＝
⑱ 5×5＝
⑲ 2×2＝
⑳ 4×3＝
㉑ 5×2＝
㉒ 4×7＝
㉓ 2×4＝
㉔ 4×5＝
㉕ 3×3＝
㉖ 2×7＝
㉗ 5×3＝
㉘ 5×6＝
㉙ 4×1＝
㉚ 5×1＝
㉛ 3×9＝
㉜ 4×9＝
㉝ 3×7＝

めいろは，答えの　大きい　方を　とおりましょう。とおった　方の　答えを　下の　□に　書きましょう。

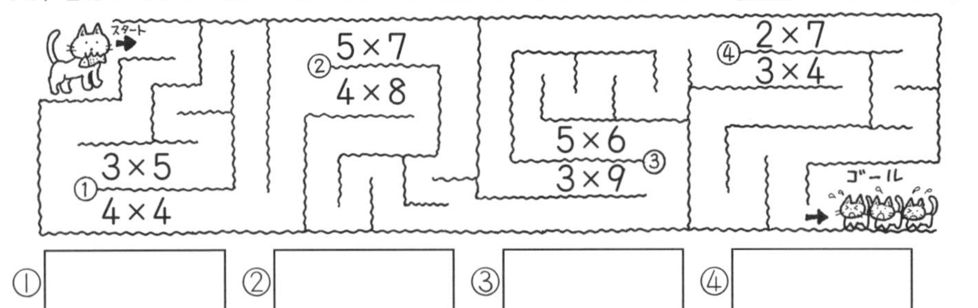

かけ算（9）

2～5のだん

名前

① 3×8＝
② 5×4＝
③ 2×3＝
④ 5×7＝
⑤ 3×9＝
⑥ 5×1＝
⑦ 2×6＝
⑧ 5×9＝
⑨ 3×5＝
⑩ 5×2＝
⑪ 3×1＝
⑫ 2×8＝
⑬ 5×6＝
⑭ 3×7＝
⑮ 2×4＝
⑯ 4×7＝
⑰ 4×3＝
⑱ 2×5＝
⑲ 5×3＝
⑳ 4×6＝
㉑ 4×2＝
㉒ 5×8＝
㉓ 3×4＝
㉔ 5×5＝
㉕ 4×4＝
㉖ 2×7＝
㉗ 3×3＝
㉘ 4×9＝
㉙ 3×6＝
㉚ 4×8＝
㉛ 2×9＝
㉜ 4×5＝
㉝ 3×2＝

めいろは，答えの　大きい　方を　とおりましょう。とおった　方の　答えを　下の　□に　書きましょう。

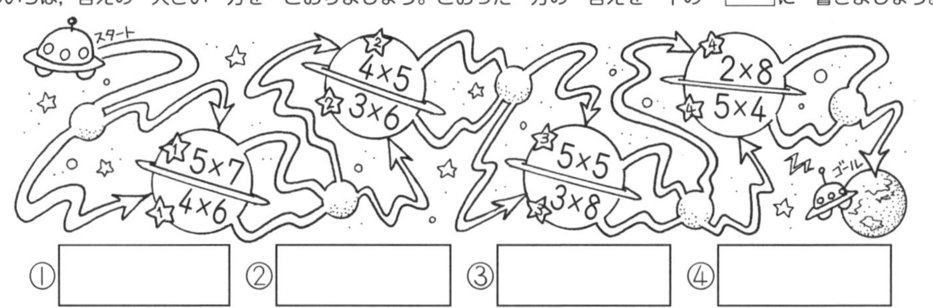

かけ算（10）

2～5のだん

名前

① 2×6＝	⑫ 3×7＝	㉓ 4×8＝
② 4×6＝	⑬ 5×3＝	㉔ 2×7＝
③ 2×1＝	⑭ 4×4＝	㉕ 5×8＝
④ 3×6＝	⑮ 3×1＝	㉖ 3×2＝
⑤ 2×9＝	⑯ 4×9＝	㉗ 2×3＝
⑥ 3×5＝	⑰ 3×9＝	㉘ 5×7＝
⑦ 4×7＝	⑱ 5×5＝	㉙ 4×5＝
⑧ 5×4＝	⑲ 3×8＝	㉚ 5×6＝
⑨ 2×2＝	⑳ 5×9＝	㉛ 3×4＝
⑩ 5×2＝	㉑ 2×4＝	㉜ 4×2＝
⑪ 2×8＝	㉒ 4×7＝	㉝ 3×7＝

めいろは，答えの　大きい　方を　とおりましょう。とおった　方の　答えを　下の　□に　書きましょう。

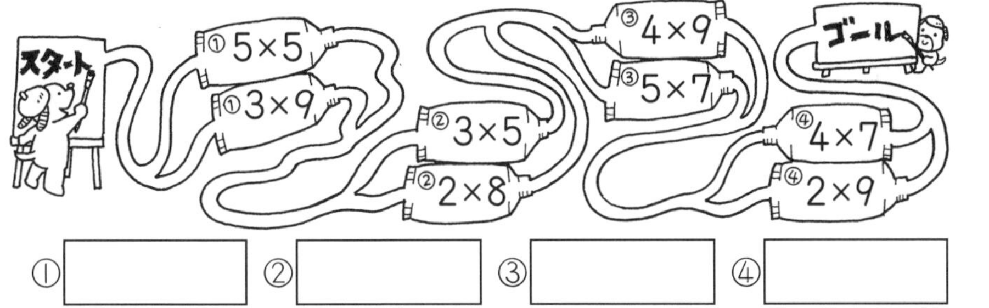

①□　②□　③□　④□

かけ算（11）

2～5のだん

名前

① 4×6＝	⑫ 5×9＝	㉓ 3×4＝
② 2×6＝	⑬ 4×7＝	㉔ 3×8＝
③ 4×9＝	⑭ 2×8＝	㉕ 2×4＝
④ 3×9＝	⑮ 5×6＝	㉖ 5×4＝
⑤ 2×9＝	⑯ 3×7＝	㉗ 3×5＝
⑥ 3×2＝	⑰ 2×7＝	㉘ 5×7＝
⑦ 5×2＝	⑱ 4×5＝	㉙ 5×8＝
⑧ 3×3＝	⑲ 4×3＝	㉚ 4×4＝
⑨ 5×5＝	⑳ 2×1＝	㉛ 2×2＝
⑩ 2×3＝	㉑ 3×6＝	㉜ 5×3＝
⑪ 4×8＝	㉒ 5×1＝	㉝ 4×9＝

めいろは，答えの　大きい　方を　とおりましょう。とおった　方の　答えを　下の　□に　書きましょう。

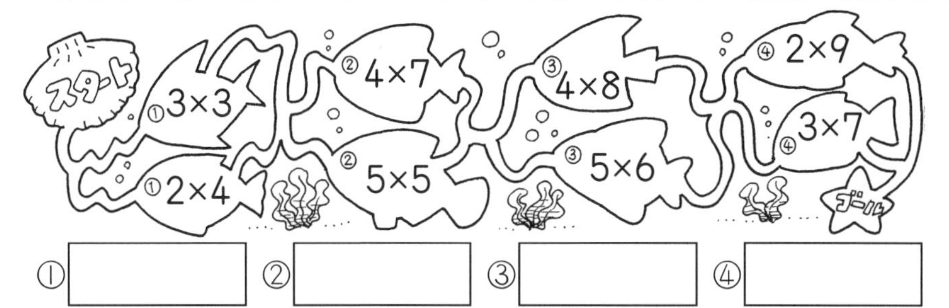

①□　②□　③□　④□

かけ算（12）
6のだん

名前

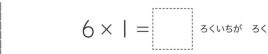

6×1＝□ ろくいちが　ろく

6×2＝□ ろくに　じゅうに

6×3＝□ ろくさん　じゅうはち

6×4＝□ ろくし　にじゅうし

6×5＝□ ろくご　さんじゅう

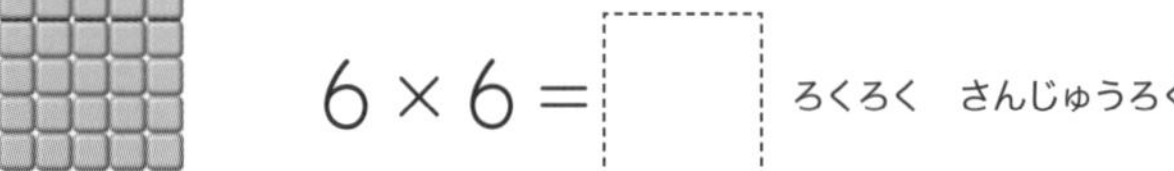

6×6＝□ ろくろく　さんじゅうろく

6×7＝□ ろくしち　しじゅうに

6×8＝□ ろくは　しじゅうはち

6×9＝□ ろっく　ごじゅうし

6のだんの　れんしゅう

① 6×4＝

② 6×9＝

③ 6×5＝

④ 6×2＝

⑤ 6×1＝

⑥ 6×7＝

⑦ 6×6＝

⑧ 6×5＝

⑨ 6×8＝

⑩ 6×4＝

⑪ 6×2＝

⑫ 6×9＝

⑬ 6×7＝

⑭ 6×3＝

⑮ 6×8＝

かけ算（13）
7のだん

名前

7×1＝□ しちいちが　しち

7×2＝□ しちに　じゅうし

7×3＝□ しちさん　にじゅういち

7×4＝□ しちし　にじゅうはち

7×5＝□ しちご　さんじゅうご

7×6＝□ しちろく　しじゅうに

7×7＝□ しちしち　しじゅうく

7×8＝□ しちは　ごじゅうろく

7×9＝□ しちく　ろくじゅうさん

7のだんの　れんしゅう

① 7×5＝

② 7×9＝

③ 7×8＝

④ 7×7＝

⑤ 7×1＝

⑥ 7×3＝

⑦ 7×4＝

⑧ 7×9＝

⑨ 7×5＝

⑩ 7×4＝

⑪ 7×6＝

⑫ 7×7＝

⑬ 7×2＝

⑭ 7×6＝

⑮ 7×8＝

かけ算（14）

8のだん

名前

$8\times1=$ □ はちいちが　はち

$8\times2=$ □ はちに　じゅうろく

$8\times3=$ □ はっさん　にじゅうし

$8\times4=$ □ はちし　さんじゅうに

$8\times5=$ □ はちご　しじゅう

$8\times6=$ □ はちろく　しじゅうはち

$8\times7=$ □ はちしち　ごじゅうろく

$8\times8=$ □ はっぱ　ろくじゅうし

$8\times9=$ □ はっく　しちじゅうに

8のだんの　れんしゅう

① $8\times5=$

② $8\times3=$

③ $8\times1=$

④ $8\times4=$

⑤ $8\times7=$

⑥ $8\times8=$

⑦ $8\times9=$

⑧ $8\times6=$

⑨ $8\times8=$

⑩ $8\times6=$

⑪ $8\times4=$

⑫ $8\times2=$

⑬ $8\times9=$

⑭ $8\times7=$

⑮ $8\times5=$

かけ算（15）

9のだん

名前

$9\times1=$ □ くいちが　く

$9\times2=$ □ くに　じゅうはち

$9\times3=$ □ くさん　にじゅうしち

$9\times4=$ □ くし　さんじゅうろく

$9\times5=$ □ くご　しじゅうご

$9\times6=$ □ くろく　ごじゅうし

$9\times7=$ □ くしち　ろくじゅうさん

$9\times8=$ □ くは　しちじゅうに

$9\times9=$ □ くく　はちじゅういち

9のだんの　れんしゅう

① $9\times1=$

② $9\times4=$

③ $9\times7=$

④ $9\times6=$

⑤ $9\times4=$

⑥ $9\times8=$

⑦ $9\times9=$

⑧ $9\times3=$

⑨ $9\times7=$

⑩ $9\times2=$

⑪ $9\times8=$

⑫ $9\times5=$

⑬ $9\times3=$

⑭ $9\times6=$

⑮ $9\times9=$

かけ算（16）

1のだん

名前

×	=	よみかた
1×1＝		いんいちが　いち
1×2＝		いんにが　に
1×3＝		いんさんが　さん
1×4＝		いんしが　し
1×5＝		いんごが　ご
1×6＝		いんろくが　ろく
1×7＝		いんしちが　しち
1×8＝		いんはちが　はち
1×9＝		いんくが　く

1のだんの　れんしゅう

① 1×9＝
② 1×5＝
③ 1×8＝
④ 1×3＝
⑤ 1×4＝
⑥ 1×1＝
⑦ 1×7＝
⑧ 1×2＝
⑨ 1×6＝
⑩ 1×5＝
⑪ 1×1＝
⑫ 1×4＝
⑬ 1×8＝
⑭ 1×7＝
⑮ 1×3＝

かけ算（17）

6～9のだん

名前

① 8×5＝
② 9×1＝
③ 7×7＝
④ 9×6＝
⑤ 6×4＝
⑥ 9×2＝
⑦ 6×2＝
⑧ 8×4＝
⑨ 6×9＝
⑩ 9×3＝
⑪ 7×8＝
⑫ 6×7＝
⑬ 8×8＝
⑭ 7×6＝
⑮ 9×5＝
⑯ 6×3＝
⑰ 8×6＝
⑱ 7×4＝
⑲ 8×9＝
⑳ 9×7＝
㉑ 6×8＝
㉒ 7×1＝
㉓ 8×2＝
㉔ 6×5＝
㉕ 9×8＝
㉖ 7×3＝
㉗ 8×7＝
㉘ 7×5＝
㉙ 6×6＝
㉚ 8×1＝
㉛ 9×4＝
㉜ 7×9＝
㉝ 9×9＝

めいろは，答えの　大きい　方を　とおりましょう。とおった　方の　答えを　下の　□に　書きましょう。

① □　② □　③ □　④ □

かけ算（18）
6～9のだん

名前

① 6×2＝
② 8×9＝
③ 7×4＝
④ 9×3＝
⑤ 7×2＝
⑥ 8×3＝
⑦ 6×6＝
⑧ 7×8＝
⑨ 6×9＝
⑩ 8×4＝
⑪ 6×4＝
⑫ 7×3＝
⑬ 9×2＝
⑭ 6×3＝
⑮ 8×8＝
⑯ 9×7＝
⑰ 6×1＝
⑱ 7×9＝
⑲ 8×6＝
⑳ 9×5＝
㉑ 7×6＝
㉒ 6×7＝
㉓ 8×1＝
㉔ 9×6＝
㉕ 6×8＝
㉖ 7×5＝
㉗ 8×7＝
㉘ 9×4＝
㉙ 7×7＝
㉚ 9×8＝
㉛ 9×9＝
㉜ 8×5＝
㉝ 6×5＝

めいろは，答えの　大きい　方を　とおりましょう。とおった　方の　答えを　下の　□に　書きましょう。

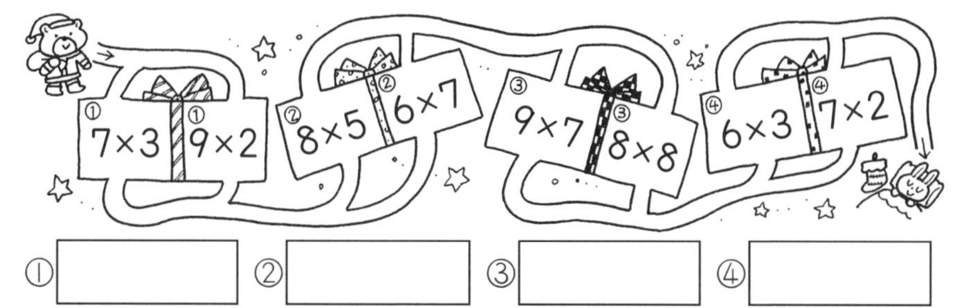

① □　② □　③ □　④ □

かけ算（19）
6～9のだん

名前

① 7×7＝
② 8×4＝
③ 6×7＝
④ 9×4＝
⑤ 7×5＝
⑥ 7×8＝
⑦ 6×6＝
⑧ 8×8＝
⑨ 7×3＝
⑩ 9×6＝
⑪ 7×9＝
⑫ 8×9＝
⑬ 9×9＝
⑭ 7×6＝
⑮ 9×8＝
⑯ 6×4＝
⑰ 9×7＝
⑱ 6×8＝
⑲ 8×1＝
⑳ 9×2＝
㉑ 7×1＝
㉒ 9×5＝
㉓ 8×6＝
㉔ 6×3＝
㉕ 7×4＝
㉖ 8×7＝
㉗ 6×9＝
㉘ 9×1＝
㉙ 6×2＝
㉚ 8×3＝
㉛ 7×2＝
㉜ 9×3＝
㉝ 8×2＝

めいろは，答えの　大きい　方を　とおりましょう。とおった　方の　答えを　下の　□に　書きましょう。

① □　② □　③ □　④ □

かけ算（20）

6～9のだん

名前

① 9×8＝	⑫ 8×8＝	㉓ 7×6＝
② 6×3＝	⑬ 9×9＝	㉔ 8×3＝
③ 9×4＝	⑭ 6×5＝	㉕ 6×7＝
④ 7×7＝	⑮ 8×4＝	㉖ 8×9＝
⑤ 8×5＝	⑯ 7×5＝	㉗ 9×7＝
⑥ 6×9＝	⑰ 6×8＝	㉘ 7×8＝
⑦ 6×6＝	⑱ 9×2＝	㉙ 8×2＝
⑧ 9×5＝	⑲ 7×3＝	㉚ 9×1＝
⑨ 7×2＝	⑳ 8×7＝	㉛ 6×4＝
⑩ 8×6＝	㉑ 6×2＝	㉜ 9×3＝
⑪ 7×4＝	㉒ 9×6＝	㉝ 7×9＝

めいろは，答えの　大きい　方を　とおりましょう。とおった　方の　答えを　下の　☐に　書きましょう。

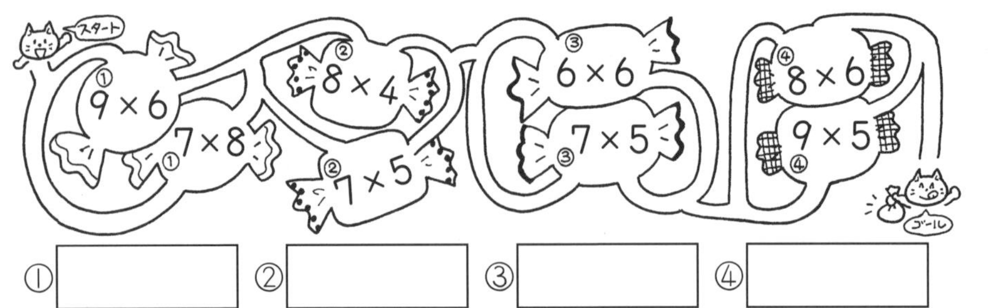

かけ算（21）

6～9のだん

名前

① 6×7＝	⑫ 6×8＝	㉓ 8×5＝
② 8×6＝	⑬ 9×2＝	㉔ 9×6＝
③ 7×3＝	⑭ 7×4＝	㉕ 6×3＝
④ 9×9＝	⑮ 9×5＝	㉖ 8×1＝
⑤ 7×9＝	⑯ 6×6＝	㉗ 7×7＝
⑥ 7×1＝	⑰ 8×9＝	㉘ 6×1＝
⑦ 6×5＝	⑱ 6×4＝	㉙ 8×8＝
⑧ 9×4＝	⑲ 7×8＝	㉚ 7×6＝
⑨ 8×3＝	⑳ 8×4＝	㉛ 6×2＝
⑩ 9×7＝	㉑ 6×9＝	㉜ 9×3＝
⑪ 9×8＝	㉒ 8×7＝	㉝ 7×2＝

めいろは，答えの　大きい　方を　とおりましょう。とおった　方の　答えを　下の　☐に　書きましょう。

かけ算（22）

2～5のだん

名前

● 答(こた)えの　大(おお)きい　方(ほう)を　とおって　ゴールまで　行(い)きましょう。とおった　方の　答えを　□に　書(か)きましょう。

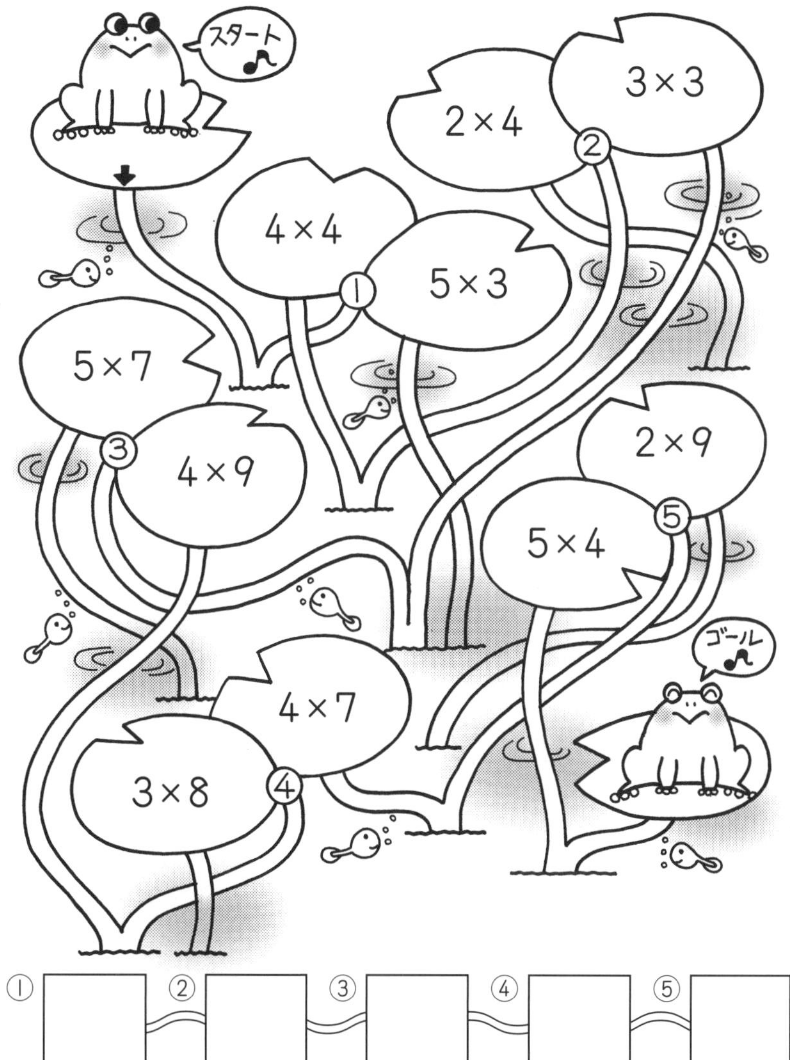

① □　② □　③ □　④ □　⑤ □

かけ算（23）

6～9のだん

名前

● 答(こた)えの　大(おお)きい　方(ほう)を　とおって　ゴールまで　行(い)きましょう。とおった　方の　答えを　□に　書(か)きましょう。

① □　② □　③ □　④ □　⑤ □　⑥ □　⑦ □　⑧ □　⑨ □　⑩ □

かけ算（24）

1～9のだん　50問

名前

① 6×8 =
② 2×2 =
③ 5×7 =
④ 3×9 =
⑤ 9×7 =
⑥ 4×3 =
⑦ 6×2 =
⑧ 2×4 =
⑨ 7×1 =
⑩ 3×6 =
⑪ 8×3 =
⑫ 3×5 =
⑬ 4×6 =
⑭ 2×9 =
⑮ 6×1 =
⑯ 1×7 =
⑰ 6×9 =
⑱ 3×2 =
⑲ 9×5 =
⑳ 8×5 =
㉑ 1×5 =
㉒ 7×9 =
㉓ 9×2 =
㉔ 2×7 =
㉕ 7×5 =
㉖ 9×8 =
㉗ 8×7 =
㉘ 4×1 =
㉙ 6×4 =
㉚ 8×1 =
㉛ 2×6 =
㉜ 8×2 =
㉝ 9×9 =
㉞ 7×4 =
㉟ 3×3 =
㊱ 7×2 =
㊲ 1×4 =
㊳ 6×5 =
㊴ 4×7 =
㊵ 5×1 =
㊶ 9×6 =
㊷ 1×9 =
㊸ 7×6 =
㊹ 3×8 =
㊺ 5×3 =
㊻ 5×9 =
㊼ 8×6 =
㊽ 1×1 =
㊾ 5×2 =
㊿ 4×8 =

かけ算（25）

1～9のだん　50問

名前

① 9×7 =
② 4×4 =
③ 9×1 =
④ 5×9 =
⑤ 2×8 =
⑥ 9×9 =
⑦ 4×9 =
⑧ 9×2 =
⑨ 2×2 =
⑩ 8×8 =
⑪ 3×4 =
⑫ 7×6 =
⑬ 5×3 =
⑭ 1×2 =
⑮ 7×7 =
⑯ 2×6 =
⑰ 6×7 =
⑱ 7×3 =
⑲ 9×6 =
⑳ 1×8 =
㉑ 2×7 =
㉒ 5×4 =
㉓ 3×8 =
㉔ 4×2 =
㉕ 7×4 =
㉖ 6×9 =
㉗ 5×8 =
㉘ 6×4 =
㉙ 2×3 =
㉚ 7×8 =
㉛ 4×7 =
㉜ 5×6 =
㉝ 8×3 =
㉞ 1×3 =
㉟ 4×5 =
㊱ 9×3 =
㊲ 3×7 =
㊳ 8×7 =
㊴ 6×6 =
㊵ 8×9 =
㊶ 9×4 =
㊷ 1×6 =
㊸ 8×4 =
㊹ 3×1 =
㊺ 4×8 =
㊻ 5×5 =
㊼ 3×6 =
㊽ 6×3 =
㊾ 8×5 =
㊿ 2×5 =

かけ算（26）

1～9のだん　50問

名前

① 4×9＝
② 9×3＝
③ 2×3＝
④ 5×6＝
⑤ 6×8＝
⑥ 3×2＝
⑦ 8×4＝
⑧ 5×1＝
⑨ 4×5＝
⑩ 7×1＝
⑪ 5×5＝
⑫ 2×2＝
⑬ 7×8＝
⑭ 8×9＝
⑮ 3×9＝
⑯ 9×8＝
⑰ 9×9＝
⑱ 5×2＝
⑲ 2×9＝
⑳ 6×7＝
㉑ 8×6＝
㉒ 3×1＝
㉓ 1×6＝
㉔ 4×2＝
㉕ 7×9＝
㉖ 3×5＝
㉗ 6×1＝
㉘ 4×4＝
㉙ 1×9＝
㉚ 7×5＝
㉛ 2×8＝
㉜ 6×5＝
㉝ 8×8＝
㉞ 1×1＝
㉟ 3×4＝
㊱ 9×5＝
㊲ 6×6＝
㊳ 2×5＝
㊴ 9×4＝
㊵ 5×8＝
㊶ 8×2＝
㊷ 4×1＝
㊸ 4×6＝
㊹ 7×3＝
㊺ 3×7＝
㊻ 6×3＝
㊼ 5×4＝
㊽ 9×1＝
㊾ 2×1＝
㊿ 7×7＝

かけ算（27）

1～9のだん　50問

名前

① 8×5＝
② 6×7＝
③ 6×4＝
④ 1×2＝
⑤ 9×4＝
⑥ 7×9＝
⑦ 8×7＝
⑧ 7×6＝
⑨ 4×6＝
⑩ 9×2＝
⑪ 7×7＝
⑫ 6×5＝
⑬ 2×7＝
⑭ 8×4＝
⑮ 1×8＝
⑯ 5×2＝
⑰ 5×9＝
⑱ 8×9＝
⑲ 5×3＝
⑳ 4×9＝
㉑ 9×9＝
㉒ 8×2＝
㉓ 4×7＝
㉔ 3×9＝
㉕ 8×3＝
㉖ 1×5＝
㉗ 9×3＝
㉘ 2×6＝
㉙ 6×8＝
㉚ 7×4＝
㉛ 9×5＝
㉜ 5×8＝
㉝ 3×6＝
㉞ 7×8＝
㉟ 3×8＝
㊱ 2×9＝
㊲ 8×8＝
㊳ 6×6＝
㊴ 4×8＝
㊵ 9×7＝
㊶ 3×5＝
㊷ 5×6＝
㊸ 6×9＝
㊹ 8×6＝
㊺ 9×6＝
㊻ 4×1＝
㊼ 3×2＝
㊽ 7×6＝
㊾ 9×8＝
㊿ 7×5＝

かけ算（28）

1～9のだん　すべての型　81問

名前 ________________

① 5×6＝	㉒ 7×4＝	㊸ 6×8＝	(64) 2×8＝
② 9×1＝	㉓ 3×3＝	㊹ 2×4＝	(65) 9×7＝
③ 2×2＝	㉔ 8×1＝	㊺ 8×6＝	(66) 4×9＝
④ 4×7＝	㉕ 4×6＝	㊻ 5×3＝	(67) 7×2＝
⑤ 8×8＝	㉖ 6×6＝	㊼ 1×6＝	(68) 5×5＝
⑥ 3×4＝	㉗ 2×9＝	㊽ 7×8＝	(69) 2×6＝
⑦ 7×5＝	㉘ 9×8＝	㊾ 3×7＝	(70) 8×4＝
⑧ 2×5＝	㉙ 5×8＝	㊿ 4×1＝	(71) 3×9＝
⑨ 6×7＝	㉚ 9×5＝	(51) 1×5＝	(72) 7×9＝
⑩ 3×5＝	㉛ 4×2＝	(52) 8×5＝	(73) 7×7＝
⑪ 9×4＝	㉜ 5×7＝	(53) 9×3＝	(74) 2×3＝
⑫ 2×7＝	㉝ 4×5＝	(54) 1×9＝	(75) 6×1＝
⑬ 9×6＝	㉞ 7×3＝	(55) 6×9＝	(76) 4×3＝
⑭ 4×8＝	㉟ 2×1＝	(56) 3×8＝	(77) 3×6＝
⑮ 9×9＝	㊱ 8×9＝	(57) 5×4＝	(78) 6×3＝
⑯ 3×2＝	㊲ 6×5＝	(58) 1×1＝	(79) 1×4＝
⑰ 8×3＝	㊳ 1×2＝	(59) 9×2＝	(80) 7×1＝
⑱ 1×7＝	㊴ 5×1＝	(60) 4×4＝	(81) 5×2＝
⑲ 5×9＝	㊵ 1×3＝	(61) 6×4＝	
⑳ 1×8＝	㊶ 6×2＝	(62) 8×7＝	
㉑ 8×2＝	㊷ 7×6＝	(63) 3×1＝	

かけ算（29）

1～9のだん　すべての型　81問

名前 ________________

① 4×1＝	㉒ 8×6＝	㊸ 5×3＝	(64) 1×9＝
② 8×4＝	㉓ 6×7＝	㊹ 4×3＝	(65) 7×7＝
③ 2×3＝	㉔ 9×9＝	㊺ 8×9＝	(66) 4×2＝
④ 5×9＝	㉕ 1×5＝	㊻ 1×7＝	(67) 6×1＝
⑤ 7×4＝	㉖ 7×3＝	㊼ 9×5＝	(68) 3×7＝
⑥ 1×4＝	㉗ 9×1＝	㊽ 3×3＝	(69) 7×5＝
⑦ 5×1＝	㉘ 2×9＝	㊾ 6×9＝	(70) 1×2＝
⑧ 3×6＝	㉙ 8×5＝	㊿ 5×6＝	(71) 9×7＝
⑨ 7×9＝	㉚ 6×6＝	(51) 2×2＝	(72) 5×2＝
⑩ 8×3＝	㉛ 7×1＝	(52) 2×7＝	(73) 4×9＝
⑪ 4×5＝	㉜ 2×8＝	(53) 6×2＝	(74) 6×3＝
⑫ 3×2＝	㉝ 7×2＝	(54) 4×7＝	(75) 1×3＝
⑬ 9×6＝	㉞ 9×3＝	(55) 9×4＝	(76) 9×2＝
⑭ 5×7＝	㉟ 1×6＝	(56) 1×8＝	(77) 3×9＝
⑮ 8×8＝	㊱ 6×8＝	(57) 7×6＝	(78) 2×1＝
⑯ 4×8＝	㊲ 4×4＝	(58) 3×4＝	(79) 5×8＝
⑰ 1×1＝	㊳ 9×8＝	(59) 8×2＝	(80) 4×6＝
⑱ 5×5＝	㊴ 3×5＝	(60) 2×6＝	(81) 6×5＝ 
⑲ 3×1＝	㊵ 2×4＝	(61) 8×7＝	
⑳ 5×4＝	㊶ 7×8＝ 	(62) 2×5＝ 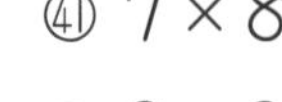	
㉑ 8×1＝	㊷ 3×8＝	(63) 6×4＝	

かけ算（30）

1～9のだん　すべての型　81 問

名前

① 9 × 1 =	㉒ 5 × 3 =	㊸ 1 × 8 =	64 7 × 8 =
② 5 × 4 =	㉓ 6 × 3 =	㊹ 8 × 3 =	65 9 × 4 =
③ 2 × 9 =	㉔ 3 × 8 =	㊺ 3 × 4 =	66 1 × 6 =
④ 8 × 1 =	㉕ 6 × 9 =	㊻ 7 × 7 =	67 8 × 6 =
⑤ 6 × 8 =	㉖ 2 × 5 =	㊼ 2 × 3 =	68 5 × 1 =
⑥ 4 × 5 =	㉗ 7 × 4 =	㊽ 5 × 9 =	69 3 × 6 =
⑦ 2 × 1 =	㉘ 5 × 7 =	㊾ 7 × 1 =	70 9 × 8 =
⑧ 9 × 2 =	㉙ 1 × 2 =	㊿ 4 × 2 =	71 4 × 6 =
⑨ 4 × 9 =	㉚ 8 × 2 =	51 7 × 9 =	72 6 × 5 =
⑩ 1 × 4 =	㉛ 4 × 8 =	52 1 × 7 =	73 3 × 5 =
⑪ 5 × 6 =	㉜ 3 × 3 =	53 8 × 5 =	74 3 × 7 =
⑫ 7 × 3 =	㉝ 3 × 2 =	54 8 × 9 =	75 5 × 8 =
⑬ 5 × 5 =	㉞ 9 × 7 =	55 5 × 2 =	76 7 × 2 =
⑭ 3 × 1 =	㉟ 2 × 8 =	56 1 × 9 =	77 1 × 1 =
⑮ 8 × 7 =	㊱ 6 × 2 =	57 9 × 6 =	78 8 × 4 =
⑯ 4 × 4 =	㊲ 4 × 3 =	58 2 × 6 =	79 4 × 7 =
⑰ 6 × 1 =	㊳ 7 × 6 =	59 8 × 8 =	80 6 × 6 =
⑱ 9 × 5 =	㊴ 1 × 3 =	60 2 × 4 =	81 2 × 2 =
⑲ 1 × 5 =	㊵ 6 × 7 =	61 9 × 3 =	
⑳ 7 × 5 =	㊶ 2 × 7 =	62 4 × 1 =	
㉑ 3 × 9 =	㊷ 9 × 9 =	63 6 × 4 =	

かけ算（31）

1～9のだん　すべての型　81 問

名前

① 4 × 2 =	㉒ 9 × 6 =	㊸ 6 × 6 =	64 6 × 8 =
② 7 × 1 =	㉓ 4 × 5 =	㊹ 1 × 5 =	65 9 × 1 =
③ 3 × 1 =	㉔ 8 × 3 =	㊺ 7 × 8 =	66 1 × 2 =
④ 4 × 8 =	㉕ 3 × 6 =	㊻ 5 × 1 =	67 8 × 6 =
⑤ 8 × 8 =	㉖ 5 × 7 =	㊼ 6 × 1 =	68 3 × 9 =
⑥ 1 × 6 =	㉗ 1 × 3 =	㊽ 2 × 2 =	69 9 × 7 =
⑦ 5 × 9 =	㉘ 8 × 5 =	㊾ 7 × 3 =	70 2 × 3 =
⑧ 7 × 6 =	㉙ 6 × 9 =	㊿ 4 × 1 =	71 8 × 1 =
⑨ 3 × 8 =	㉚ 5 × 4 =	51 8 × 4 =	72 4 × 3 =
⑩ 2 × 7 =	㉛ 9 × 9 =	52 5 × 6 =	73 3 × 2 =
⑪ 9 × 8 =	㉜ 1 × 9 =	53 2 × 8 =	74 9 × 3 =
⑫ 3 × 3 =	㉝ 2 × 9 =	54 6 × 7 =	75 1 × 1 =
⑬ 5 × 2 =	㉞ 7 × 9 =	55 9 × 2 =	76 4 × 7 =
⑭ 1 × 8 =	㉟ 5 × 3 =	56 1 × 7 =	77 7 × 2 =
⑮ 9 × 4 =	㊱ 8 × 2 =	57 4 × 6 =	78 2 × 6 =
⑯ 5 × 5 =	㊲ 1 × 4 =	58 6 × 4 =	79 7 × 7 =
⑰ 3 × 5 =	㊳ 6 × 2 =	59 3 × 7 =	80 6 × 5 =
⑱ 8 × 7 =	㊴ 5 × 8 =	60 9 × 5 =	81 4 × 4 =
⑲ 7 × 4 =	㊵ 3 × 4 =	61 4 × 9 =	
⑳ 2 × 4 =	㊶ 7 × 5 =	62 6 × 3 =	
㉑ 8 × 9 =	㊷ 2 × 1 =	63 2 × 5 =	

かけ算（32）

ばいと かけ算

名前

□1 7cmの テープの 3ばいの 長さと 5ばいの 長さを かけ算の しきに かいて もとめましょう。

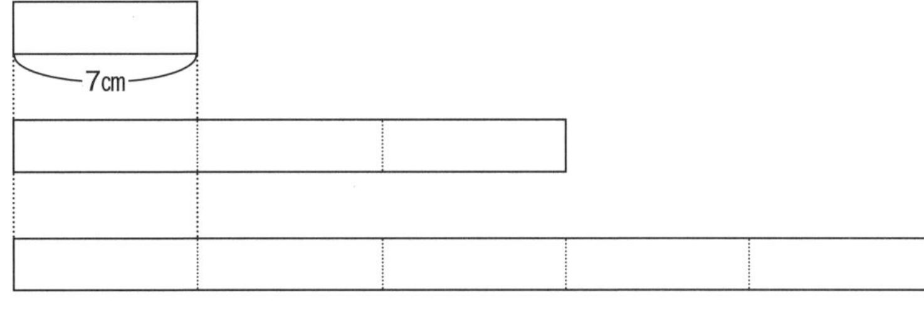

3ばい しき

答え

5ばい しき

答え

□2 さとしさんは えんぴつを 6本 もって います。お兄さんが もって いる 数は さとしさんの 4ばいです。お兄さんは えんぴつを 何本 もって いますか。

しき

答え

かけ算（33）

文しょうだい ①

名前

□1 バラを 8本ずつ たばにして プレゼントします。5人に 1たばずつ プレゼントするには，バラは ぜんぶで 何本 いりますか。

しき

答え

□2 ヨーグルトが 2こ 1パックに なっています。7人に 1パックずつ くばると，ヨーグルトは ぜんぶで 何こ いりますか。

しき

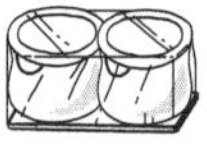

答え

□3 1チーム 9人で やきゅうをします。6チームでは，何人になりますか。

しき

答え

□4 スタンプラリーをします。スタンプは たてに 5こ，よこに 4れつ おすことが できます。ぜんぶで 何この スタンプが おせますか。

しき

答え

かけ算（34）

文しょうだい ②

名前

1　ふくろに　トマトが　6こずつ　入って　います。
5ふくろ　あると，トマトは　ぜんぶで　何(なん)こに　なりますか。

しき

答(こた)え

2　1れつに　8きゃくずつ　長(なが)いすが　ならんで　います。
2れつ　あると，長いすは　ぜんぶで　何きゃくに　なりますか。

しき

答え

3　1台(だい)の　車には，タイヤが　4こずつ　ついて　います。
7台の　車では，タイヤは　ぜんぶで　何こに　なりますか。

しき

答え

4　8人の　子どもに　ジュースを　3本ずつ　あげます。
ジュースは　ぜんぶで　何本　いりますか。

しき

答え

かけ算（35）

文しょうだい ③

名前

1　6人の　子どもに　パンを　2こずつ　くばります。
パンは　ぜんぶで　何(なん)こ　いりますか。

しき

答(こた)え

2　1はこ　4こ入りの　たいやきを，4はこ　買(か)って　きました。
たいやきは　ぜんぶで　何こ　ありますか。

しき

答え

3　おまんじゅうが　1れつに　5こずつ　ならんで　います。
3れつ　あると，おまんじゅうは　ぜんぶで　何こに　なりますか。

しき

答え

4　1本の　長(なが)さが　9cmの　リボンを，つぎめなく　7本
つなげると，何cmに　なりますか。

しき

答え

かけ算 (36)

文しょうだい ④

名前

□1 2つの　かごに　じゃがいもが　9こずつ　入って　います。じゃがいもは　ぜんぶで　何こ　ありますか。

しき

答え

□2 6人で，1人　7まいずつ　しおりを　作りました。みんなで　何まい　作りましたか。

しき

答え

□3 1はこに　プリンが　5こずつ　入って　います。7はこ　あると，プリンは　何こに　なりますか。

しき

答え

□4 1人　3こずつ　おもちを　食べます。3人分では　おもちは　何こ　いりますか。

しき

答え

かけ算 (37)

文しょうだい ⑤

名前

□1 みかんが　1かごに　9こずつ　入って　います。3かご　あると，みかんは　ぜんぶで　何こに　なりますか。

しき

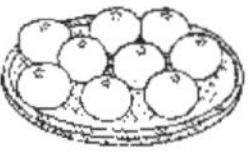

答え

□2 1こ　8円の　チョコレートを　6こ　買いました。ぜんぶで　何円に　なりますか。

しき

答え

□3 1はこに　ハンカチが　3まいずつ　入って　います。5人に　1はこずつ　プレゼントすると，ハンカチは　ぜんぶで　何まい　いりますか。

しき

答え

□4 ケーキが　9こ　あります。いちごを　1つの　ケーキに　6こ　ずつ　のせます。いちごは　ぜんぶで　何こ　いりますか。

しき

答え

ふりかえりテスト① かけ算

名前

1 かけ算を　しましょう。(1×81)

① 3×9＝
② 7×5＝
③ 1×4＝
④ 5×6＝
⑤ 9×2＝
⑥ 2×4＝
⑦ 7×1＝
⑧ 4×2＝
⑨ 1×9＝
⑩ 9×4＝
⑪ 4×7＝
⑫ 3×3＝
⑬ 5×9＝
⑭ 7×9＝
⑮ 2×1＝
⑯ 6×3＝
⑰ 5×3＝
⑱ 9×8＝
⑲ 2×6＝
⑳ 8×8＝
㉑ 6×1＝
㉒ 8×5＝
㉓ 3×4＝
㉔ 9×5＝
㉕ 4×9＝
㉖ 3×5＝
㉗ 7×4＝
㉘ 5×7＝
㉙ 8×6＝
㉚ 1×5＝
㉛ 6×9＝
㉜ 7×8＝
㉝ 4×4＝
㉞ 2×8＝
㉟ 8×2＝
㊱ 4×8＝
㊲ 6×4＝
㊳ 1×6＝
㊴ 9×7＝
㊵ 5×2＝
㊶ 9×3＝
㊷ 2×3＝
㊸ 6×8＝
㊹ 5×1＝
㊺ 7×6＝
㊻ 1×1＝
㊼ 7×2＝
㊽ 3×2＝
㊾ 3×6＝
㊿ 1×2＝
(51) 7×3＝
(52) 4×3＝
(53) 2×5＝
(54) 9×6＝
(55) 5×8＝
(56) 1×8＝
(57) 9×9＝
(58) 3×8＝
(59) 7×7＝
(60) 4×5＝
(61) 2×7＝
(62) 8×3＝
(63) 6×6＝
(64) 3×1＝
(65) 9×1＝
(66) 1×7＝
(67) 8×4＝
(68) 5×5＝
(69) 2×2＝
(70) 8×7＝
(71) 4×6＝
(72) 6×5＝
(73) 2×9＝
(74) 5×4＝
(75) 1×3＝
(76) 6×7＝
(77) 4×1＝
(78) 8×9＝
(79) 3×7＝
(80) 6×2＝
(81) 8×1＝

2 1こ　9円の　あめを　5こ　買いました。ぜんぶで　何円に　なりますか。(6)

しき

答え

3 リボンを　6cmずつ　6人の　子どもに　くばります。リボンは　ぜんぶで　何cm　いりますか。(6)

しき

答え

4 ありささんの　マンションは　8かいだてです。どの　かいにも，7けんの　家が　あります。ありささんの　マンションは　ぜんぶで　何けん　家が　ありますか。(7)

しき

答え

ふりかえりテスト② かけ算

名前

1 かけ算を　しましょう。(1×81)

① $3\times3=$	⑱ $1\times7=$	㉞ $9\times2=$	㊿ $2\times5=$	(66) $2\times9=$
② $9\times4=$	⑲ $5\times9=$	㉟ $3\times7=$	(51) $3\times9=$	(67) $9\times5=$
③ $2\times8=$	⑳ $8\times1=$	㊱ $8\times7=$	(52) $9\times8=$	(68) $4\times3=$
④ $6\times9=$	㉑ $3\times6=$	㊲ $4\times2=$	(53) $1\times9=$	(69) $7\times3=$
⑤ $5\times7=$	㉒ $6\times5=$	㊳ $9\times6=$	(54) $6\times7=$	(70) $1\times4=$
⑥ $1\times6=$	㉓ $2\times2=$	㊴ $6\times4=$	(55) $5\times3=$	(71) $4\times5=$
⑦ $9\times9=$	㉔ $9\times1=$	㊵ $3\times1=$	(56) $7\times8=$	(72) $8\times8=$
⑧ $4\times7=$	㉕ $5\times2=$	㊶ $7\times9=$	(57) $2\times6=$	(73) $3\times8=$
⑨ $8\times6=$	㉖ $1\times2=$	㊷ $7\times5=$	(58) $4\times9=$	(74) $3\times2=$
⑩ $5\times5=$	㉗ $6\times3=$	㊸ $1\times8=$	(59) $3\times4=$	(75) $5\times6=$
⑪ $8\times2=$	㉘ $4\times1=$	㊹ $5\times4=$	(60) $8\times9=$	(76) $6\times2=$
⑫ $2\times3=$	㉙ $8\times5=$	㊺ $7\times1=$	(61) $6\times8=$	(77) $2\times1=$
⑬ $6\times1=$	㉚ $7\times2=$	㊻ $2\times7=$	(62) $1\times5=$	(78) $9\times3=$
⑭ $7\times7=$	㉛ $2\times4=$	㊼ $8\times4=$	(63) $7\times4=$	(79) $5\times8=$
⑮ $4\times4=$	㉜ $5\times1=$	㊽ $4\times8=$	(64) $4\times6=$	(80) $3\times5=$
⑯ $9\times7=$	㉝ $7\times6=$	㊾ $1\times3=$	(65) $8\times3=$	(81) $6\times6=$
⑰ $1\times1=$				

2 車が　3台　あります。1台に　4人ずつ　のれます。みんなで　何人　のれますか。(7)

しき

答え

3 あゆみさんは，毎日　うんどう場を　3しゅうずつ　走ります。
一週間（7日）つづけると　ぜんぶで　何しゅう　走れますか。(6)

しき

答え

4 ドーナツを　4はこ　買いました。どの　はこにも　8こずつ　入って　います。
ドーナツは　ぜんぶで　何こ　ありますか。(6)

しき

答え

九九の ひょうと きまり（1）

名前

□1 つぎの 九九の ひょうを 見て，答(こた)えましょう。

かける数(かず)

かけられる数

	1	2	3	4	5	6	7	8	9
1		2							9
2				8		12			
3									27
4								32	
5			15						
6				24					
7		14					49		
8	8				40				
9						54			

① 九九の ひょうの あいている ところに 答えを 書(か)いて ひょうを かんせいさせましょう。

② 答えが 18の ところに 赤色(いろ)を ぬりましょう。

③ 答えが 24の ところに 青色を ぬりましょう。

④ 答えが 16の ところに ○を つけましょう。

⑤ 答えが 36の ところに △を つけましょう。

□2 つぎの 答えに なる かけ算(ざん)を ぜんぶ 書きましょう。

① 答えが 12に なる かけ算

□×□，□×□，□×□，□×□

② 答えが 8に なる かけ算

□×□，□×□，□×□，□×□

□3 □に あてはまる 数や ことばを 書きましょう。

① 2のだんの 答えは □ ずつ，6のだんの 答えは □ ずつ 大きく なります。

② 5のだんの 答えは □ ずつ，大きく なります。

③ かけ算では，□ 数と □ 数を 入れかえて 計算(けいさん)しても 答えは 同(おな)じです。

□4 □に あてはまる 数を 書きましょう。

① 3 × 6 = □ × 3　② 7 × □ = 2 × 7

③ 8 × 4 = □ × 8　④ 9 × □ = 3 × 9

⑤ 4 × 5 = 4 × □ + 4　⑥ 9 × 8 = 9 × 7 + □

九九の ひょうと きまり (2)

名前

● 九九を　つかって，くふうして　つぎの　計算(けいさん)を しましょう。

れい　4×11　4×11は，4×5　と　4×6

$4 \times 5 = 20$

$4 \times 6 = 24$

$20 + 24 = 44$　　答(こた)え　44

① 5×11

答え

② 6×12

答え

③ 2×13

答え

九九の ひょうと きまり (3)

名前

● 九九を　つかって，くふうして　つぎの　計算(けいさん)を しましょう。

れい　12×5　12×5は，9×5　と　3×5

$9 \times 5 = 45$

$3 \times 5 = 15$

$45 + 15 = 60$　　答(こた)え　60

① 11×7

答え

② 13×4

答え

③ 12×3

答え

10000までの 数（1）

名前

● （ ）に あてはまる 数や ことばを 書きましょう。

①

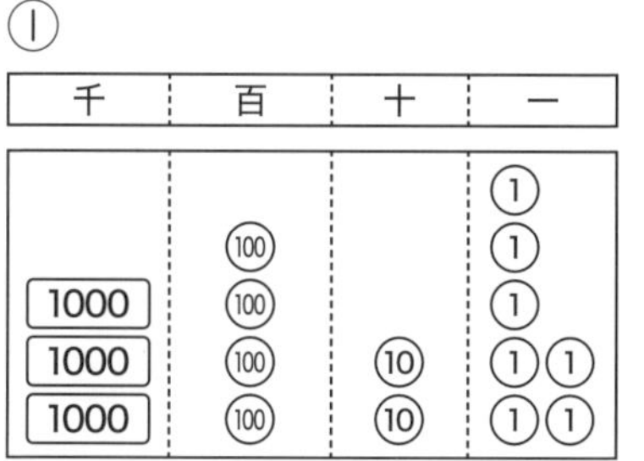

千のくらいが（ 3 ），百のくらいが（ 4 ），十のくらいが（ 2 ），一のくらいが（ 7 ），ぜんぶで（ 三千四百二十七 ）と いい，（ 3427 ）と 書きます。

②

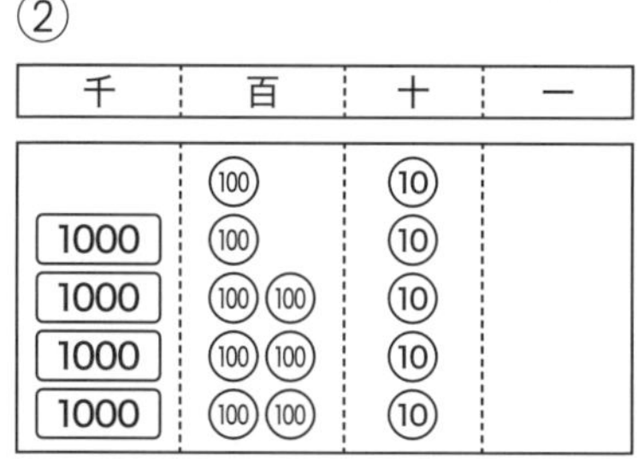

千のくらいが（　　），百のくらいが（　　），十のくらいが（　　），一のくらいが（　　），ぜんぶで（　　　　）と いい，（　　　　）と 書きます。

③

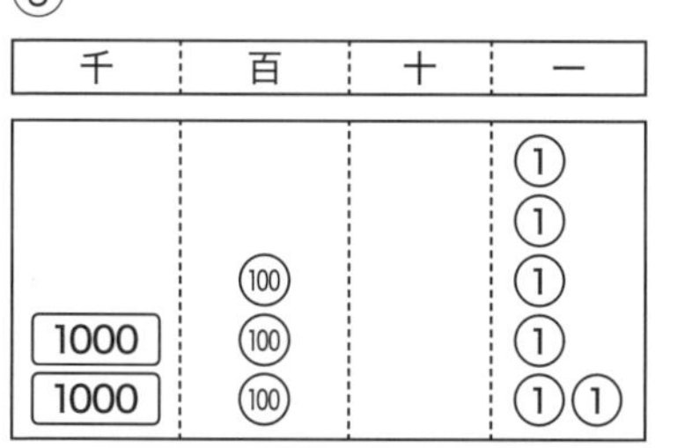

千のくらいが（　　），百のくらいが（　　），十のくらいが（　　），一のくらいが（　　），ぜんぶで（　　　　）と いい，（　　　　）と 書きます。

④

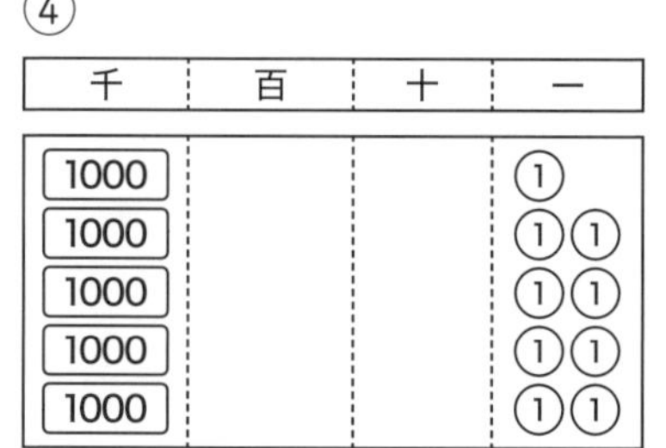

千のくらいが（　　），百のくらいが（　　），十のくらいが（　　），一のくらいが（　　），ぜんぶで（　　　　）と いい，（　　　　）と 書きます。

10000までの 数（2）

名前

1 数字は かん字に，かん字は 数字に なおしましょう。

	数字	読み方（かん字）
①	7635	
②		六千四百
③	4089	
④		三千二十

2 つぎの 数を 書きましょう。

① 千のくらいが 5，百のくらいが 7，十のくらいと 一のくらいが 0の数

② 千のくらいが 2，百のくらいが 0，十のくらいが 6，一のくらいが 0の数

	千	百	十	一
①				
②				

3 （ ）に あてはまる 数を 書きましょう。

① 1000を8こ，100を 2こ，10を4こ，1を1こ あわせた 数は（　　　　）です。

② 1000を4こ，10を7こ あわせた 数は（　　　　）です。

③ 1000を9こ，100を1こ，1を2こ あわせた 数は（　　　　）です。

④ 7260は，1000を（　　）こ，100を（　　）こ，10を（　　）こ あわせた 数です。

10000までの 数（3）

名前

□1 つぎの 数を 数字で 書きましょう。

① 100を14こ あつめた 数　（　　　　　）

② 100を36こ あつめた 数　（　　　　　）

③ 100を 75こ あつめた 数　（　　　　　）

□2 （ ）に あてはまる 数を 書きましょう。

① 5200は 100を（　　　）こ あつめた 数です。

② 1600は 100を（　　　）こ あつめた 数です。

③ 4900は 100を（　　　）こ あつめた 数です。

□3 計算しましょう。

① 400 + 700 =　　② 1000 + 900 =

③ 800 + 5000 =　　④ 3400 − 400 =

⑤ 1000 − 200 =　　⑥ 5600 − 5000 =

10000までの 数（4）

名前

□1 どちらの 数が 大きいですか。＞か，＜を つかって あらわしましょう。

① 6997 □ 7015　　② 2395 □ 2935

③ 7579 □ 7601　　④ 3123 □ 3213

⑤ 9765 □ 9763　　⑥ 6000 □ 5999

□2 大きい じゅんに，（ ）に 1～4の 番ごうを 書きましょう。

① 1066（　　） 999（　　） 1005（　　） 1900（　　）

② 4988（　　） 5010（　　） 5095（　　） 4899（　　）

めいろは，数の 大きい 方を とおりましょう。とおった 方の 数を 下の □に 書きましょう。

①□　②□　③□　④□

10000までの 数（5）

名前

10000（一万）という 数

□1 下の 数の線を 見て，□に あてはまる 数を 書きましょう。

① 1000を □ こ あつめた 数を 一万といい，□と 書きます。

② 10000は，100を □ こ あつめた 数です。

③ 10000は，10を □ こ あつめた 数です。

④ 10000より 1000 小さい 数は □ です。

⑤ 10000より 1 小さい 数は □ です。

⑥ 9990より 10 大きい 数は □ です。

□2 つぎの 数を〔れい〕のように 下の 数の線に ↑で 書き入れましょう。

〔れい〕1300　㋐4600　㋑6100　㋒8900

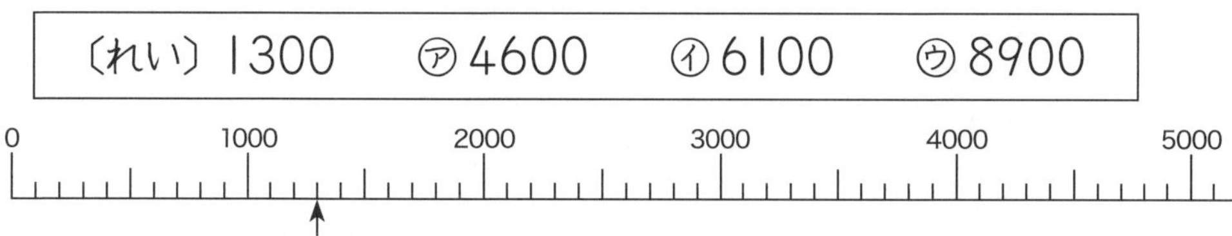

10000までの 数（6）

名前

数の線

□1 □に あてはまる 数を 書きましょう。

①

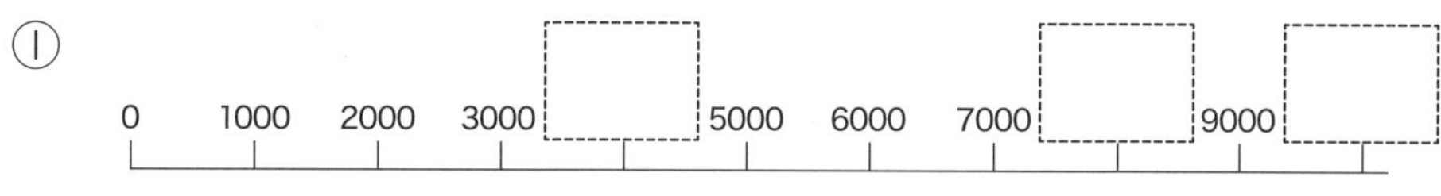

②

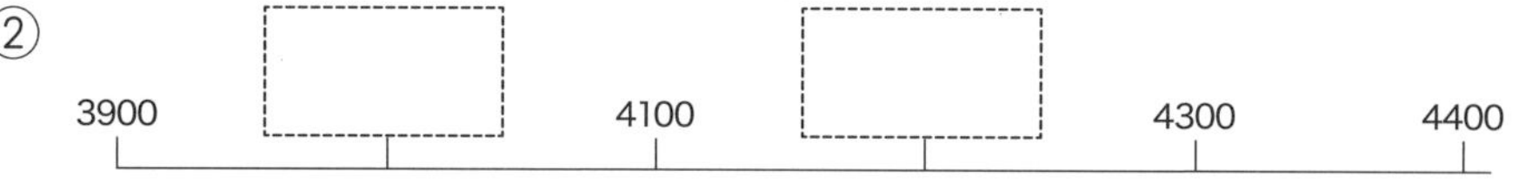

③

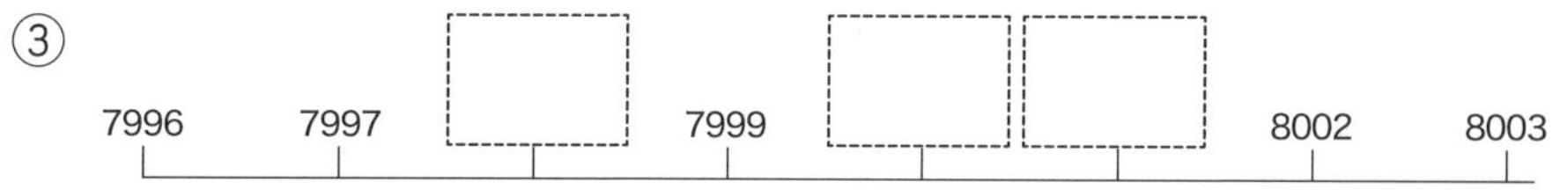

□2 （ ）に 1めもりの 数を 書いて，□に あてはまる 数を 書きましょう。

① （　　）

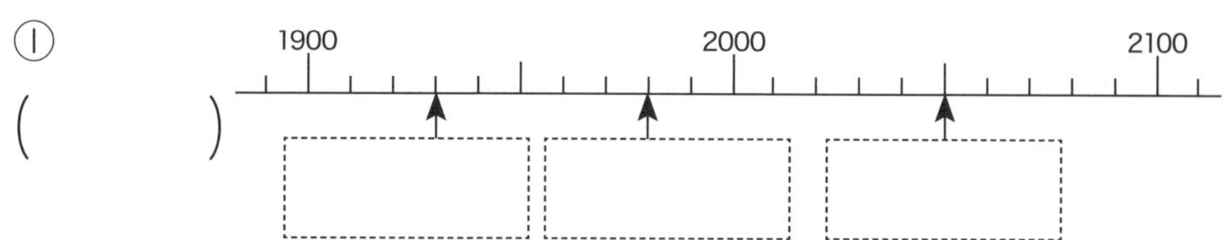

② （　　）

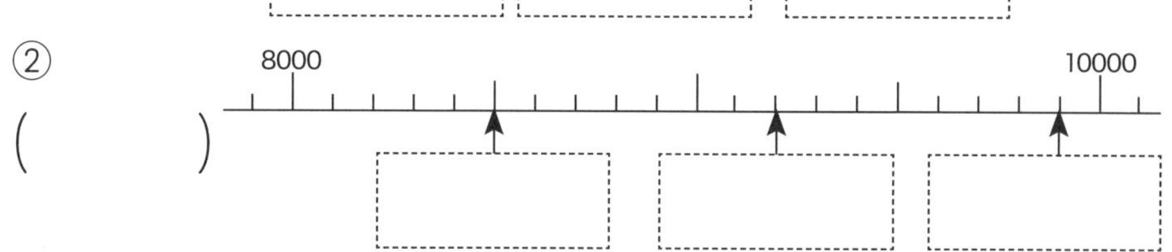

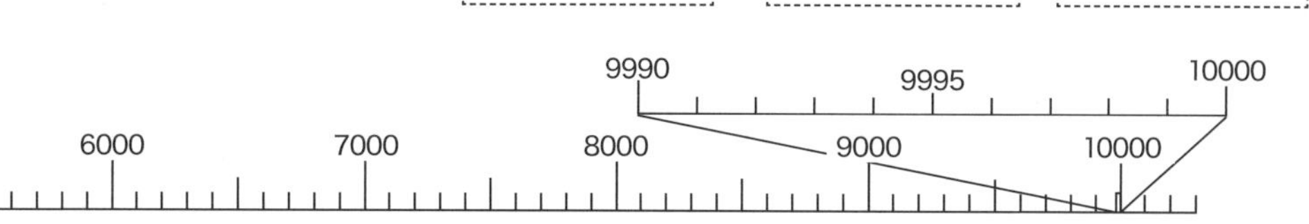

ふりかえりテスト 10000までの数

名前

1 □に あてはまる 数(かず)を 書(か)きましょう。（①5，②〜④4×3）

① 3450は，1000を□こ，100を□こ，10を□こ あわせた 数です。

② 1000を5こ，100を6こ，1を2こ あわせた 数は□です。

③ 8700は， 100を□こ あつめた 数です。

④ 100を23こ あつめた 数は□です。

2 どちらの 数が 大きいですか。>か，<を つかって あらわしましょう。（4×5）

① 7321 □ 7123

② 3999 □ 4002

③ 4765 □ 4763

④ 5090 □ 5100

⑤ 9999 □ 10000

3 大きい じゅんに（ ）に 1〜4の 番(ばん)ごうを 書きましょう。（5×3）

① 8999（ ） 5002（ ） 9200（ ） 1900（ ）

② 3895（ ） 3901（ ） 3898（ ） 3889（ ）

③ 6502（ ） 5998（ ） 6092（ ） 6125（ ）

4 つぎの 数を 数字(すうじ)で 書きましょう。（4×4）

① 10000は，100を（ ）こ あつめた 数です。

② 10000は，1000を（ ）こ あつめた 数です。

③ 10000より 1000 小さい 数は，（ ）です。

④ 10000より 100 小さい 数は，（ ）です。

5 □に あてはまる 数を 書きましょう。（5×4）

① 6700－6800－□－□－□

② 7877－7878－□－7880－□

③ 9997－□－9999－□－10001

④ □－9000－□－7000－6000

6 □に あてはまる 数を 書きましょう。（4×3）

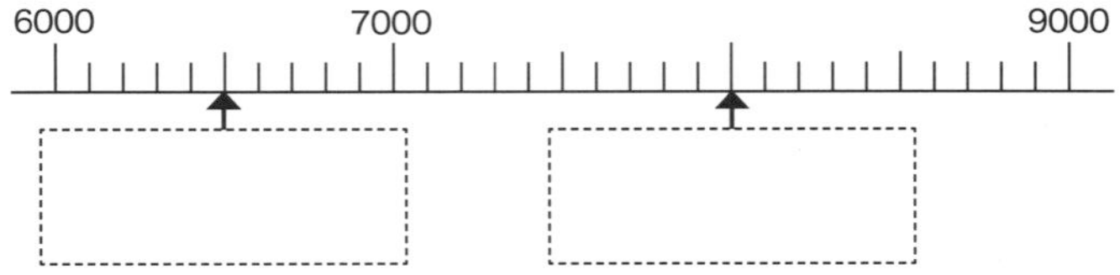

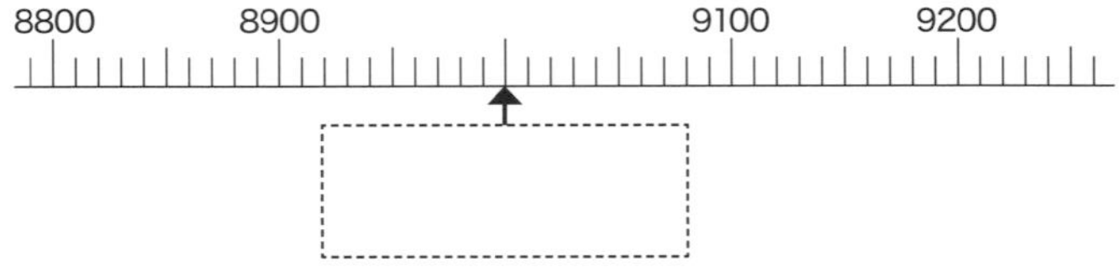

長いものの 長さの たんい (1)

名前

1 □に あてはまる 数(かず)を 書(か)きましょう。

① 1m = □ cm　② 3m = □ cm

③ 2m45cm = □ cm　④ 4m50cm = □ cm

⑤ 572cm = □ m □ cm　⑥ 609cm = □ m □ cm

2 りくさんは，ボールを 15m なげました。たいちさんは，りくさんより 6m 遠(とお)くへ なげました。たいちさんは ボールを 何(なん)m なげましたか。

しき

答(こた)え

3 12mの テープが ありました。5m つかいました。のこりは 何mですか。

しき

答え

4 計算(けいさん)しましょう。

① 4m + 3m =

② 60cm + 80cm =

③ 40cm − 25cm =

④ 82m − 38m =

長いものの 長さの たんい (2)

名前

1 □に あてはまる 数(かず)を 書(か)きましょう。

① 1mよりも 25cm 長(なが)い 長さは □ m □ cmです。

また，それは □ cmです。

② 1mものさしで 4つ分(ぶん)と 30cmの 長さは □ m □ cmです。

また，それは □ cmです。

1m　1m　1m　1m　30cm

2 1m10cmの 台(だい)の 上に，35cmの 台を おきます。あわせて，高(たか)さは どれだけですか。

しき □ m □ cm + □ cm = □ m □ cm

答(こた)え

3 (　　)に あてはまる 長さの たんい(mまたはcm)を 書きましょう。

① 3かいだての ビルの 高さ　12 (　　)

② 下じきの よこの 長さ　20 (　　)

③ プールの たての 長さ　25 (　　)

④ えんぴつの 長さ　10 (　　)

長い ものの 長さの たんい (3)

名前

[1] 花だんの　よこの　長さを　はかったら，下の　図の　ように　なりました。よこの　長さは　何ｍ何cmですか。また，それは　何cmですか。

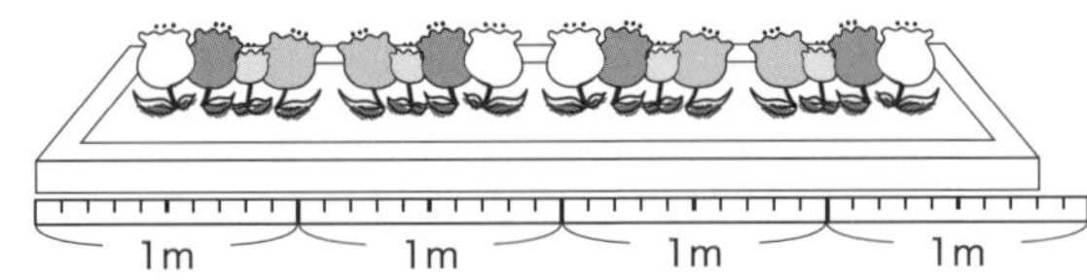

答え

[2] ロープを　２つに　切ったら，右のような　長さに　なりました。

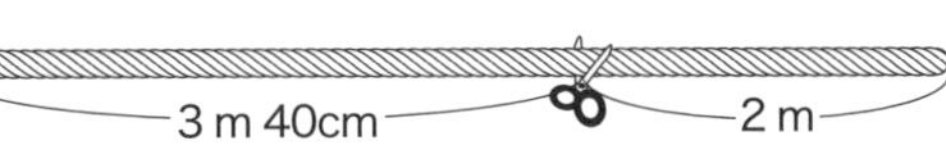

① もとの　ロープの　長さは　何ｍ何cmですか。

しき

答え

② ２本の　ロープの　長さは　何cm　ちがいますか。

しき

答え

[3] 計算しましょう。

① 2m + 1m55cm =

② 3m65cm + 20cm =

③ 5m50cm − 3m =

④ 1m90cm − 50cm =

長い ものの 長さの たんい (4)

名前

[1] 水の　ふかさが　1mの　プールが　あります。

① せの　高さが　1m20cmの　ゆうまさんが　図のように　プールに　入ると，ゆうまさんは　何cm　プールの　水の　上に　出ますか。

しき

答え

② せの　高さが　1m40cmの　まさやさんが　同じように　プールに　入ると，まさやさんは　何cm　プールの　水の　上に　出ますか。

しき

答え

[2] 長さ　3ｍ35cmの　リボンを，1ｍ35cm　切りとりました。リボンの　のこりは　何mですか。

しき

答え

ふりかえりテスト　長い ものの 長さの たんい

名前

1　(　)に　あてはまる　数を　書きましょう。(4×6)

① 5m＝(　　　　)cm

② 1m30cm＝(　　　　)cm

③ 4m27cm＝(　　　　)cm

④ 600cm＝(　　)m

⑤ 180cm＝(　　)m(　　　)cm

⑥ 303cm＝(　　)m(　　　)cm

2　(　)に　あてはまる　長さの　たんいを　書きましょう。(4×5)

① 教室の　たての　長さ　9(　　)

② はがきの　よこの　長さ　10(　　)

③ 川に　かかっている　はしの　長さ　30(　　)

④ 本だなの　高さ　180(　　)

⑤ ゆかから　天じょうまでの　高さ　2(　　)50(　　)

3　計算しましょう。(5×6)

① 5m＋40cm＝

② 2m50cm＋47cm＝

③ 3m30cm＋5m＝

④ 4m80cm－30cm＝

⑤ 1m－30cm＝

⑥ 1m10cm－1m＝

4　テープの　長さは　何m何cmですか。また，それは　何cmですか。(4×2)

1m

0　10　20　30　40　50　60　70　80　90　100　10　20　30　40　50(cm)

① (　　)m(　　)cm

② (　　　)cm

5　3m50cmの　毛糸を　2つに　切りました。1本は，1mです。もう　1本は，何m何cmですか。(6)

しき

答え

6　ようすけさんは　走りはばとびで　2m5cm　とびました。こうたさんは，ようすけさんより　18cm　長く　とびました。こうたさんは　何m何cm　とびましたか。(6)

しき

答え

7　イルカと　ボールの　長さを　くらべました。(6)

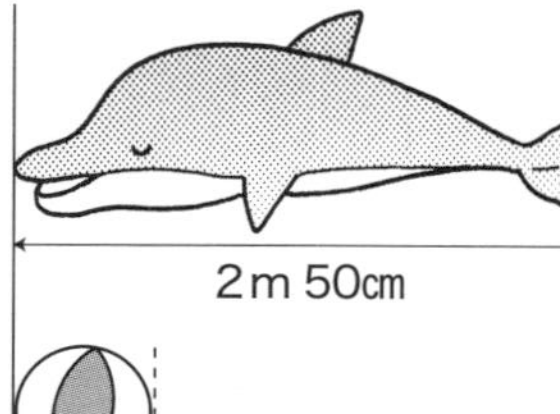

イルカと　ボールの　長さの　ちがいは　何m何cmですか。

しき

答え

図を つかって 考えよう (1)

名前

● わからない 数を □として 図に あらわして，答えを もとめましょう。

① 電車に 48人 のって いました。つぎの えきで 何人か のって きたので，みんなで 60人に なりました。何人 のって きましたか。

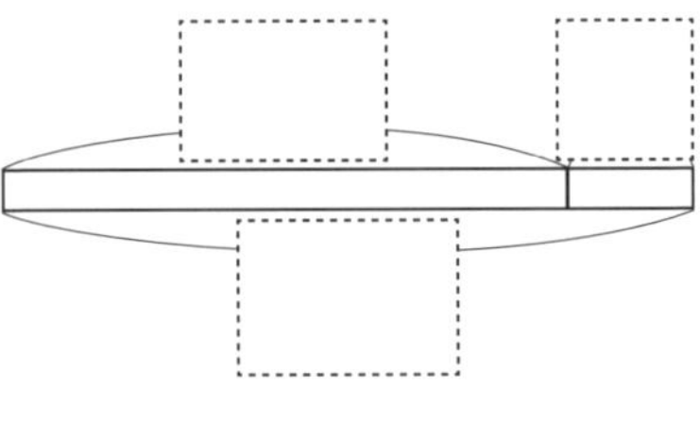

しき

答え

② どんぐりが 53こ おちて いました。また，何こか おちたので，80こに なりました。あとから おちた どんぐりは 何こですか。

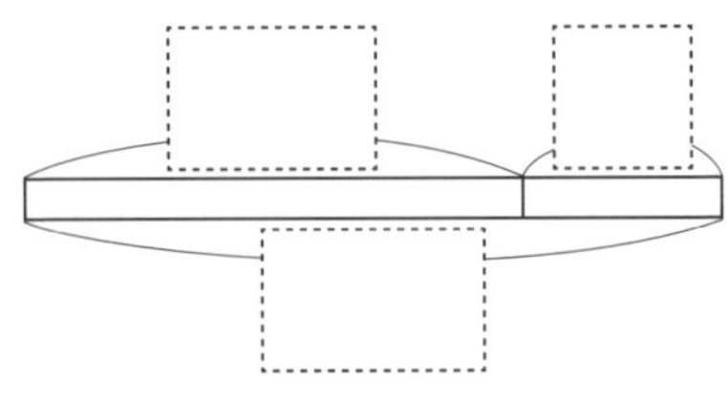

しき

答え

③ 公園で 子どもが あそんでいます。そこへ，7人 入ってきたので，15人になりました。はじめに 何人 いましたか。

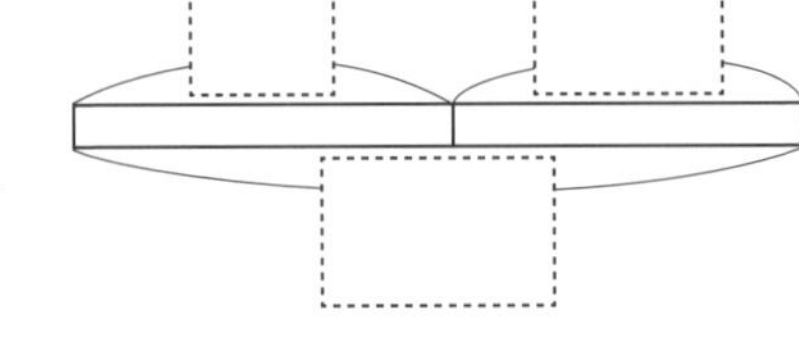

しき

答え

図を つかって 考えよう (2)

名前

● わからない 数を □として 図に あらわして，答えを もとめましょう。

① リボンが 何cmか あります。15cm つかったので，のこりが 40cmに なりました。はじめに リボンは 何cm ありましたか。

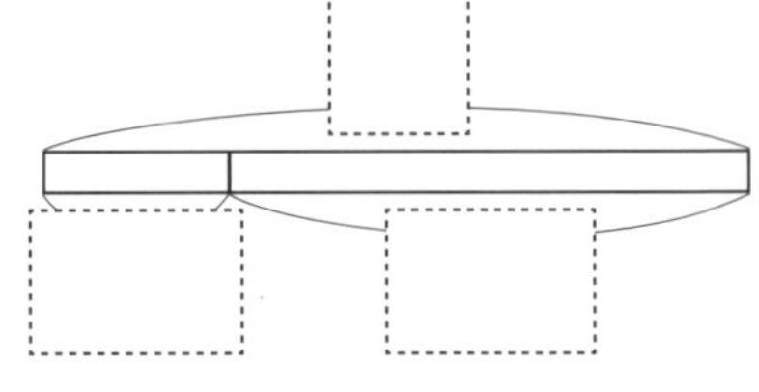

しき

答え

② 花が 96本 さいて います。何本か つんだので，のこりが 70本に なりました。何本 つみましたか。

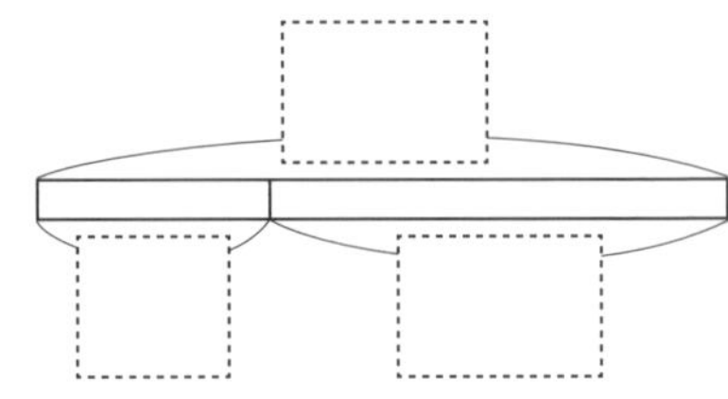

しき

答え

③ おこづかいを もって 買いものに 行きました。150円 つかったので，のこりが 100円に なりました。はじめ，いくら もって いましたか。

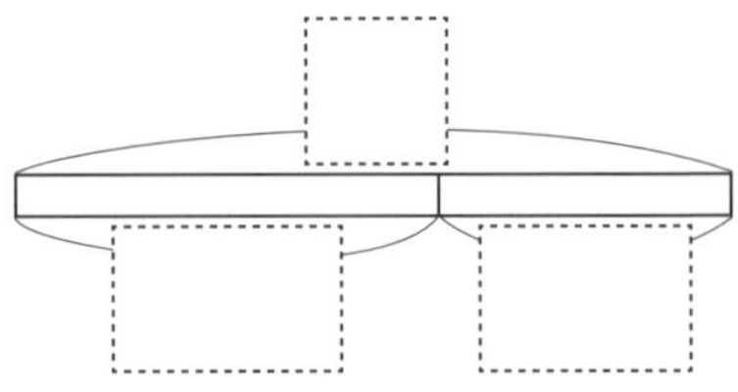

しき

答え

図を つかって 考えよう (3)

名前

● わからない 数を □として 図に あらわして，答えを もとめましょう。

① あかねさんは 色紙を 47まい もって います。お姉さんから 何まいか もらったので，91まいに なりました。何まい もらいましたか。

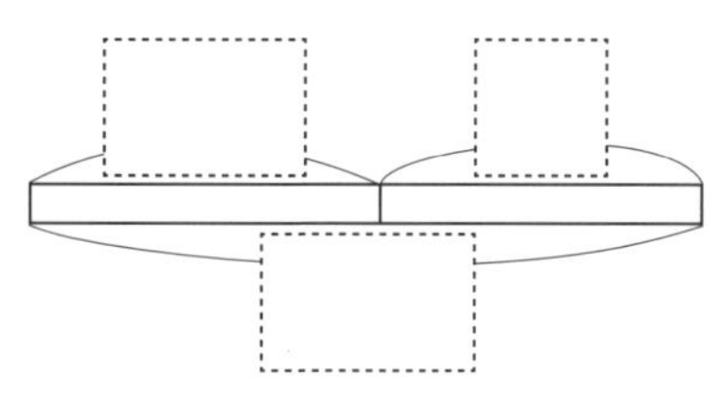

しき

答え

② おこづかいが 90円 あります。ガムを 買ったので，のこりが 28円に なりました。いくらの ガムを 買いましたか。

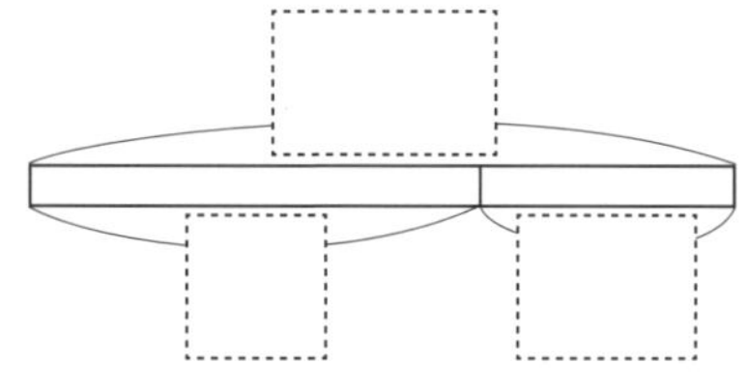

しき

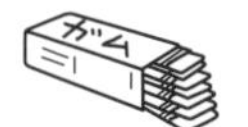

答え

③ すずめが 電線に とまって います。そこへ，6わ とんで 来たので，あわせて 24わに なりました。はじめ，すずめは 何わ いましたか。

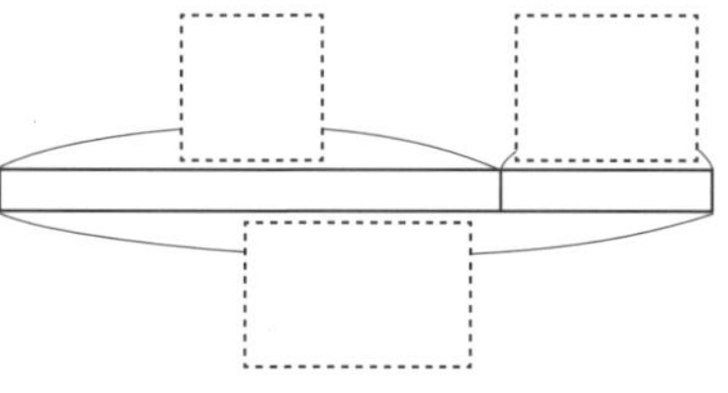

しき

答え

図を つかって 考えよう (4)

名前

● わからない 数を □として 図に あらわして，答えを もとめましょう。

① ともやさんは シールを 何まいか もって いました。みさとさんに 9まい もらったので，36まいに なりました。ともやさんは，はじめに 何まい もって いましたか。

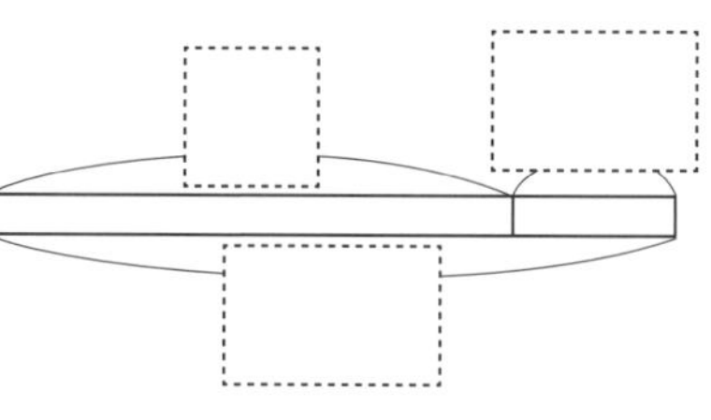

しき

答え

② バスに 何人か のって います。バスていで 8人 おりたので，バスの 中は 15人に なりました。はじめ，バスに 何人 のって いましたか。

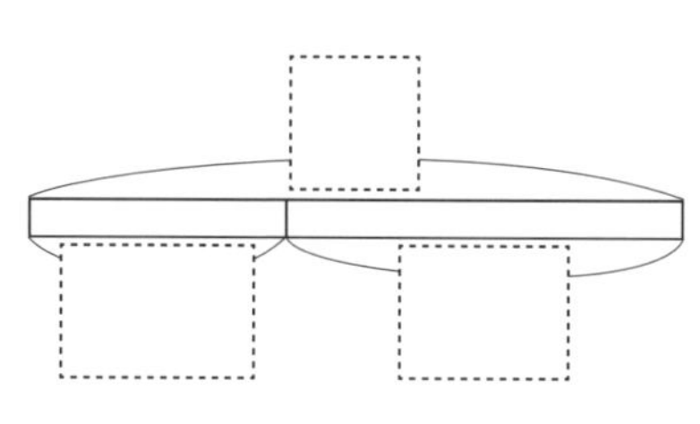

しき

答え

③ ちゅう車場に 車が 74台 とまって います。何台か 出て いったので，32台に なりました。出て いった 車は 何台ですか。

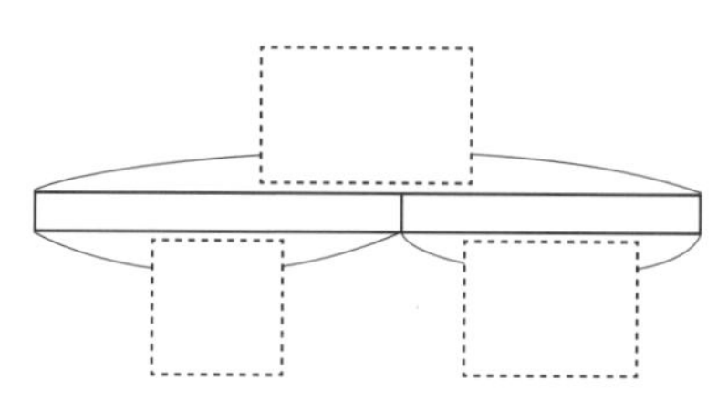

しき

答え

図を つかって 考えよう (5)

名前

● わからない 数を □として 図に あらわして，答えを もとめましょう。

① いつきさんは あめを 50こ もって います。はるきさんは 32こ もって います。いつきさんは はるきさんより 何こ 多く もって いますか。

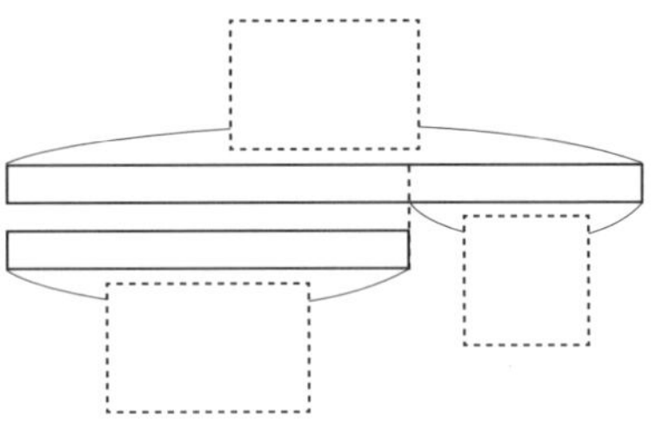

しき

答え

② プリンが 16こ あります。ゼリーは，プリンより 5こ 多いです。ゼリーは 何こ ありますか。

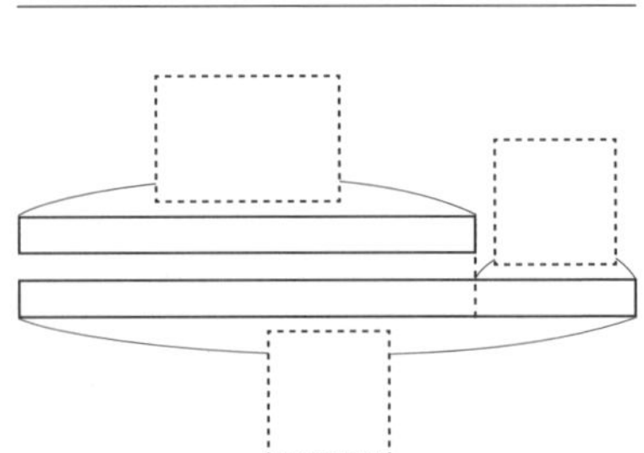

しき

答え

③ 水そうに 金魚が 24ひき います。メダカは 金魚より 13びき 少ないそうです。メダカは 何びき いますか。

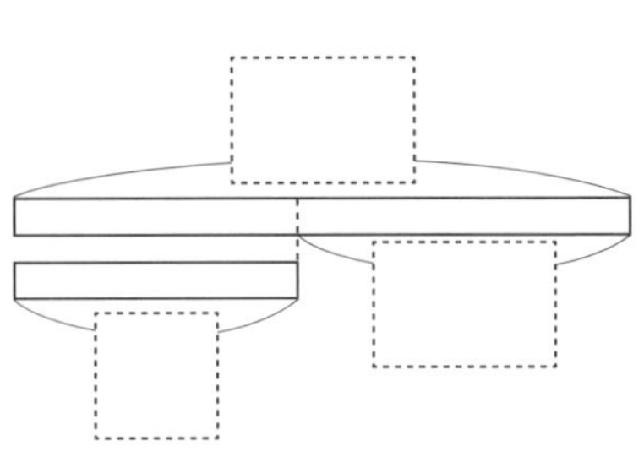

しき

答え

図を つかって 考えよう (6)

名前

1 1組は 29人です。2組は 32人です。1組は 2組より 何人 少ないですか。

しき

答え

2 クッキーを 2回 やきました。2回目は 25まい やきました。1回目と あわせると，ぜんぶで 63まいでした。1回目に やいた クッキーは，何まいですか。

しき

答え

3 えりさんは 本を 51ページ 読みました。のこりの ページは，49ページです。この本は ぜんぶで 何ページ ありますか。

しき

答え

4 くりを 83こ ひろいました。おかし作りに 何こか つかったので，のこりが 56こに なりました。くりを，何こ つかいましたか。

しき

答え

図を つかって 考えよう (7)

名前

1 ジュースが 何本か ありました。43本 くばったので，のこりが 9本に なりました。はじめ，ジュースは 何本 ありましたか。

しき

答え

2 れいとうこに アイスクリームが 何こか ありました。お母さんが 8こ 買って きたので，ぜんぶで 24こに なりました。はじめ，アイスクリームは 何こ ありましたか。

しき

答え

3 1年生が 34人 います。2年生は，1年生より 12人 多いそうです。2年生は 何人 いますか。

しき

答え

4 みなとに 船が 12そう ありました。何そうか 入って きたので 40そうに なりました。入って きた 船は 何そうですか。

しき

答え

図を つかって 考えよう (8)

名前

1 まきさんは カードを 66まい あつめました。あつやさんの カードは，まきさんより 19まい 少ないそうです。あつやさんの カードは，何まいですか。

しき

答え

2 120cmの はり金が あります。何cmか つかったので，のこりが 65cmに なりました。何cm つかいましたか。

しき

答え

3 とんぼが 45ひき いました。何びきか とんで いったので，のこりが 19ひきに なりました。何びき とんで いきましたか。

しき

答え

4 シュークリームが 何こか あります。いちごケーキは シュークリームより 5こ 多く，13こ あります。シュークリームは 何こ ありますか。

しき

答え

ふりかえりテスト 図を つかって 考えよう

名前

1 男の子が 26人 います。女の子は 男の子より 7人 多いです。女の子は 何人 いますか。(10)

しき

答え

2 金魚が います。14ひき 友だちに あげたので，のこりが 49ひきに なりました。はじめ，金魚は，何びき いましたか。(10)

しき

答え

3 パンを 2回 やきました。2回目は 13こ やきました。1回目と あわせると，ぜんぶで 40こに なりました。1回目は 何こ やきましたか。(10)

しき

答え

4 パーティーで チーズを 62こ 食べると，18こ のこりました。チーズは はじめ 何こ ありましたか。(10)

しき

答え

5 赤組は 84点です。白組は，赤組より 7点 少ないです。白組は 何点ですか。(10)

しき

答え

6 みかんが 30こ ありました。みんなで 何こか 食べると，13こ のこりました。みんなで，何こ 食べましたか。(10)

しき

答え

7 シールが 80まい あります。カードに 1まいずつ はると，6まい のこりました。カードは 何まい ありましたか。(10)

しき

答え

8 あおいさんは，きのう なわとびを 82回 とびました。きょう，何回か とんだので，あわせて 145回に なりました。きょう，何回 とびましたかか。(10)

しき

答え

9 おまんじゅうが 14こ あります。ようかんが 22こ あります。どちらが 何こ 多いですか。(10)

しき

答え

10 わなげを 2回 しました。1回目の とく点は 9点でした。2回目と あわせると，14点に なりました。2回目の とく点は 何点ですか。(10)

しき

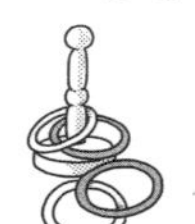

答え

分数（1）

名前

同じ　大きさ　2こに　分けた　1こ分の　大きさを，もとの　大きさの「二分の一」と　いい，$\frac{1}{2}$と書きます。また，このような　数を　**分数**と　いいます。

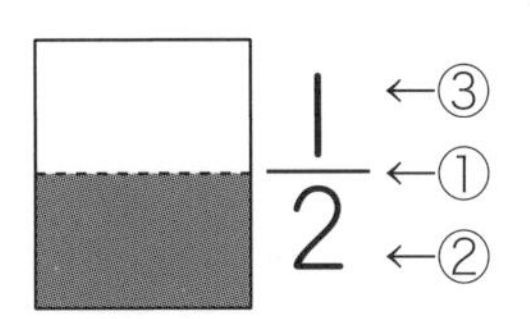

1　つぎの　色の　ついた　テープの　長さを，分数で　あらわしましょう。

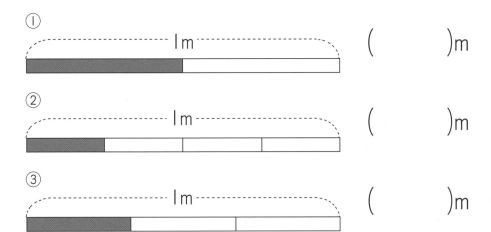

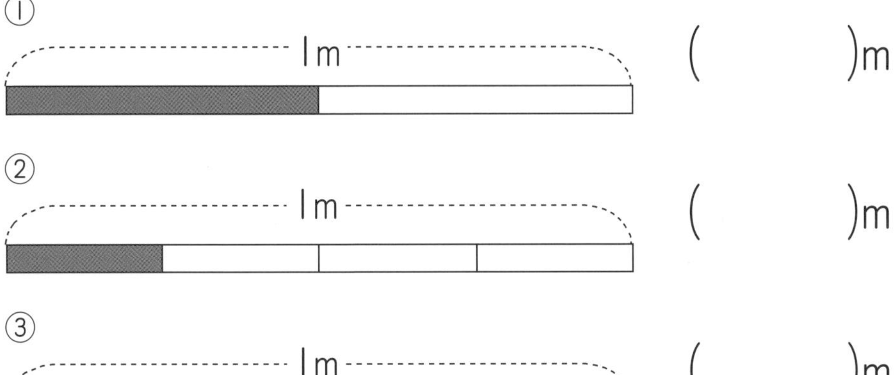

2　つぎの　分数が　あらわす　長さに　色を　ぬりましょう。

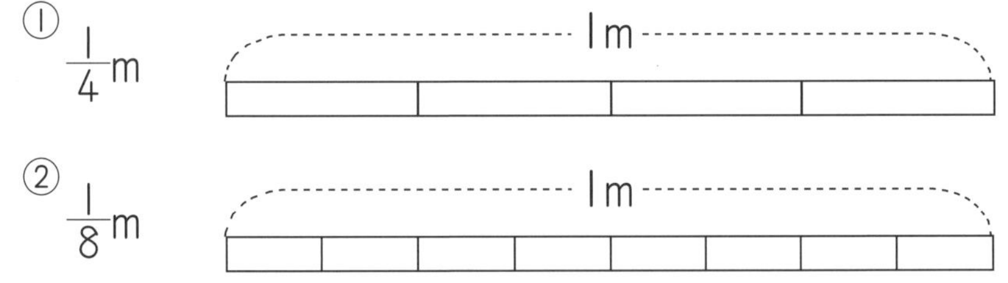

分数（2）

名前

1　1Lますの　色の　ついた　ところの　かさを，分数で　あらわしましょう。

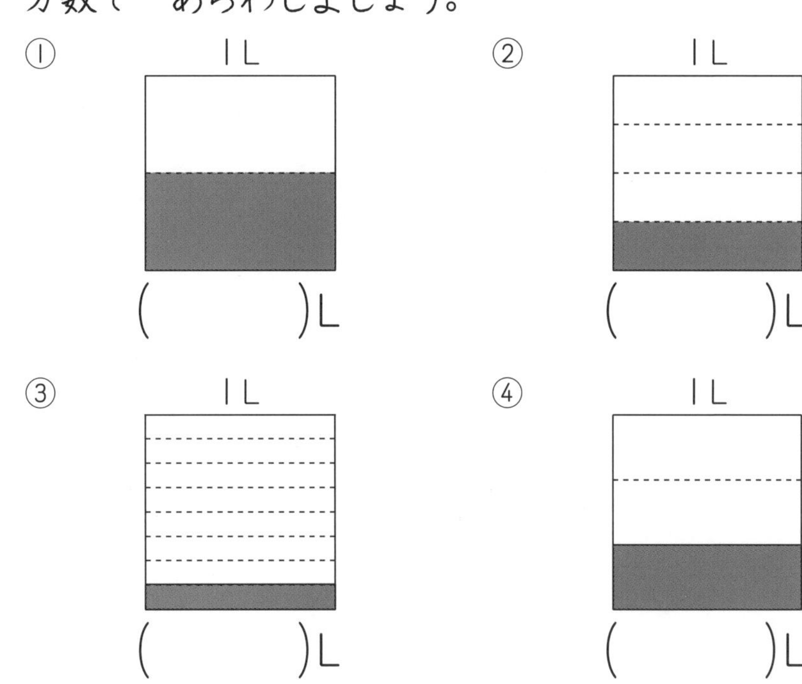

2　つぎの　分数を　あらわすように　1Lますに　色を　ぬりましょう。

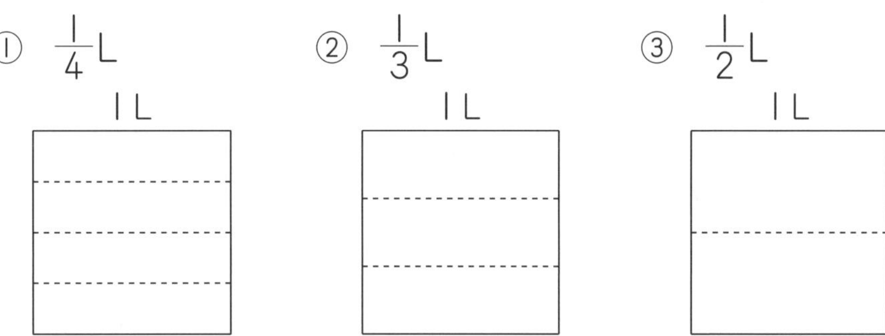

はこの 形 (1)

名前

□1 はこの 形に ついて，(　　) に あう ことばを 下の □ から えらんで 書きましょう。

① あ，い，うのような たいらな ところを (　　　　) と いいます。

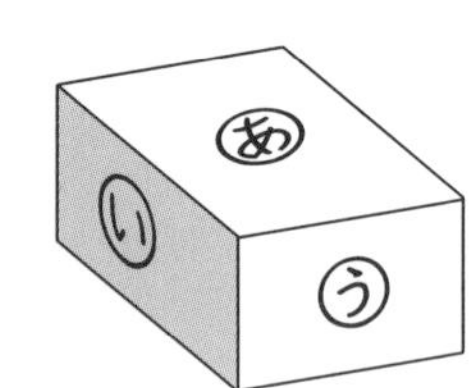

② 面の 形は (　　　　　　　) に なっています。

③ 面と 面との さかいに なっている 直線を (　　　　) と いいます。

④ 3本の へんが あつまった ところを (　　　　　　) と いいます。

ちょう点　長方形　面　へん

□2 さいころの 形に ついて，答えましょう。

① 面は，いくつですか。 (　　　　) こ

② へんは，何本ですか。 (　　　　) 本

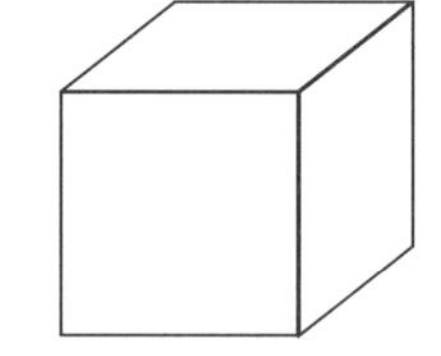

③ ちょう点は，いくつですか。 (　　　　) こ

④ 面の 形は どのような 四角形ですか。 (　　　　　　　)

はこの 形 (2)

名前

□1 ひごと ねんど玉で，下の ような はこの 形を 作ります。

① ねんど玉は ぜんぶで 何こですか。 (　　　　) こ

② 6cmの ひごは ぜんぶで 何本ですか。 (　　　　) 本

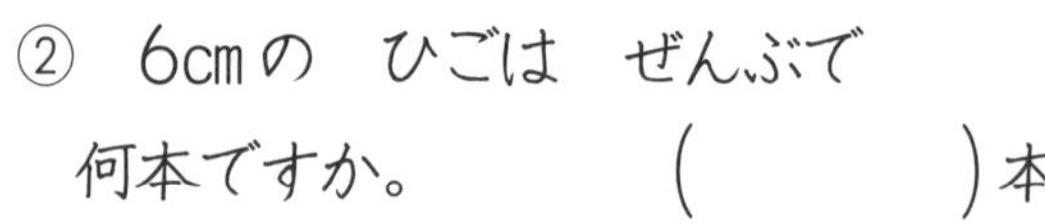

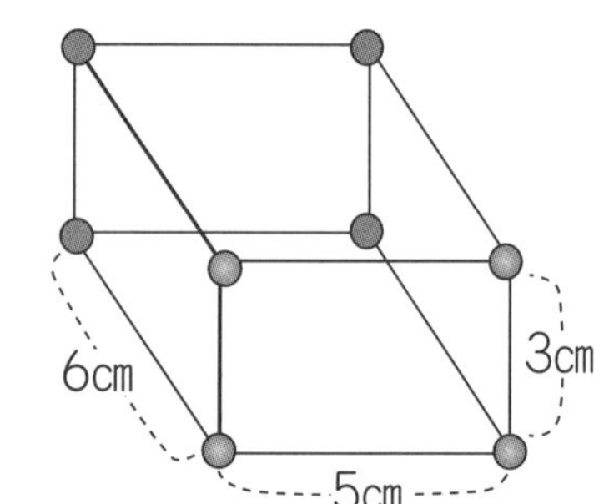

③ 5cmの ひごは ぜんぶで 何本ですか。 (　　　　) 本

④ 3cmの ひごは ぜんぶで 何本ですか。 (　　　　) 本

□2 下の はこを 作ります。あと い，どちらを 組み立てると はこが，できますか。

(　　　　)

あ

い

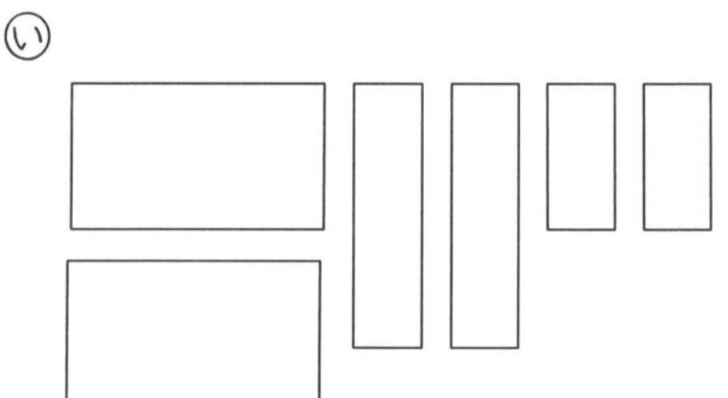

はこの 形 (3)

名前

□ 下の ①, ②, ③の 図は あ, い, うの はこを それぞれ ひらいた 図です。あう ものを, 線で つなぎましょう。

① 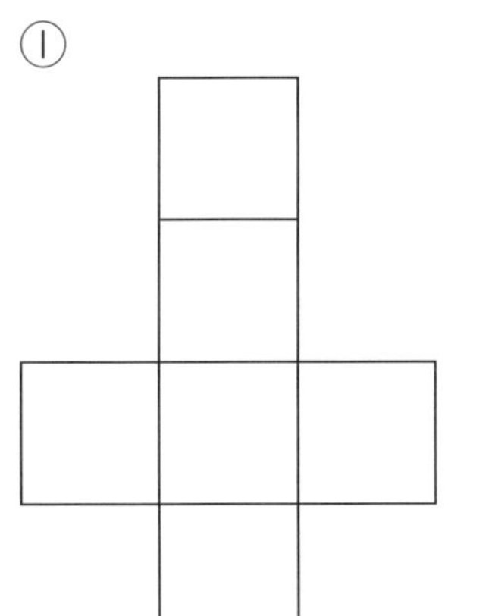

② 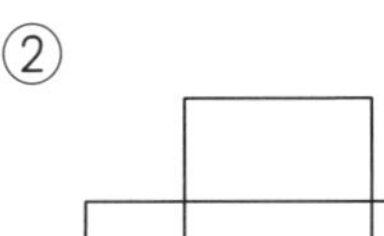

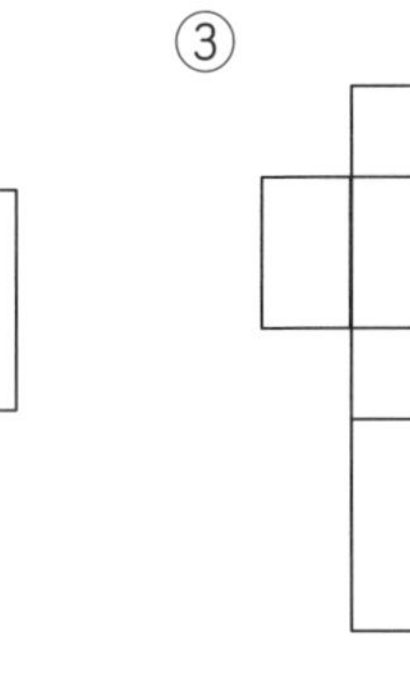

③

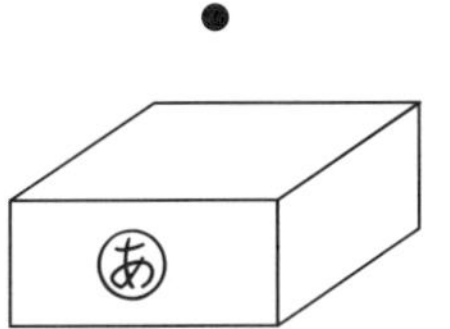

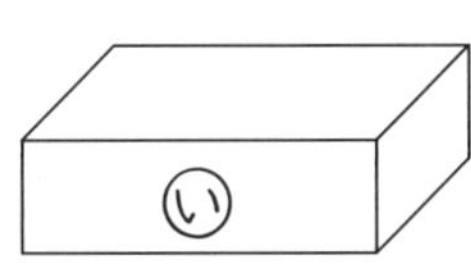

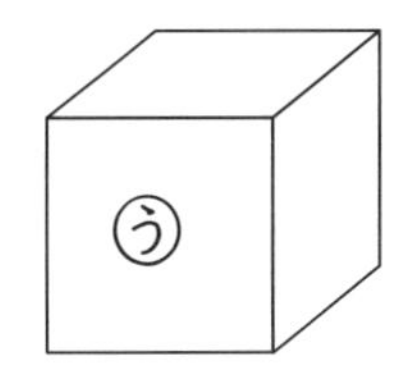

はこの 形 (4)

名前

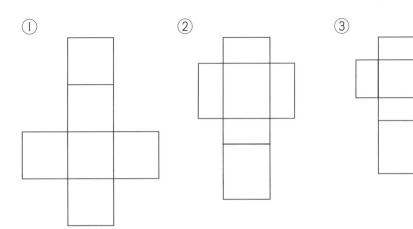

□ はこの 面を, 6まい 切りとりました。切りとった 6まいの 面を つないで はこの ひらいた 形を 作ります。つづきを 下に かいて かんせい させましょう。

1cm 3cm 4cm

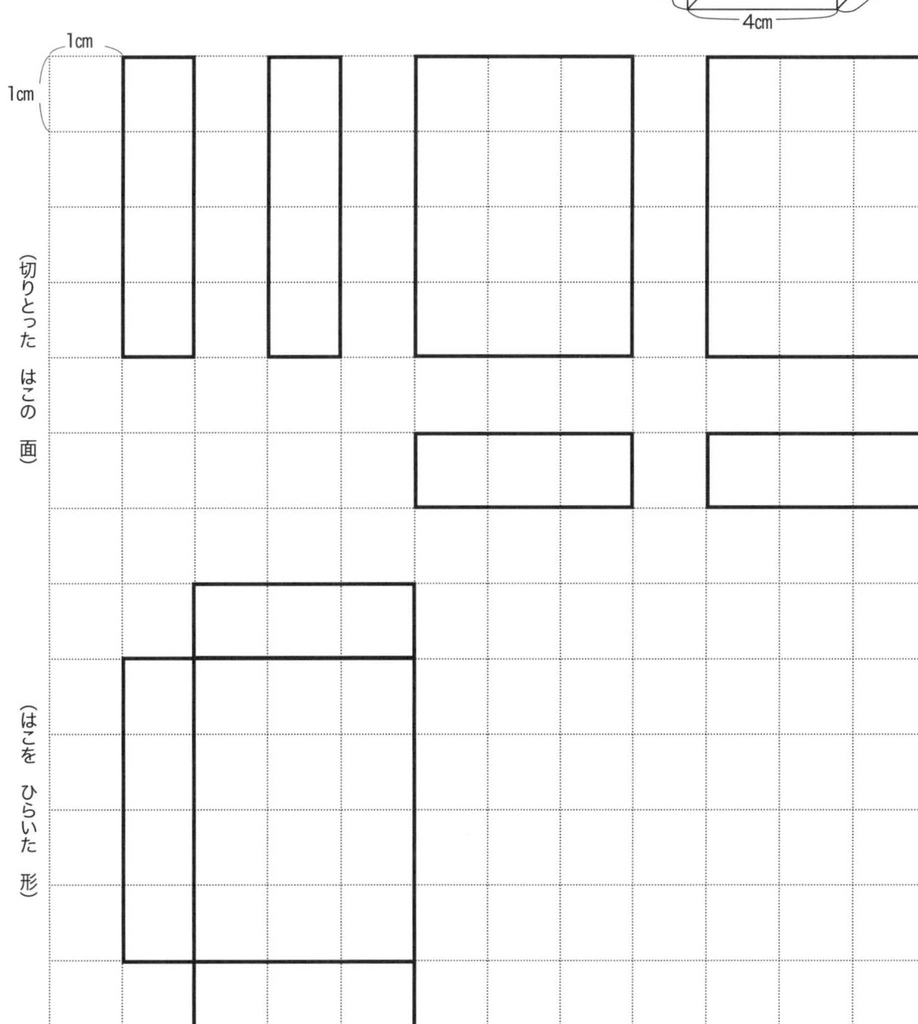

ふりかえりテスト はこの 形

名前

□1 つぎの はこの 形(かたち)について，(　)の 中に あう ことばを 書(か)きましょう。(5×4)

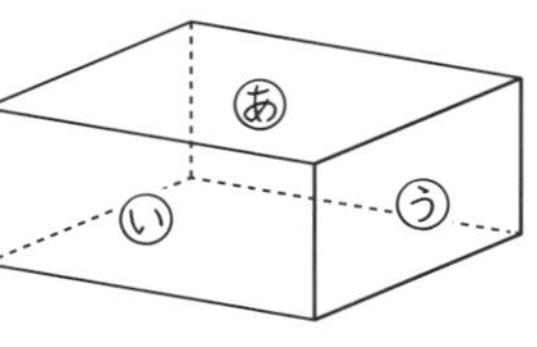

① あ い うの ような たいらな ところを (　　　　)と いいます。

② 面(めん)と 面の さかいに なっている 直線(ちょくせん)を (　　　　)と いいます。

③ ３本の へんが あつまった ところを (　　　　)と いいます。

④ 面の 形は (　　　　)に なって います。

□2 下の はこの 形について 答(こた)えましょう。(6×5)

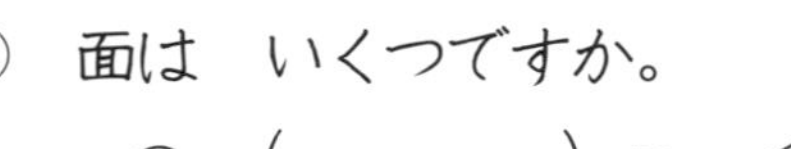
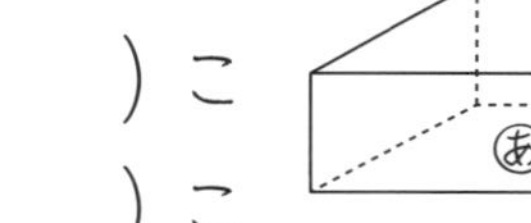
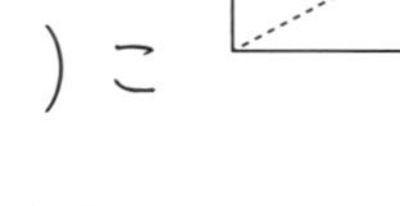

① 面は いくつですか。

あ (　　　　)こ

い (　　　　)こ

② へんは 何本(なんぼん)ですか。

あ (　　　　)本

い (　　　　)本

③ ちょう点(てん)は いくつですか。

あ (　　　　)こ

い (　　　　)こ

④ 面が 正方形(せいほうけい)の はこは どれですか。

(　　　　)

⑤ 面が 長方形(ちょうほうけい)の はこは どれですか。

(　　　　)

□3 ひごと ねんど玉で，下の ような はこの 形を 作(つく)ります。(5×7)

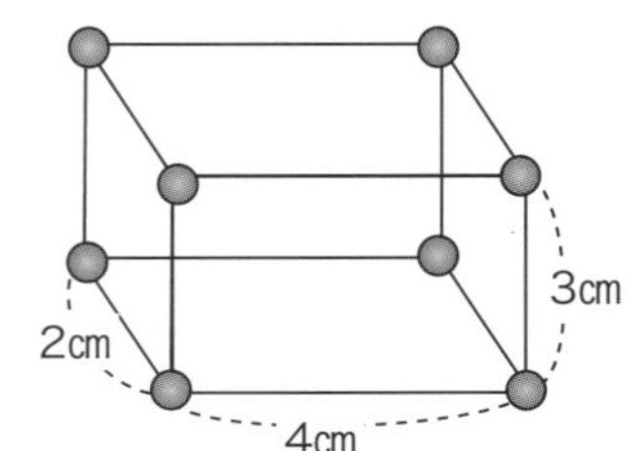

① 何cmの ひごが 何本 いりますか。

ひごの 長(なが)さ	ひごの 本数(ほんすう)
cm	本
cm	本
cm	本

② ねんど玉は 何こ いりますか。

(　　　　)こ

□4 下の ような サイコロの 形を ひごと ねんど玉で 作りました。(5×3)

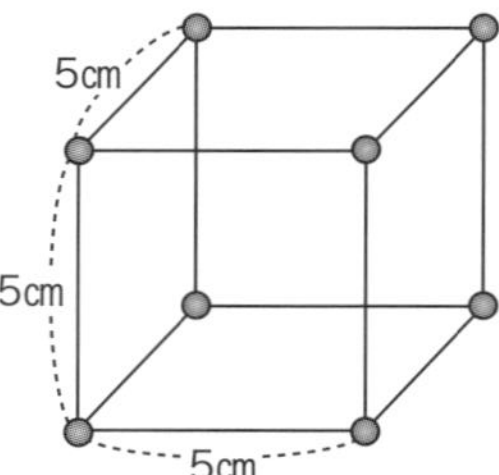

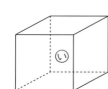

① 5cmの ひごは ぜんぶで 何本 いりますか。

(　　　　)本

② ねんど玉は ぜんぶで 何こ いりますか。

(　　　　)こ

③ 面の 形は どんな 四角形(しかくけい)ですか。

(　　　　)

なに算で とくのかな（1）

名前

1　はこに　チョコレートが　5こずつ　3れつ　入っています。9こ　食べると　チョコレートは　何こ　のこりますか。

しき

答え

2　れいなさんは　おこづかいを　もって　買いものに　行きました。95円の　ノートを　買うと，のこりは　55円でした。はじめ　おこづかいを　いくら　もって　いましたか。

しき

答え

3　35本の　バラを　2つの　花びんに　分けて　かざります。1つの　花びんに　18本　かざると，もう　1つの　花びんには，何本　かざれますか。

しき

答え

4　ケーキの　入った　はこが　6こ　あります。1はこには，ケーキが　2こずつ　入って　います。ケーキは　ぜんぶで　何こ　ありますか。

しき

答え

なに算で とくのかな（2）

名前

1　みかんが　53こ　あります。かきは，みかんより　24こ少ないそうです。かきは　何こ　ありますか。

しき

答え

2　おにぎりが　63こ　あります。9人に　3こずつ　くばると，おにぎりは　何こ　のこりますか。

しき

答え

3　ふでばこを　買いに　行きました。ちょ金を　890円　出しましたが，60円　たらず，お母さんが　出して　くれました。ふでばこは　いくらですか。

しき

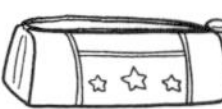

答え

4　えんぴつを　72本　買いました。そのうち，8本　けずってつかいました。つかって　いない　えんぴつは，何本ですか。

しき

答え

なに算で とくのかな (3)

名前

1 1ふくろ 9まい入りの ビスケットが 8ふくろ あります。みんなで 34まい 食べました。のこりの ビスケットは 何まいですか。

しき

答え

2 風船が 58こ あります。76人に 1こずつ くばるには，風船は 何こ たりませんか。

しき

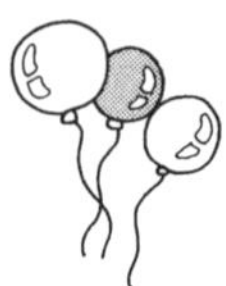

答え

3 かごに ボールが 26こ 入って います。ころがっている ボールを 入れると，かごの 中の ボールは 53こに なりました。ころがっていた ボールは，何こですか。

しき

答え

4 高さ 6cmの つみ木を 5こと，7cmの つみ木を 2こ つみます。高さは 何cmに なりますか。

しき

答え

なに算で とくのかな (4)

名前

1 あみさんは ビーズを 96こ もって います。かざりを 作るのに，ビーズが 118こ いります。ビーズは 何こ たりませんか。

しき

答え

2 しょうたさんは おこづかいを 185円 もって います。お姉さんは，しょうたさんより 55円 多いそうです。お姉さんは 何円 もって いますか。

しき

答え

3 50cmの テープが あります。はさみで 1本 9cmずつ 5本 切りとりました。テープは あと 何cm のこって いますか。

しき

答え

4 100円 もって 買いものに 行きました。1こ 8円の キャラメルを 3こと，65円の チョコレートを 1こ 買いました。おつりは いくらに なりますか。

しき

答え

なに算で とくのかな (5)

名前

1 バスに おきゃくさんが 23人 のって います。つぎの ていりゅうじょで 5人 おりて，7人 のりました。おきゃくさんは 何人に なりましたか。

しき

答え

2 まつぼっくりを ひろいました。まほさんが 19こ，お姉さんが 34こ ひろいました。2人で リースを 作るのに，18こ つかいました。2人の まつぼっくりは 何こ のこっていますか。

しき

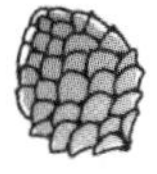

答え

3 しおりを 42まい 作りました。5人の 友だちに 4まいずつ あげると，のこりの しおりは 何まいに なりますか。

しき

答え

4 魚を 52ひき つりました。となりに 15ひき あげて，家ぞくで 7ひき 食べました。魚は 何びき のこって いますか。

しき

答え

なに算で とくのかな (6)

名前

1 1まい 7円の シールを 6まい 買います。ぜんぶで いくらですか。また，50円 はらうと，おつりは いくらですか。

しき

答え

2 おはじきを 3人で 分けます。1人は 28こ，もう1人は 35こ，もう1人は 19こ もらいました。はじめ おはじきは ぜんぶで 何こ ありましたか。

しき

答え

3 けいたさんは，カードを 12まい もって います。弟は，4まい もって います。けいたさんが 弟に 4まい あげると 2人の カードは 何まいずつに なりますか。

しき

答え

4 れなさんは 貝がらを 60こ もって います。友だち 8人に 6こずつ あげました。れなさんの 貝がらは 何こに なりましたか。

しき

答え

ふりかえりテスト　なに算で とくのかな

名前

1　なわとびを　しました。はやとさんは 88回，あきらさんは　103回　とびました。どちらが　何回　多く　とびましたか。(10)

しき

答え

2　ケーキを　作るのに，56こ　ブルーベリーを　つかいました。まだ　ブルーベリーが 27こ　のこって　います。はじめに，ブルーベリーは　何こ　ありましたか。(10)

しき

答え

3　りんごの 入った　ふくろが　7つ　あります。1つの　ふくろには　りんごが　5こずつ　入っています。りんごは ぜんぶで 何こ　ありますか。(10)

しき

答え

4　1こ　8円の　あめを　9こと，95円のチョコレートを　買いました。ぜんぶで　いくらに　なりますか。(10)

しき

答え

5　105cmの　リボンが　あります。何cmか　つかったので，のこりが　47cmに　なりました。つかった　リボンは　何cmですか。(10)

しき

答え

6　65円の　けしゴムを　買いました。まだ，58円　あります。はじめに，お金を　いくら　もって　いましたか。(10)

しき

答え

7　玉入れで，赤組は　74こでした。白組は，赤組より　8こ　少なく　入りました。白組は　何こ　入りましたか。(10)

しき

答え

8　電車に　おきゃくさんが　52人　のって　いました。つぎの　えきで　8人　おりて，28人　のって　きました。おきゃくさんは　何人に　なりましたか。(10)

しき

答え

9　86ページの　本を　1日に　7ページずつ　読みます。1週間（7日）読むと，何ページ　読むことが　できますか。また，のこりは　何ページですか。(10)

しき

答え

10　おじさんから　6こ入りの　キャラメルを 4はこ　もらいました。妹に　8こ　あげると，何こ　のこりますか。(10)

しき

答え

P.2

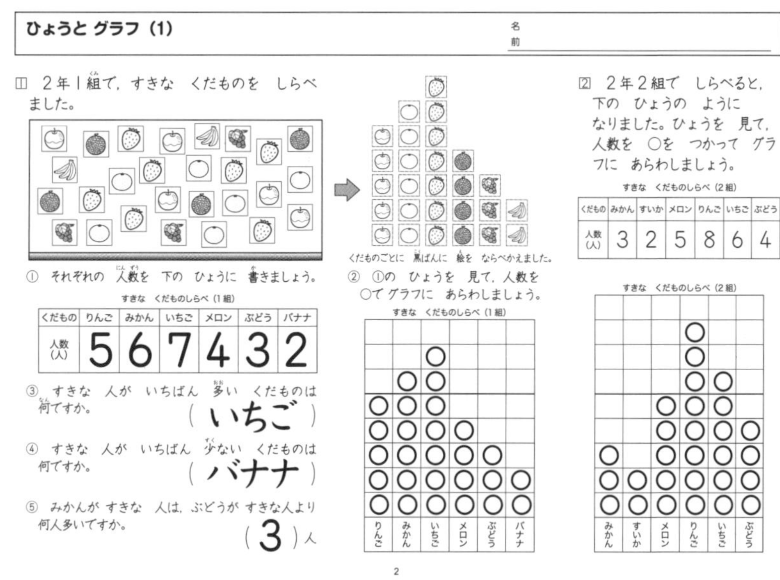

ひょうと グラフ (1) 名前

① 2年1組で，すきな くだものを しらべました。

くだものごとに 黒ばんに 絵を ならべかえました。

① それぞれの 人数を 下の ひょうに 書きましょう。

すきな くだものしらべ (1組)

くだもの	りんご	みかん	いちご	メロン	ぶどう	バナナ
人数(人)	5	6	7	4	3	2

② ①の ひょうを 見て，人数を ○で グラフに あらわしましょう。

③ すきな 人が いちばん 多い くだものは 何ですか。（いちご）

④ すきな 人が いちばん 少ない くだものは 何ですか。（バナナ）

⑤ みかんが すきな 人は，ぶどうが すきな人より 何人多いですか。（3）人

② 2年2組で しらべると，下の ひょうの ように なりました。ひょうを 見て，人数を ○を つかって グラフに あらわしましょう。

すきな くだものしらべ (2組)

くだもの	みかん	すいか	メロン	りんご	いちご	ぶどう
人数(人)	3	2	5	8	6	4

P.3

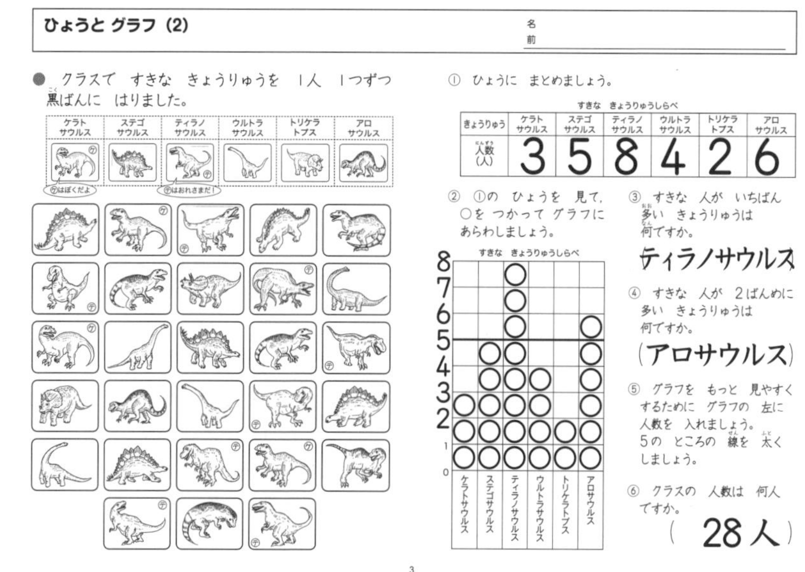

ひょうと グラフ (2) 名前

● クラスで すきな きょうりゅうを 1人 1つずつ 黒ばんに はりました。

① ひょうに まとめましょう。

すきな きょうりゅうしらべ

きょうりゅう	ケラトサウルス	ステゴサウルス	ティラノサウルス	ウルトラサウルス	トリケラトプス	アロサウルス
人数(人)	3	5	8	4	2	6

② ①の ひょうを 見て，○を つかって グラフに あらわしましょう。

③ すきな 人が いちばん 多い きょうりゅうは 何ですか。 ティラノサウルス

④ すきな 人が 2ばんめに 多い きょうりゅうは 何ですか。（アロサウルス）

⑤ グラフを もっと 見やすく するために グラフの 左に 人数を 入れましょう。5の ところの 線を 太く しましょう。

⑥ クラスの 人数は 何人ですか。（28人）

P.4

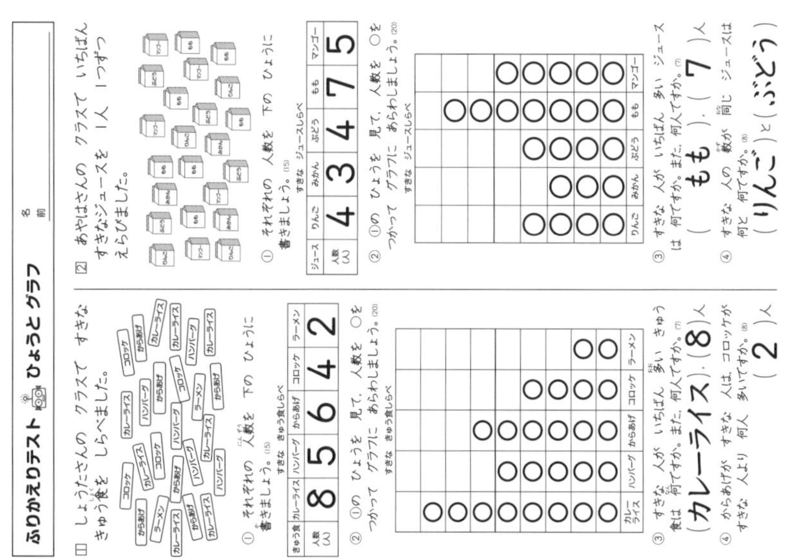

ふりかえりテスト ひょうと グラフ 名前

① しょうたさんの クラスで すきな きゅう食を しらべました。

① それぞれの 人数を 下の ひょうに 書きましょう。

すきな きゅう食しらべ

きゅう食	カレーライス	ハンバーグ	からあげ	コロッケ	ラーメン
人数(人)	8	5	6	4	2

② ①の ひょうを 見て，人数を ○を つかって グラフに あらわしましょう。

③ すきな 人が いちばん 多い きゅう食は 何ですか。また，何人ですか。（カレーライス）（8）人

④ からあげが すきな 人は，コロッケが すきな 人より 何人 多いですか。（2）人

② あやはさんの クラスで いちばん すきなジュースを 1人 1つずつ えらびました。

① それぞれの 人数を 下の ひょうに 書きましょう。

すきな ジュースしらべ

ジュース	りんご	みかん	ぶどう	もも	マンゴー
人数(人)	4	3	4	7	5

② ①の ひょうを 見て，人数を ○を つかって グラフに あらわしましょう。

③ すきな 人が いちばん 多い ジュースは 何ですか。また，何人ですか。（もも）（7）人

④ すきな 人の 数が 同じ ジュースは 何と 何ですか。（りんご）と（ぶどう）

P.5

たし算の ひっ算 (1) くり上がり なし 名前

① 63 + 22 = 85　② 21 + 47 = 68　③ 6 + 32 = 38　④ 43 + 43 = 86

⑤ 44 + 54 = 98　⑥ 20 + 77 = 97　⑦ 51 + 35 = 86　⑧ 39 + 60 = 99

⑨ 32 + 36 = 68　⑩ 55 + 24 = 79　⑪ 22 + 33 = 55　⑫ 62 + 7 = 69

⑬ 23 + 4 = 27　⑭ 11 + 72 = 83　⑮ 14 + 63 = 77　⑯ 5 + 14 = 19

たし算の ひっ算 (2) くり上がり なし 名前

① 30 + 30　60　② 32 + 23　55　③ 4 + 42　46　④ 24 + 65　89

⑤ 72 + 22　94　⑥ 70 + 16　86　⑦ 29 + 20　49　⑧ 51 + 37　88

⑨ 50 + 25　75　⑩ 13 + 45　58　⑪ 26 + 73　99　⑫ 45 + 22　67

めいろは，答えの 大きい 方を とおりましょう。とおった 方の 答えを 下の □に 書きましょう。

スタート　20 + 74　81 + 15　40 + 30　54 + 21　41 + 7　12 + 34　ゴール

① 96　② 75　③ 48

解答

児童に実施させる前に，必ず指導される方が問題を解いてください。本書の解答は，あくまでも１つの例です。指導される方の作られた解答をもとに，本書の解答例を参考に児童の多様な考えに寄り添って○つけをお願いします。

P.6

たし算の ひっ算 (3)
くり上がり あり　名前

① 47 + 33 = 80　② 23 + 69 = 92　③ 9 + 49 = 58　④ 56 + 16 = 72

⑤ 29 + 15 = 44　⑥ 55 + 8 = 63　⑦ 74 + 17 = 91　⑧ 46 + 38 = 84

⑨ 35 + 55 = 90　⑩ 68 + 13 = 81　⑪ 19 + 21 = 40　⑫ 27 + 66 = 93

⑬ 37 + 23 = 60　⑭ 5 + 79 = 84　⑮ 18 + 7 = 25　⑯ 25 + 27 = 52

6

たし算の ひっ算 (4)
くり上がり あり　名前

① 57 + 39　96　② 27 + 46　73　③ 38 + 22　60　④ 37 + 37　74

⑤ 35 + 28　63　⑥ 9 + 46　55　⑦ 19 + 31　50　⑧ 65 + 29　94

⑨ 44 + 36　80　⑩ 48 + 39　87　⑪ 29 + 42　71　⑫ 66 + 16　82

めいろは，答えの 大きい 方を とおりましょう。とおった 方の 答えを 下の □に 書きましょう。

スタート　35 + 45　52 + 29　27 + 43　49 + 31　17 + 47　25 + 37　ゴール

① 81　② 80　③ 64

P.7

たし算の ひっ算 (5)
くり上がり あり　名前

① 17 + 13 = 30　② 68 + 15 = 83　③ 54 + 37 = 91　④ 12 + 49 = 61

⑤ 74 + 18 = 92　⑥ 17 + 57 = 74　⑦ 46 + 24 = 70　⑧ 7 + 24 = 31

⑨ 69 + 9 = 78　⑩ 49 + 49 = 98　⑪ 28 + 37 = 65　⑫ 78 + 16 = 94

⑬ 5 + 39 = 44　⑭ 38 + 37 = 75　⑮ 69 + 19 = 88　⑯ 25 + 28 = 53

7

たし算の ひっ算 (6)
くり上がり あり　名前

① 15 + 16　31　② 26 + 65　91　③ 56 + 26　82　④ 65 + 5　70

⑤ 5 + 58　63　⑥ 36 + 36　72　⑦ 64 + 28　92　⑧ 49 + 48　97

⑨ 24 + 26　50　⑩ 47 + 28　75　⑪ 71 + 19　90　⑫ 58 + 29　87

めいろは，答えの 大きい 方を とおりましょう。とおった 方の 答えを 下の □に 書きましょう。

スタート　25 + 55　49 + 29　19 + 39　42 + 19　64 + 8　19 + 54　ゴール

① 80　② 61　③ 73

P.8

たし算の ひっ算 (7)
くり上がり あり・なし　名前

① 26 + 13　39　② 37 + 29　66　③ 8 + 32　40　④ 43 + 47　90

⑤ 24 + 29　53　⑥ 29 + 13　42　⑦ 6 + 35　41　⑧ 68 + 9　77

⑨ 59 + 17　76　⑩ 49 + 26　75　⑪ 23 + 28　51　⑫ 39 + 17　56

⑬ 36 + 29　65　⑭ 68 + 19　87　⑮ 56 + 43　99　⑯ 72 + 23　95

8

たし算の ひっ算 (8)
めいろ　名前

● 答えの 大きい 方を とおって ゴールまで 行きましょう。とおった 方の 答えを □に 書きましょう。

スタート　ゴール

56 + 24 = 80　45 + 45 = 90　61 + 24 = 85　86　39 + 23 = 62　63　64 + 19 = 83　88　9 + 36 = 45　31 + 4 = 35

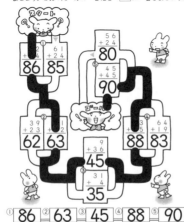

① 86　② 63　③ 45　④ 88　⑤ 90

P.9

たし算の ひっ算 (9)
文しょうだい①　名前

① はるかさんは，チョコレートを 18こ 作りました。お姉さんは，チョコレートを 26こ 作りました。２人 あわせて，何こ 作りましたか。

しき 18 + 26 = 44　答え 44こ

② 大きな おさらに，いちごが 15こ あります。小さな おさらには，13こ あります。いちごは あわせて 何こ ありますか。

しき 15 + 13 = 28　答え 28こ

③ しおひがりに 行き，りょうたさんは 38こ，貝を とりました。弟は りょうたさんより 5こ 多く 貝を とりました。弟は 何こ 貝をとりましたか。

しき 38 + 5 = 43　答え 43こ

④ たくとさんは シールを 56まい もって います。友だちに 14まい もらいました。たくとさんの シールは，何まいに なりましたか。

しき 56 + 14 = 70　答え 70まい

9

たし算の ひっ算 (10)
文しょうだい②　名前

① 赤い 色紙が 34まい あります。黄色い 色紙は 赤い 色紙より 6まい 多いです。黄色い 色紙は 何まい ありますか。

しき 34 + 6 = 40　答え 40まい

② ラムネは 47円です。グミは 25円です。１つずつ 買うと，何円に なりますか。

しき 47 + 25 = 72　答え 72円

③ けんやさんは，あめを 23こ もって います。お母さんに 8こ もらいました。けんやさんの あめは，ぜんぶで 何こに なりましたか。

しき 23 + 8 = 31　答え 31こ

④ クッキーが 20まい あります。今日 35まい 買いました。クッキーは ぜんぶで 何まいに なりましたか。

しき 20 + 35 = 55　答え 55まい

児童に実施させる前に，必ず指導される方が問題を解いてください。本書の解答は，あくまでも１つの例です。指導される方の作られた解答をもとに，本書の解答例を参考に児童の多様な考えに寄り添って○つけをお願いします。

解答

P.10

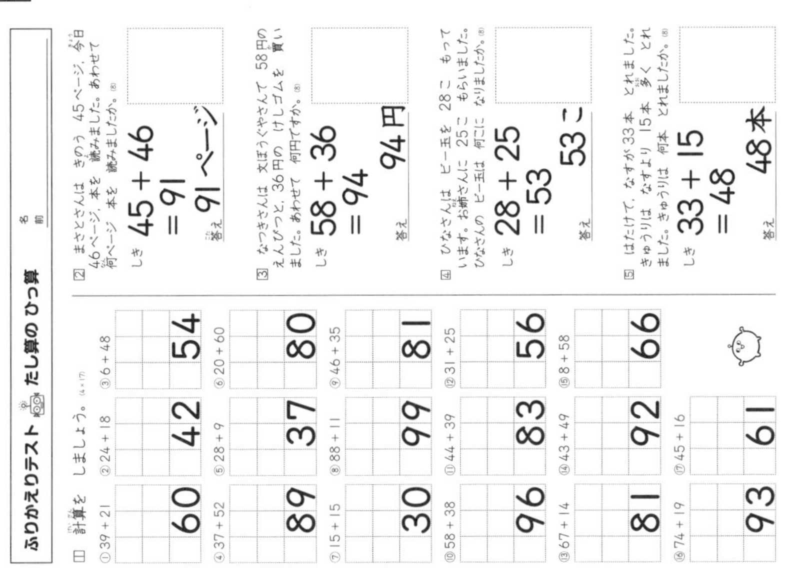

ふりかえりテスト たし算の ひっ算

名前

1 計算を しましょう。

① 39+21 = 60　② 24+18 = 42　③ 6+48 = 54
④ 37+52 = 89　⑤ 28+9 = 37　⑥ 20+60 = 80
⑦ 15+15 = 30　⑧ 88+11 = 99　⑨ 46+35 = 81
⑩ 58+38 = 96　⑪ 44+39 = 83　⑫ 31+25 = 56
⑬ 67+14 = 81　⑭ 43+49 = 92　⑮ 8+58 = 66
⑯ 74+19 = 93　⑰ 45+16 = 61

2 まさとさんは きのう 45ページ，今日 46ページ 本を 読みました。あわせて 何ページ 本を 読みましたか。
しき 45+46 = 91　答え 91ページ

3 なつきさんは 文ぼうぐやさんで 58円の えんぴつと，36円の けしゴムを 買いました。あわせて 何円ですか。
しき 58+36 = 94　答え 94円

4 ひなさんは ビー玉を 28こ もっています。お姉さんに 25こ もらいました。ひなさんの ビー玉は 何こに なりましたか。
しき 28+25 = 53　答え 53こ

5 はたけで，なすが 33本 とれました。きゅうりは なすより 15本 多く とれました。きゅうりは 何本 とれましたか。
しき 33+15 = 48　答え 48本

10

P.11

ひき算の ひっ算 (1)
くり下がり なし ①　名前

① 92−30 = 62　② 45−25 = 20　③ 87−56 = 31　④ 90−60 = 30
⑤ 75−22 = 53　⑥ 59−3 = 56　⑦ 68−35 = 33　⑧ 64−52 = 12
⑨ 66−35 = 31　⑩ 58−23 = 35　⑪ 69−14 = 55　⑫ 76−72 = 4
⑬ 98−25 = 73　⑭ 82−40 = 42　⑮ 78−67 = 11　⑯ 39−2 = 37

ひき算の ひっ算 (2)
くり下がり なし ②　名前

① 69−5 = 64　② 55−42 = 13　③ 46−23 = 23　④ 88−44 = 44
⑤ 45−23 = 22　⑥ 87−50 = 37　⑦ 73−32 = 41　⑧ 97−96 = 1
⑨ 99−21 = 78　⑩ 94−12 = 82　⑪ 72−22 = 50　⑫ 69−34 = 35

めいろは，答えの 大きい 方を とおりましょう。とおった 方の 答えを 下の □に 書きましょう。

32−22　94−73　55−22　86−75　79−61　53−21

① 11　② 21　③ 33

11

P.12

ひき算の ひっ算 (3)
くり下がり あり ①　名前

① 80−8 = 72　② 62−35 = 27　③ 64−59 = 5　④ 23−9 = 14
⑤ 44−18 = 26　⑥ 82−5 = 77　⑦ 61−52 = 9　⑧ 95−78 = 17
⑨ 52−23 = 29　⑩ 94−56 = 38　⑪ 70−37 = 33　⑫ 61−45 = 16
⑬ 60−24 = 36　⑭ 42−27 = 15　⑮ 78−29 = 49　⑯ 52−33 = 19

12

ひき算の ひっ算 (4)
くり下がり あり ②　名前

① 54−29 = 25　② 91−36 = 55　③ 60−3 = 57　④ 91−32 = 59
⑤ 83−77 = 6　⑥ 46−27 = 19　⑦ 74−66 = 8　⑧ 80−46 = 34
⑨ 83−55 = 28　⑩ 95−28 = 67　⑪ 32−29 = 3　⑫ 52−8 = 44

めいろは，答えの 大きい 方を とおりましょう。とおった 方の 答えを 下の □に 書きましょう。

35−17　77−58　40−19　30−8　53−26　62−37

① 19　② 22　③ 27

P.13

ひき算の ひっ算 (5)
くり下がり あり ③　名前

① 98−49 = 49　② 70−27 = 43　③ 65−38 = 27　④ 84−59 = 25
⑤ 60−9 = 51　⑥ 52−18 = 34　⑦ 96−68 = 28　⑧ 74−36 = 38
⑨ 92−48 = 44　⑩ 83−26 = 57　⑪ 55−37 = 18　⑫ 23−7 = 16
⑬ 80−44 = 36　⑭ 56−27 = 29　⑮ 72−8 = 64　⑯ 45−28 = 17

ひき算の ひっ算 (6)
くり下がり あり ④　名前

① 70−6 = 64　② 66−19 = 47　③ 30−27 = 3　④ 55−38 = 17
⑤ 83−54 = 29　⑥ 50−42 = 8　⑦ 65−49 = 16　⑧ 91−67 = 24
⑨ 84−65 = 19　⑩ 72−59 = 13　⑪ 51−6 = 45　⑫ 63−28 = 35

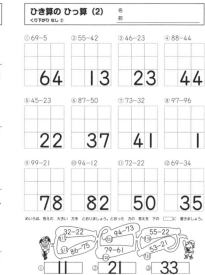

めいろは，答えの 大きい 方を とおりましょう。とおった 方の 答えを 下の □に 書きましょう。

74−39　92−55　41−9　70−41　33−15　73−56

① 37　② 32　③ 18

13

解答　児童に実施させる前に，必ず指導される方が問題を解いてください。本書の解答は，あくまでも１つの例です。指導される方の作られた解答をもとに，本書の解答例を参考に児童の多様な考えに寄り添って○つけをお願いします。

P.14

ひき算の ひっ算 (7)
くり下がり あり・なし

問題	答え	問題	答え	問題	答え	問題	答え
①21−17	4	②70−24	46	③52−29	23	④48−7	41
⑤85−27	58	⑥31−13	18	⑦75−45	30	⑧84−13	71
⑨81−66	15	⑩97−19	78	⑪91−28	63	⑫93−54	39
⑬32−18	14	⑭56−35	21	⑮40−28	12	⑯64−8	56

ひき算の ひっ算 (8)
めいろ

● 答えの 大きい 方を とおって ゴールまで 行きましょう。とおった 方の 答えを □に 書きましょう。

☆ 20　☆ 47　☆ 5　☆ 42　☆ 25

P.15

ひき算の ひっ算 (9)
文しょうだい ①

1 メダカが 64ひき います。友だちに 25ひき あげました。メダカは 何びき のこって いますか。
しき 64 − 25 = 39　答え 39ひき

2 はこに みかんが 50こ あります。2年生 32人に 1こずつ くばると，みかんは，何こ のこりますか。
しき 50 − 32 = 18　答え 18こ

3 こまを 34こ 作りました。そのうち，27こ まわりました。まわらなかったのは 何こですか。
しき 34 − 27 = 7　答え 7こ

4 玉入れを しました。赤組が 37こ，白組が 28こ 入りました。赤組は 白組より 何こ 多く 入りましたか。
しき 37 − 28 = 9　答え 9こ

ひき算の ひっ算 (10)
文しょうだい ②

1 パンを 53こ やいて，38人の 子どもに 1こずつ くばりました。パンは 何こ のこって いますか。
しき 53 − 38 = 15　答え 15こ

2 切手が 42まい あります。15まい つかうと，何まい のこりますか。
しき 42 − 15 = 27　答え 27まい

3 公園で 子どもが 26人 あそんで います。そのうち，男の子は 15人です。女の子は 何人ですか。
しき 26 − 15 = 11　答え 11人

4 赤い チューリップが 70本，白い チューリップが 59本 さいて います。どちらが 何本 多く さいて いますか。
しき 70 − 59 = 11　答え 赤い チューリップが 11本 多い。

P.16

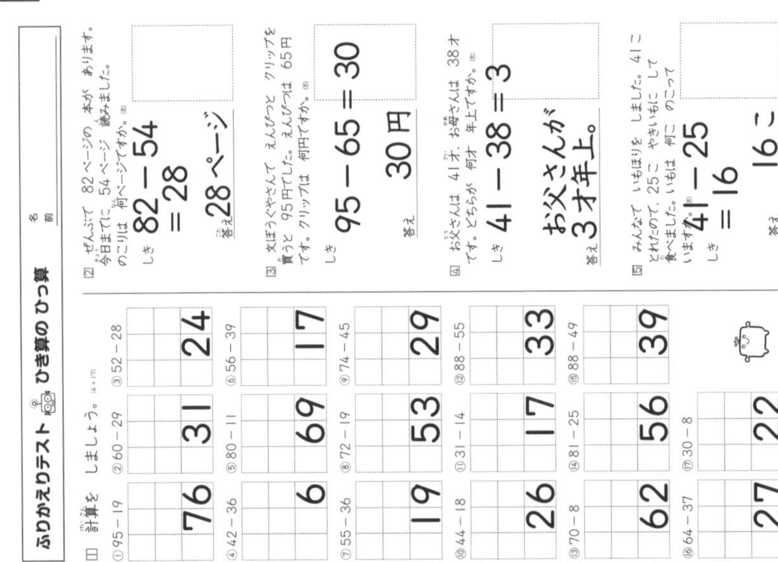

ふりかえりテスト　ひき算の ひっ算

1 計算を しましょう。

問題	答え	問題	答え	問題	答え
①95−19	76	②60−29	31	③52−28	24
④42−36	6	⑤80−11	69	⑥56−39	17
⑦55−36	19	⑧72−19	53	⑨74−45	29
⑩44−18	26	⑪31−14	17	⑫88−55	33
⑬70−8	62	⑭81−25	56	⑮88−49	39
⑯64−37	27	⑰30−8	22		

2 ぜんぶで 82ページの 本が あります。今日までに 54ページ 読みました。のこりは 何ページですか。
しき 82 − 54 = 28　答え 28ページ

3 文ぼうぐやさんで えんぴつと クリップを 買うと 95円でした。えんぴつは 65円です。クリップは 何円ですか。
しき 95 − 65 = 30　答え 30円

4 お父さんは 41才，お母さんは 38才です。どちらが 何才 年上ですか。
しき 41 − 38 = 3　答え お父さんが 3才年上。

5 みんなで いもほりを しました。41こ とれたので，25こ やきいもに して 食べました。いもは 何こ のこって いますか。
しき 41 − 25 = 16　答え 16こ

P.17

たし算かな ひき算かな (1)

1 チョコクッキーを 38まい，こう茶クッキーを 27まい 作りました。ぜんぶで 何まい 作りましたか。
しき 38 + 27 = 65　答え 65まい

2 バスに 43人 のって います。そのうち，おとなは 29人です。子どもは，何人ですか。
しき 43 − 29 = 14　答え 14人

3 かなさんは，チョコレートを 18こ もって います。お父さんに 7こ もらいました。かなさんの チョコレートは，何こに なりましたか。
しき 18 + 7 = 25　答え 25こ

4 はこに じゃがいもが 82こ 入って います。りょうりを 作るのに，35こ つかいました。のこりは 何こですか。
しき 82 − 35 = 47　答え 47こ

たし算かな ひき算かな (2)

1 かずまさんは，カードを 28まい もって います。お兄さんから 13まい もらいました。かずまさんの カードは 何まいに なりましたか。
しき 28 + 13 = 41　答え 41まい

2 はこの 中に クッキーが 40まい あります。5まい 食べると，のこりは 何まいに なりますか。
しき 40 − 5 = 35　答え 35まい

3 はくちょうが みずうみに 24わ います。かもは 32わ います。どちらが 何わ 多いですか。
しき 32 − 24 = 8　答え かもが 8わ 多い。

4 50円の ガムと，38円の あめを 買います。ぜんぶで 何円に なりますか。
しき 50 + 38 = 88　答え 88円

P.18

たし算かな ひき算かな (3)　名前

① おにぎりを，13こ 作りました。20こに するには，あと 何こ 作れば よいですか。

しき 20 − 13 = 7

答え 7こ

② 2年生 36人が うんどう場で あそんで います。18人は おにごっこを して，のこりの 人は ドッジボールを して います。ドッジボールを して いるのは 何人ですか。

しき 36 − 18 = 18

答え 18人

③ 船に 16人 のって います。あと 18人 のることが できます。船には ぜんぶで 何人 のることが できますか。

しき 16 + 18 = 34

答え 34人

④ あみさんは なわとびを しました。あと 4回 とぶと，96回でした。あみさんは 何回 とびましたか。

しき 96 − 4 = 92

答え 92回

たし算かな ひき算かな (4)　名前

① 大なわとびを しました。1組は 29回 とびました。2組は，1組より 9回 多く とびました。2組は 何回 とびましたか。

しき 29 + 9 = 38

答え 38回

② プリンは 92円です。ゼリーは，プリンより 27円 やすい そうです。ゼリーは 何円ですか。

しき 92 − 27 = 65

答え 65円

③ 池に メダカが 18ひき います。メダカの 赤ちゃんが 9ひき 生まれました。メダカは ぜんぶで 何びきに なりましたか。

しき 18 + 9 = 27

答え 27ひき

④ 子どもが 30人で おにごっこを します。そのうち，おには 2人です。にげる 子どもは 何人ですか。

しき 30 − 2 = 28

答え 28人

P.19

長さの たんい (1)　名前

① テープを つかって ものの 長さを くらべました。いちばん 長いのは 何ですか。

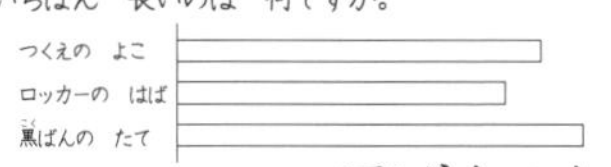

答え（黒ばんのたて）

② ファイルの たてと よこの 長さを スティックのりで くらべました。（ ）に 数字を 書きましょう。

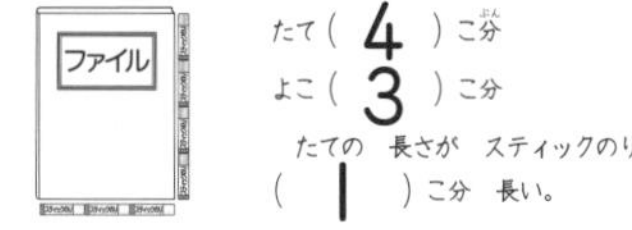

たて（4）こ分
よこ（3）こ分
たての 長さが スティックのり（1）こ分 長い。

③ けしゴムの たてと よこの 長さを ノートの ますで くらべました。（ ）に 数字を 書きましょう。

けしゴム

たて（2）こ分
よこ（4）こ分
よこの 長さが ます（2）こ分 長い。

長さの たんい (2)　名前

長さを はかる たんいに センチメートルが あります。1センチメートルは 1cmと 書きます。 1cm

① cmを 書く れんしゅうを しましょう。

1cm 2cm 3cm 4cm 5cm

② 1ますが 1cmの 工作用紙で 長さを はかりましょう。

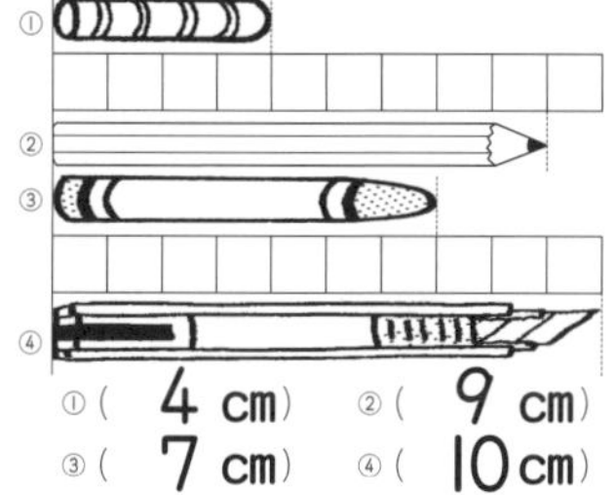

①（4 cm）②（9 cm）
③（7 cm）④（10 cm）

P.20

長さの たんい (3)　名前

1cmを 同じ長さに 10に 分けた 1こ分を 1ミリメートルと いい，1mmと 書きます。1cm＝10mm です。 1mm

① mmを 書く れんしゅうを しましょう。

1mm 2mm 3mm 4mm 5mm

② つぎの 長さは 何cm何mmですか。

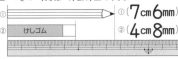

①（7cm6mm）
②（4cm8mm）

けしゴム

③ 左の はしから ㋐，㋑，㋒，㋓までの 長さを それぞれ答えましょう。

㋐（3 mm）㋑（2cm5mm）
㋒（6cm7mm）㋓（11cm4mm）

長さの たんい (4)　名前

① ものさしで 長さを はかりましょう。

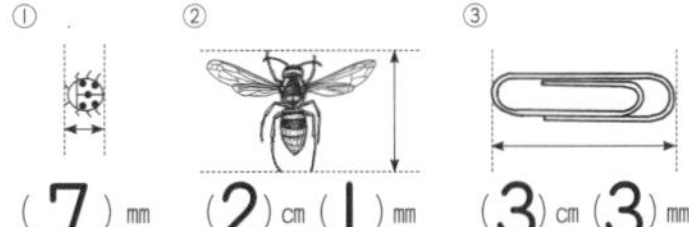

①（7）mm　②（2）cm（1）mm　③（3）cm（3）mm

② つぎの 長さを ものさしで はかりましょう。

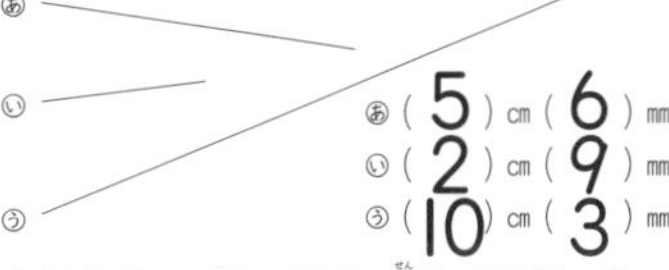

㋐（5）cm（6）mm
㋑（2）cm（9）mm
㋒（10）cm（3）mm

③ ものさしで つぎの 長さの 線を ひきましょう。

① 6cm
② 4cm
③ 3cm5mm
④ 7cm3mm
⑤ 9cm7mm

略

P.21

長さの たんい (5)　名前

① つぎの テープの 長さを はかりましょう。

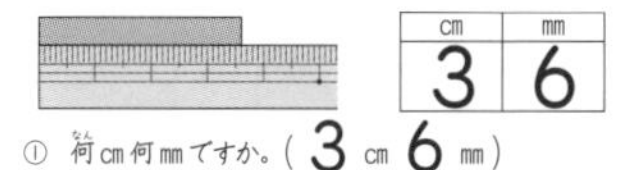

cm	mm
3	6

① 何cm何mmですか。（3 cm 6 mm）
② mmだけで あらわすと 3cm＝（30 mm）だから，はしたの（6 mm）と あわせて（36 mm）。

② 左の はしから ㋐，㋑，㋒，㋓までの 長さは，それぞれ 何cm何mmですか。また，それは 何mmですか。

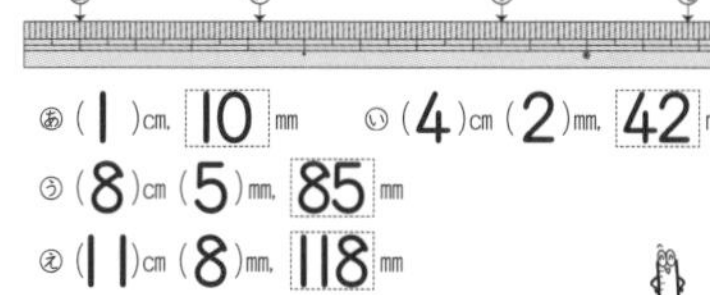

㋐（1）cm 10 mm　㋑（4）cm（2）mm 42 mm
㋒（8）cm（5）mm 85 mm
㋓（11）cm（8）mm 118 mm

③（ ）に あてはまる 数を 書きましょう。

① 3cm5mm＝（35）mm　② 10cm2mm＝（102）mm
③ 29mm＝（2）cm（9）mm　④ 70mm＝（7）cm

長さの たんい (6)　名前

① 3cmと 4cmの テープを かさならない ように つなぐと，何cmに なりますか。

しき 3cm＋4cm＝7cm

答え 7 cm

② 6cmの テープから 2cm 切りとると，のこりは 何cmですか。

しき 6cm－2cm＝4cm

答え 4 cm

③ 赤い リボンは 8cm，白い リボンは 3cm5mmです。ちがいは 何cm何mmですか。

しき 8cm － 3cm5mm
＝ 4cm5mm

答え 4cm5mm

④ 8cm5mmの えんぴつを つかい，6cmに なりました。何cm何mm みじかく なりましたか。

しき 8cm5mm － 6cm
＝ 2cm5mm

答え 2cm5mm

解答

児童に実施させる前に，必ず指導される方が問題を解いてください。本書の解答は，あくまでも１つの例です。指導される方の作られた解答をもとに，本書の解答例を参考に児童の多様な考えに寄り添って○つけをお願いします。

P.22

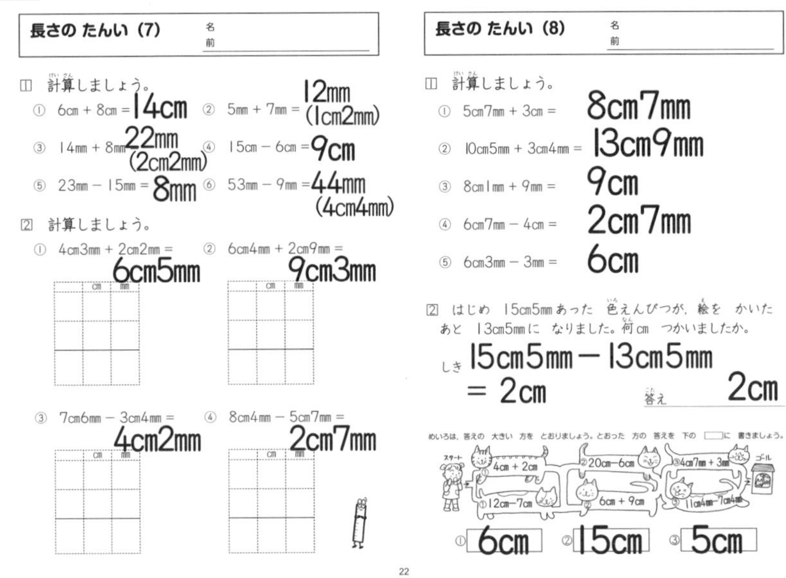

P.23

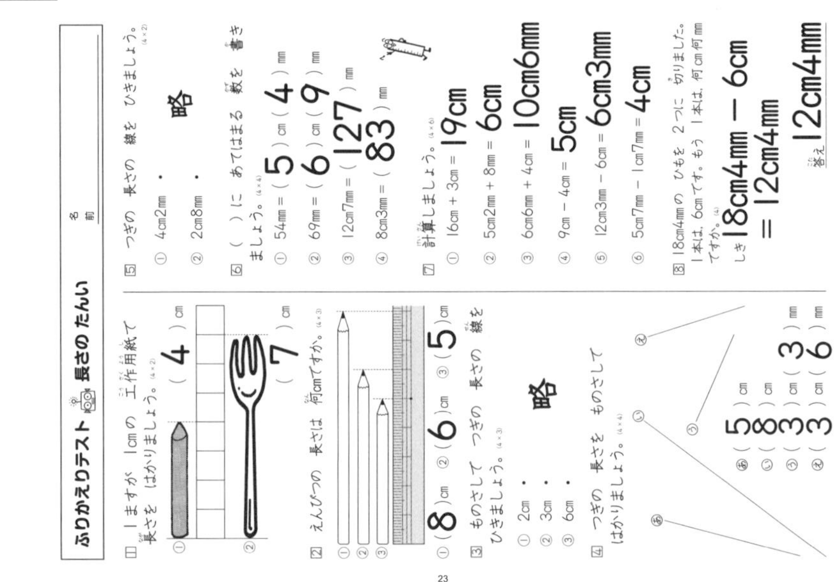

P.24

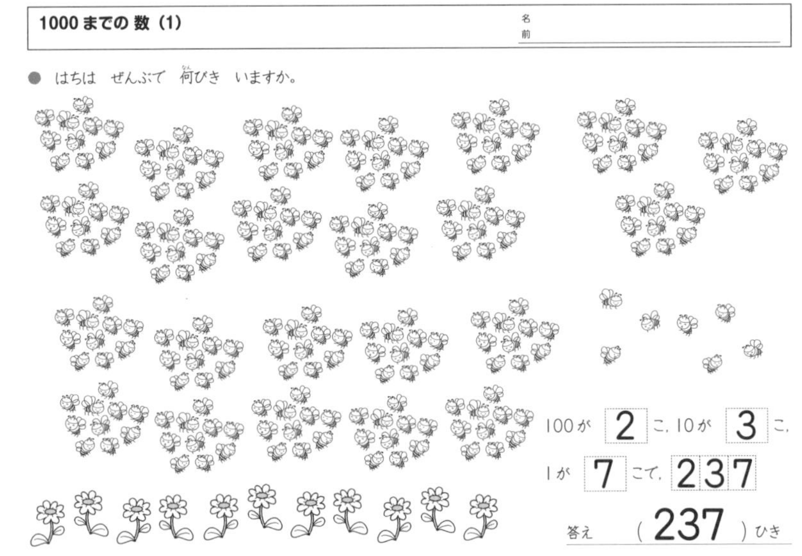

P.25

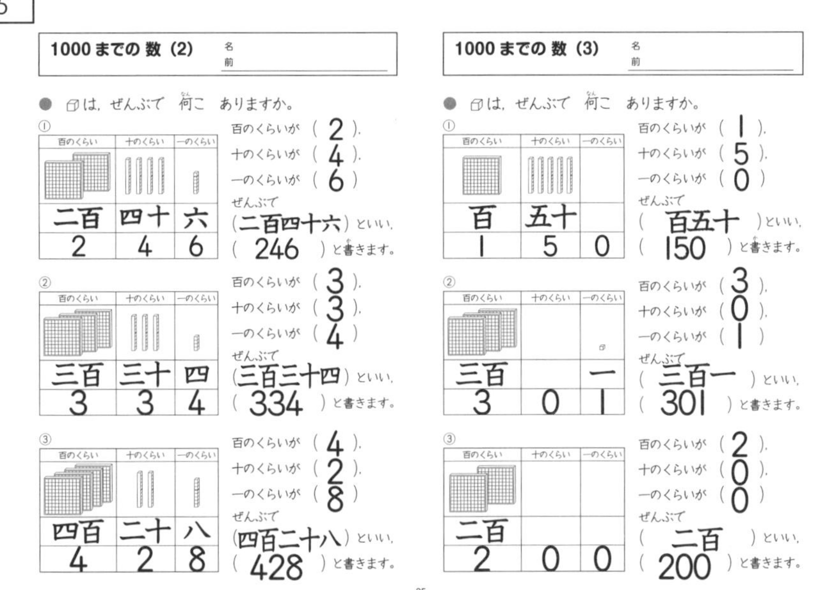

児童に実施させる前に，必ず指導される方が問題を解いてください。本書の解答は，あくまでも１つの例です。指導される方の作られた解答をもとに，本書の解答例を参考に児童の多様な考えに寄り添って○つけをお願いします。

解答

P.26

1000 までの 数（4）

名前

1 つぎの 数を 数字で 書きましょう。

① 二百と 七十と 八を あわせた 数 （278）
② 六百と 五を あわせた 数 （605）
③ 八百と 八を あわせた 数 （808）
④ 100を 7こ，10を 3こ，1を 9こ あわせた 数 （739）
⑤ 100を 4こ，10を 6こ あわせた 数 （460）
⑥ 100を 9こ あわせた 数 （900）

2 つぎの 数を 数字で 書いて，かん字で 読み方を 書きましょう。

	数字	読み方（かん字）
① 百のくらいが 3，十のくらいが 7，一のくらいが 6	376	三百七十六
② 百のくらいが 5，十のくらいが 0，一のくらいが 4	504	五百四
③ 百のくらいが 1，十のくらいが 6，一のくらいが 0	160	百六十
④ 100を7こと，10を3こ	730	七百三十
⑤ 100を2こと，1を7こ	207	二百七
⑥ 100を9こと，10を4こ	940	九百四十

26

1000 までの 数（5）

名前

1 □に あてはまる 数を 書きましょう。

① 397－398－399－400－401－402
② 760－770－780－790－800－810
③ 530－520－510－500－490－480
④ 300－299－298－297－296－295

2 ↑の ところの 数を 書きましょう。

①（270，280，290，300） あ276 い284 う292 え303
②（680，690，700，710，720，730） あ687 い695 う709 え723
③（500，600，700，800，900，1000） あ490 い660 う810 え990

P.27

1000 までの 数（6）

名前

1 ☐を，100こずつ つめた はこが あります。

① 2はこ分では，何こ ありますか。（200）こ
② 9はこ分では，何こ ありますか。（900）こ
③ 10ぱこ分では，何こ ありますか。（1000）こ

2 つぎの 数の 線を 見て，①～⑤の 数を 書きましょう。

（0，100，200，300，400，500，600，700，800，900，1000）

① 200より 500 大きい 数 （700）
② 400より 50 大きい 数 （450）
③ 700より 300 大きい 数 （1000）
④ 1000より 100 小さい 数 （900）
⑤ 800より 10 小さい 数 （790）

1000 までの 数（7）

名前

1 250は，10を 何こ あつめた 数ですか。

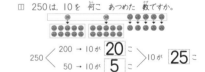

250 ＜ 200 → 10が 20 こ，50 → 10が 5 こ ＞ 10が 25 こ

2 □に あてはまる 数を 書きましょう。

① 390は，100を 3 こと，10を 9 こ あわせた 数です。
② 390は，10を 39 こ あつめた 数です。
③ 1000は，10を 100 こ あつめた 数です。また，100を 10 こ あつめた 数です。
④ 10を 72こ あつめた 数は 720 です。

3 つぎの 数を，下の線に ↑で 書き入れましょう。

［れい］978　あ961　い969　う994　え1000

（960，970，980，990，1000，1010） あ い れい う え

27

P.28

1000 までの 数（8）

名前

1 どちらの 数が 大きいですか。＞か，＜を つかって あらわしましょう。

① 389 ＜ 398　② 269 ＜ 271
③ 903 ＞ 899　④ 999 ＜ 1000
⑤ 693 ＞ 691　⑥ 530 ＞ 503

2 計算を しましょう。

① 60＋80＝140　② 700＋200＝900
③ 500＋40＝540　④ 400＋600＝1000
⑤ 900－500＝400　⑥ 1000－300＝700
⑦ 690－90＝600

めいろは，数の 大きい 方を とおりましょう。とおった 方の 数を 下の □に 書きましょう。

①268　②401　③591　④900

28

1000 までの 数（9）

名前

● 580から 590，600…と 1000まで じゅんばんに 線で つなぎましょう。

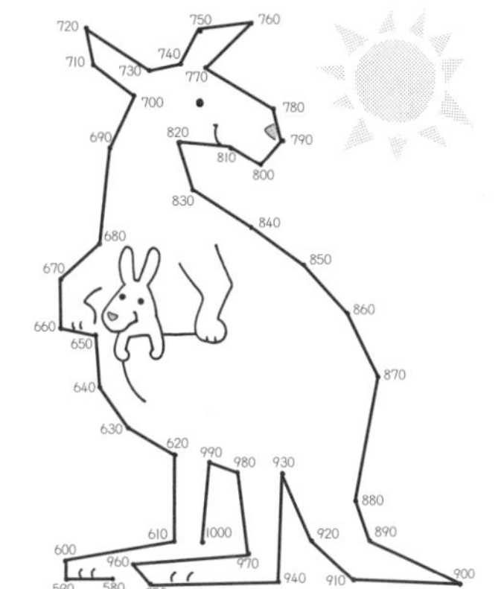

P.29

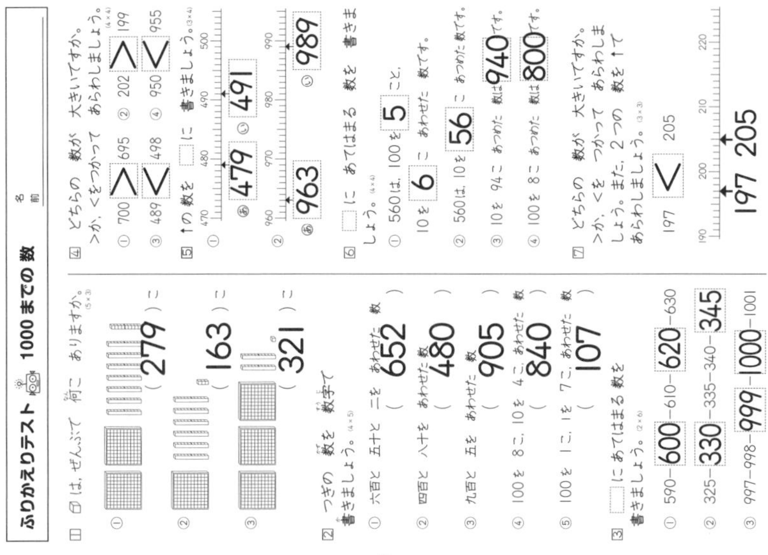

ふりかえりテスト　1000までの 数

名前

1 ☐は，ぜんぶで 何こ ありますか。(5×3)

①（279）こ
②（163）こ
③（321）こ

2 つぎの 数を 数字で 書きましょう。(4×5)

① 六百と 五十と 二を あわせた 数（652）
② 四百と 八十を あわせた 数（480）
③ 九百と 五を あわせた 数（905）
④ 100を 8こ，10を 4こ あわせた 数（840）
⑤ 100を 1こ，1を 7こ あわせた 数（107）

3 □に あてはまる 数を 書きましょう。(2×6)

① 590－600－610－620－630
② 325－330－335－340－345
③ 997－998－999－1000－1001

4 どちらの 数が 大きいですか。＞か，＜をつかって あらわしましょう。(4×4)

① 700 ＞ 695　② 202 ＞ 199
③ 489 ＜ 498　④ 950 ＜ 955

5 ↑の 数を □に 書きましょう。(3×4)

①（470，480，490，500） あ479 い491
②（960，970，980，990） あ963 い989

6 □に あてはまる 数を 書きましょう。(4×4)

① 560は，100を 5 こと，10を 6 こ あわせた 数です。
② 560は，10を 56 こ あつめた 数です。
③ 10を 94こ あつめた 数は 940 です。
④ 100を 8こ あつめた 数は 800 です。

7 どちらの 数が 大きいですか。＞か，＜を つかって あらわしましょう。また，2つの 数を ↑で あらわしましょう。(3×3)

197 ＜ 205

（190，200，210，220） 197　205

29

解答

児童に実施させる前に，必ず指導される方が問題を解いてください。本書の解答は，あくまでも１つの例です。指導される方の作られた解答をもとに，本書の解答例を参考に児童の多様な考えに寄り添って○つけをお願いします。

P.30

水の かさの たんい (1) 名前

かさを あらわす たんいに リットルがあります。
1リットルは 1Lと 書きます。
水などの かさは 1リットルが いくつ分 あるかで あらわします。
1L

1 Lを 書く れんしゅうを しましょう。

1L 2L 3L 4L 5L

2 1Lますで はかりました。何Lですか。

① (2L) ② (3L) ③ (5L) ④ (10L)

水の かさの たんい (2) 名前

1デシリットルは 1Lを 同じ かさに 10に 分けた 1こ分の かさです。
1デシリットルを 1dLと 書きます。 1L = 10 dL　1dL

1 dLを 書く れんしゅうを しましょう。

1dL 2dL 3dL 4dL 5dL

2 1Lますや 1dLますで はかりました。㋐，㋑の あらわし方で 書きましょう。

① ㋐ 8 dL

② ㋐ 2 L 3 dL　㋑ 23 dL

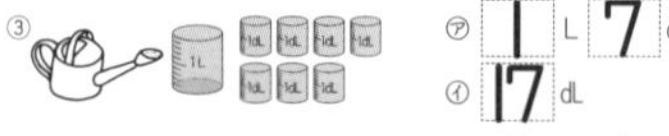

③ ㋐ 1 L 7 dL　㋑ 17 dL

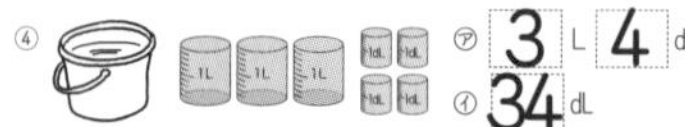

④ ㋐ 3 L 4 dL　㋑ 34 dL

P.31

水の かさの たんい (3) 名前

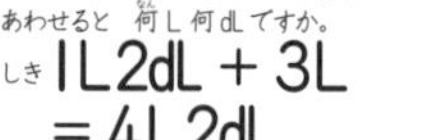

1 小さい やかんに 1L2dL，大きい やかんに 3Lの 水が 入ります。あわせると 何L何dLですか。

しき 1L2dL + 3L
= 4L2dL　答え 4L2dL

2 牛にゅうが びんに 2dL，紙パックに 9dL あります。かさの ちがいは どれだけですか。

しき 9dL − 2dL = 7dL　答え 7dL

3 ペットボトルに 1L5dL，水とうに 1L4dLの 水が 入って います。水は ぜんぶで 何L何dL ありますか。

しき 1L5dL + 1L4dL
= 2L9dL　答え 2L9dL

4 あぶらが 4L6dL あります。天ぷらを 作るのに 1L5dL つかいました。何L何dL のこって いますか。

しき 4L6dL − 1L5dL
= 3L1dL　答え 3L1dL

水の かさの たんい (4) 名前

1 計算を しましょう。

① 5dL + 3dL = 8dL
② 3L2dL + 2L3dL = 5L5dL
③ 2L4dL + 4dL = 2L8dL
④ 4L1dL + 3L = 7L1dL
⑤ 8L − 2L = 6L
⑥ 4L8dL − 1L5dL = 3L3dL
⑦ 3L7dL − 2L = 1L7dL
⑧ 4L5dL − 5dL = 4L

2 コーンスープが 大きいなべに 2L4dL，小さいなべに 6dL 入って います。

① あわせて かさは どれだけに なりますか。

しき 2L4dL + 6dL
= 3L　答え 3L

② かさの ちがいは どれだけですか。

しき 2L4dL − 6dL
= 1L8dL　答え 1L8dL

P.32

水の かさの たんい (5) 名前

dLより 小さい かさを あらわす たんいに ミリリットルが あります。1ミリリットルは 1mLと書きます。
1L = 1000 mL　1dL = 100 mL　1mL

1 mLを 書く れんしゅうを しましょう。

1mL 2mL 3mL 4mL 5mL

2 ( )に あてはまる 数を 書きましょう。

① 1L = (10) dL　② 5L = (5000) mL
③ 1L3dL = (13) dL　④ 4dL = (400) mL

めいろは，かさの 大きい 方を とおりましょう。とおった 方の かさを 下の □に 書きましょう。

① 2L1dL ② 11dL ③ 4L ④ 3L

水の かさの たんい (6) 名前

1 ( )に あてはまる かさの たんい (L, dL, mL) を 書きましょう。

① 牛にゅうの 大きな パックの かさ　1 (L)
② かんジュースの かさ　350 (mL)
③ 水そうに 入る 水の かさ　8 (L)
④ 水とうに 入る お茶の かさ　6 (dL)
⑤ コップに 入る むぎ茶の かさ　2 (dL)
⑥ 目ぐすりの 入れものの かさ　10 (mL)

2 つぎの かさを くらべて 大きい方に ○を つけましょう。

① ((2L9dL)，2L5dL)　② (3dL，(400mL))
③ (1L2dL，(15dL))　④ ((8L)，7L8dL)
⑤ (4dL，(3000mL))　⑥ ((1L)，1dL)
⑦ ((1L)，900mL)　⑧ (5dL，(1L))

P.33

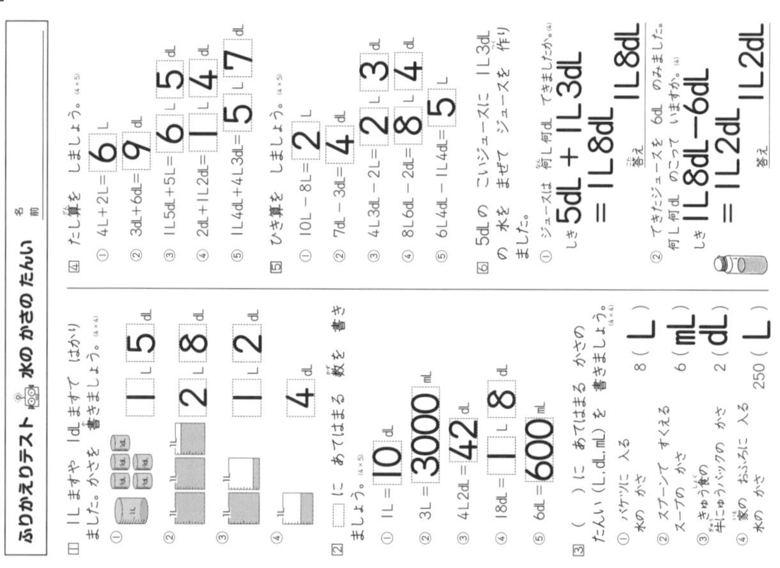

ふりかえりテスト 水の かさの たんい 名前

1 1Lますや 1dLますで はかりました。かさを 書きましょう。

① 1 L 5 dL ② 2 L 8 dL ③ 1 L 2 dL ④ 4 dL

2 □に あてはまる 数を 書きましょう。

① 1L = 10 dL ② 3L = 3000 mL ③ 4L2dL = 42 dL ④ 18dL = 1 L 8 dL ⑤ 6dL = 600 mL

3 ( )に あてはまる かさの たんい (L, dL, mL) を 書きましょう。

① バケツに 入る 水の かさ 8 (L)
② スプーンで すくえる スープの かさ 6 (mL)
③ きゅう食の 牛にゅうパックの かさ 2 (dL)
④ 家の おふろに 入る 水の かさ 250 (L)

4 たし算を しましょう。

① 4L+2L= 6 L
② 3dL+6dL= 9 dL
③ 1L5dL+5L= 6 L 5 dL
④ 2dL+1L2dL= 1 L 4 dL
⑤ 1L4dL+4L3dL= 5 L 7 dL

5 ひき算を しましょう。

① 10L−8L= 2 L
② 7dL−3dL= 4 dL
③ 4L3dL−2L= 2 L 3 dL
④ 8L6dL−2dL= 8 L 4 dL
⑤ 6L4dL−1L4dL= 5 L

6 5dLの こいジュースに 1L3dLの 水を まぜて ジュースを 作りました。

① ジュースは 何L何dL できましたか。
しき 5dL + 1L3dL
= 1L8dL　答え 1L8dL

② できたジュースを 6dL のみました。何L何dL のこって いますか。
しき 1L8dL − 6dL
= 1L2dL　答え 1L2dL

児童に実施させる前に，必ず指導される方が問題を解いてください。本書の解答は，あくまでも１つの例です。指導される方の作られた解答をもとに，本書の解答例を参考に児童の多様な考えに寄り添って○つけをお願いします。

P.34

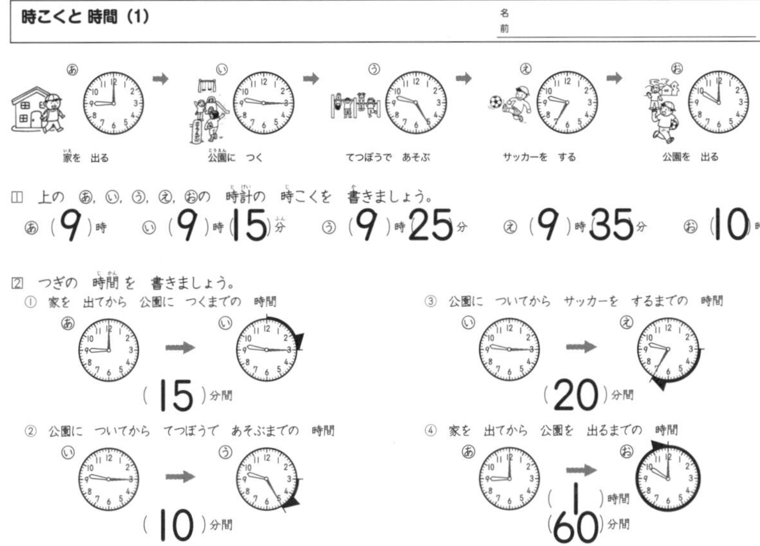

時こくと 時間 (1)　名前

あ 家を 出る → い 公園に つく → う てつぼうで あそぶ → え サッカーを する → お 公園を 出る

1 上の あ，い，う，え，おの 時計の 時こくを 書きましょう。

あ (9)時　い (9)時(15)分　う (9)時(25)分　え (9)時(35)分　お (10)時

2 つぎの 時間を 書きましょう。

① 家を 出てから 公園に つくまでの 時間　(15)分間

② 公園に ついてから てつぼうで あそぶまでの 時間　(10)分間

③ 公園に ついてから サッカーを するまでの 時間　(20)分間

④ 家を 出てから 公園を 出るまでの 時間　(1)時間　(60)分間

34

P.35

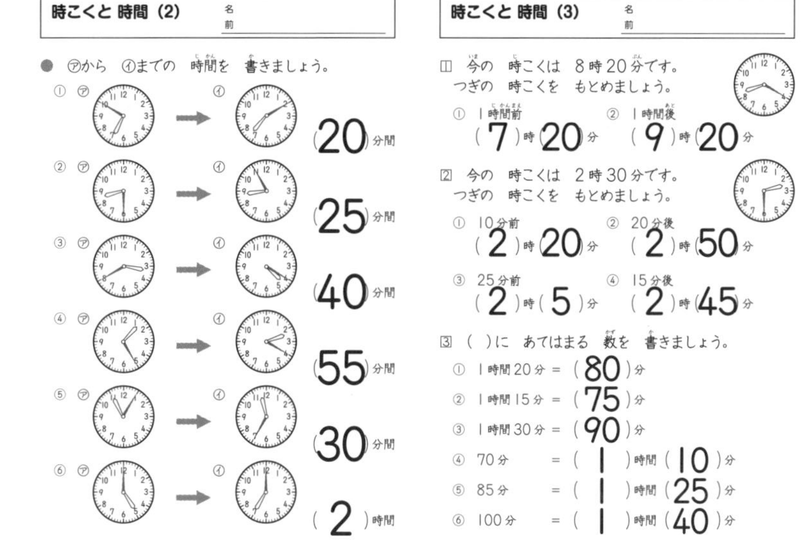

時こくと 時間 (2)　名前

● ㋐から ㋑までの 時間を 書きましょう。

① (20)分間

② (25)分間

③ (40)分間

④ (55)分間

⑤ (30)分間

⑥ (2)時間

時こくと 時間 (3)　名前

1 今の 時こくは 8時20分です。つぎの 時こくを もとめましょう。

① 1時間前 (7)時(20)分　② 1時間後 (9)時(20)分

2 今の 時こくは 2時30分です。つぎの 時こくを もとめましょう。

① 10分前 (2)時(20)分　② 20分後 (2)時(50)分

③ 25分前 (2)時(5)分　④ 15分後 (2)時(45)分

3 ( )に あてはまる 数を 書きましょう。

① 1時間20分 = (80)分

② 1時間15分 = (75)分

③ 1時間30分 = (90)分

④ 70分 = (1)時間(10)分

⑤ 85分 = (1)時間(25)分

⑥ 100分 = (1)時間(40)分

35

P.36

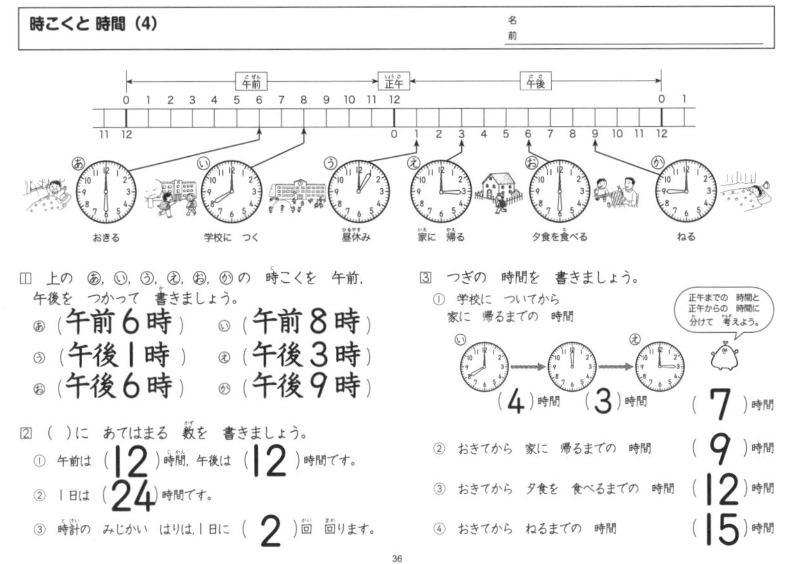

時こくと 時間 (4)　名前

1 上の あ，い，う，え，お，か の 時こくを 午前，午後を つかって 書きましょう。

あ (午前6時)　い (午前8時)

う (午後1時)　え (午後3時)

お (午後6時)　か (午後9時)

2 ( )に あてはまる 数を 書きましょう。

① 午前は (12)時間，午後は (12)時間です。

② 1日は (24)時間です。

③ 時計の みじかい はりは，1日に (2)回 回ります。

3 つぎの 時間を 書きましょう。

① 学校に ついてから 家に 帰るまでの 時間　(4)時間　(3)時間　(7)時間

正午までの 時間と 正午からの 時間に 分けて 考えよう。

② おきてから 家に 帰るまでの 時間　(9)時間

③ おきてから 夕食を 食べるまでの 時間　(12)時間

④ おきてから ねるまでの 時間　(15)時間

36

P.37

時こくと 時間 (5)　名前

1 時間や 時こくの ことばの つかい方が 正しいものに ○を，まちがっているものに ×を つけましょう。

べん強している 時間は 2時間です。	家に 帰った 時間は 午後4時です。	本を 読んだ 時こくは 1時間です。	バスが はっ車する 時こくは 10時15分です。
(○)	(×)	(×)	(○)

2 時間の 長い じゅんに，記ごうを ならべましょう。

あ 20時間　い 80分　う 1日　え 5時間

う → あ → え → い

3 みさきさんは，お母さんと ケーキを 作りました。午前11時に 作りはじめて，作りおわったのは，午後2時30分でした。ケーキを 作って いたのは，何時間何分ですか。

答え 3時間30分

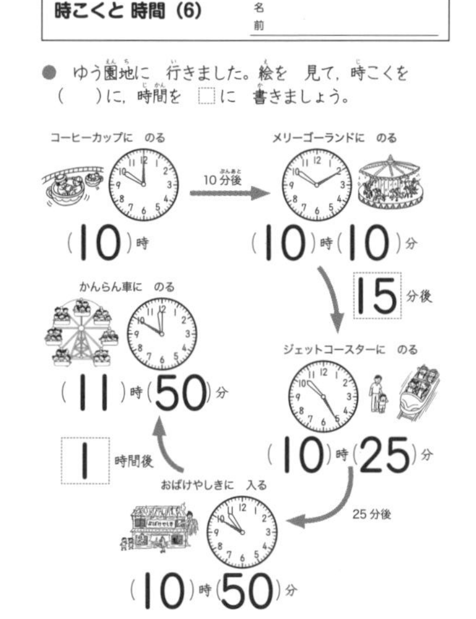

時こくと 時間 (6)　名前

● ゆう園地に 行きました。絵を 見て，時こくを ( )に，時間を □に 書きましょう。

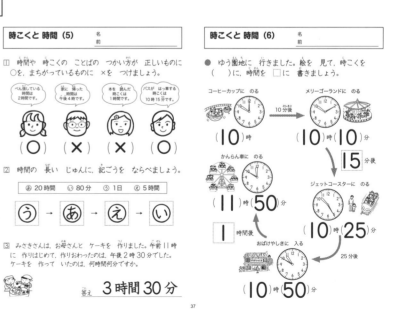

コーヒーカップに のる　(10)時

10分後

メリーゴーランドに のる　(10)時(10)分

15 分後

ジェットコースターに のる　(10)時(25)分

25分後

おばけやしきに 入る　(10)時(50)分

1 時間後

かんらん車に のる　(11)時(50)分

37

解答

児童に実施させる前に，必ず指導される方が問題を解いてください。本書の解答は，あくまでも１つの例です。指導される方の作られた解答をもとに，本書の解答例を参考に児童の多様な考えに寄り添って○つけをお願いします。

P.38

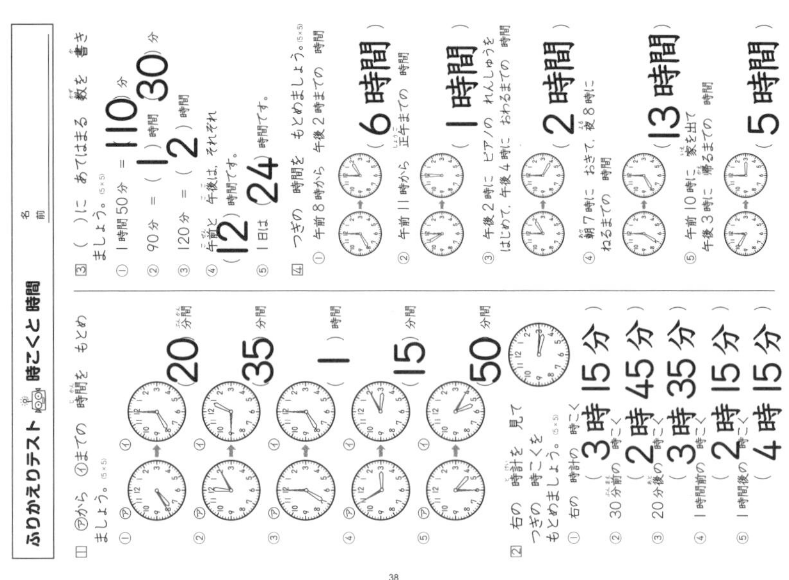

ふりかえりテスト 時こくと 時間　名前

1 ㋐から ㋑までの 時間を もとめましょう。(5×5)
① (20)分間　② (35)分間　③ (1)時間　④ (15)分間　⑤ (50)分間

2 右の 時計を 見て つぎの 時こくを もとめましょう。(5×5)
① 右の 時計の 時こく (3時15分)
② 30分前の 時こく (2時45分)
③ 20分後の 時こく (3時35分)
④ 1時間前の 時こく (2時15分)
⑤ 1時間後の 時こく (4時15分)

3 (　)に あてはまる 数を 書きましょう。(5×5)
① 1時間50分 = (110)分
② 90分 = (1)時間(30)分
③ 120分 = (2)時間
④ 午前と 午後は それぞれ (12)時間です。
⑤ 1日は (24)時間です。

4 つぎの 時間を もとめましょう。(5×5)
① 午前8時から 午後2時までの 時間 (6時間)
② 午前11時から 正午までの 時間 (1時間)
③ 午後2時に ピアノの れんしゅうを はじめて，午後4時に おわるまでの 時間 (2時間)
④ 朝7時に おきて，夜8時に ねるまでの 時間 (13時間)
⑤ 午前10時に 家を出て 午後3時に 帰るまでの 時間 (5時間)

38

P.39

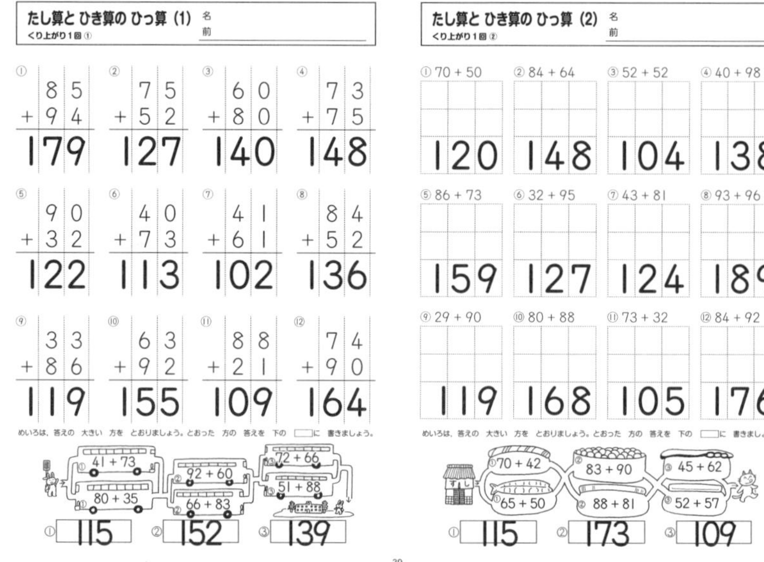

たし算と ひき算の ひっ算 (1)　名前
くり上がり1回①

① 85 + 94 = 179　② 75 + 52 = 127　③ 60 + 80 = 140　④ 73 + 75 = 148
⑤ 90 + 32 = 122　⑥ 40 + 73 = 113　⑦ 41 + 61 = 102　⑧ 84 + 52 = 136
⑨ 33 + 86 = 119　⑩ 63 + 92 = 155　⑪ 88 + 21 = 109　⑫ 74 + 90 = 164

めいろは，答えの 大きい 方を とおりましょう。とおった 方の 答えを 下の □に 書きましょう。
41 + 73　80 + 35　92 + 60　66 + 83　72 + 66　51 + 88
① 115　② 152　③ 139

たし算と ひき算の ひっ算 (2)　名前
くり上がり1回②

① 70 + 50 = 120　② 84 + 64 = 148　③ 52 + 52 = 104　④ 40 + 98 = 138
⑤ 86 + 73 = 159　⑥ 32 + 95 = 127　⑦ 43 + 81 = 124　⑧ 93 + 96 = 189
⑨ 29 + 90 = 119　⑩ 80 + 88 = 168　⑪ 73 + 32 = 105　⑫ 84 + 92 = 176

めいろは，答えの 大きい 方を とおりましょう。とおった 方の 答えを 下の □に 書きましょう。
70 + 42　65 + 50　83 + 90　88 + 81　45 + 62　52 + 57
① 115　② 173　③ 109

39

P.40

たし算と ひき算の ひっ算 (3)　名前
くり上がり2回①

① 52 + 88 = 140　② 83 + 79 = 162　③ 76 + 44 = 120　④ 29 + 88 = 117
⑤ 56 + 96 = 152　⑥ 46 + 99 = 145　⑦ 14 + 87 = 101　⑧ 71 + 39 = 110
⑨ 79 + 75 = 154　⑩ 44 + 97 = 141　⑪ 8 + 96 = 104　⑫ 45 + 78 = 123

めいろは，答えの 大きい 方を とおりましょう。とおった 方の 答えを 下の □に 書きましょう。
53 + 78　64 + 66　87 + 55　94 + 47　9 + 92　19 + 83
① 131　② 142　③ 102

たし算と ひき算の ひっ算 (4)　名前
くり上がり2回②

① 99 + 5 = 104　② 99 + 85 = 184　③ 59 + 79 = 138　④ 64 + 68 = 132
⑤ 89 + 59 = 148　⑥ 88 + 19 = 107　⑦ 38 + 76 = 114　⑧ 63 + 97 = 160
⑨ 72 + 49 = 121　⑩ 38 + 78 = 116　⑪ 56 + 56 = 112　⑫ 44 + 66 = 110

めいろは，答えの 大きい 方を とおりましょう。とおった 方の 答えを 下の □に 書きましょう。
33 + 78　94 + 19　7 + 99　25 + 79　77 + 38　88 + 22
① 113　② 106　③ 115

40

P.41

たし算と ひき算の ひっ算 (5)　名前
くり上がり1回・2回①

① 29 + 83 = 112　② 93 + 93 = 186　③ 36 + 75 = 111　④ 49 + 85 = 134
⑤ 68 + 58 = 126　⑥ 95 + 48 = 143　⑦ 90 + 60 = 150　⑧ 89 + 35 = 124
⑨ 54 + 68 = 122　⑩ 98 + 4 = 102　⑪ 96 + 76 = 172　⑫ 77 + 55 = 132

めいろは，答えの 大きい 方を とおりましょう。とおった 方の 答えを 下の □に 書きましょう。
57 + 87　78 + 68　60 + 60　64 + 55　97 + 8　54 + 55
① 146　② 120　③ 109

たし算と ひき算の ひっ算 (6)　名前
くり上がり1回・2回②

① 25 + 78 = 103　② 76 + 65 = 141　③ 59 + 95 = 154　④ 55 + 67 = 122
⑤ 9 + 99 = 108　⑥ 89 + 21 = 110　⑦ 48 + 69 = 117　⑧ 70 + 80 = 150
⑨ 98 + 36 = 134　⑩ 38 + 68 = 106　⑪ 82 + 44 = 126　⑫ 97 + 67 = 164

めいろは，答えの 大きい 方を とおりましょう。とおった 方の 答えを 下の □に 書きましょう。
89 + 29　40 + 79　95 + 7　75 + 26　69 + 89　84 + 76
① 119　② 102　③ 160

41

児童に実施させる前に，必ず指導される方が問題を解いてください。本書の解答は，あくまでも１つの例です。指導される方の作られた解答をもとに，本書の解答例を参考に児童の多様な考えに寄り添って○つけをお願いします。

P.42

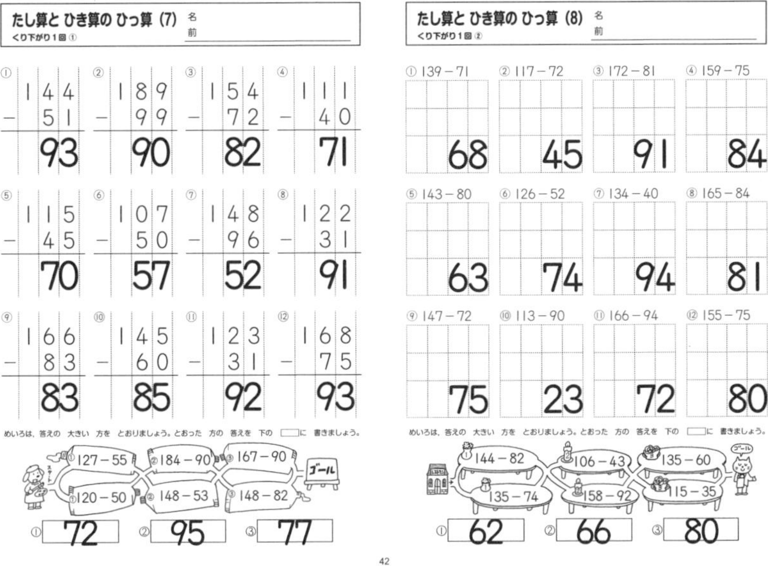

たし算と ひき算の ひっ算 (7)
くり下がり１回①　名前

①	②	③	④
144 − 51 = 93	189 − 99 = 90	154 − 72 = 82	111 − 40 = 71

⑤	⑥	⑦	⑧
115 − 45 = 70	107 − 50 = 57	148 − 96 = 52	122 − 31 = 91

⑨	⑩	⑪	⑫
166 − 83 = 83	145 − 60 = 85	123 − 31 = 92	168 − 75 = 93

めいろは，答えの 大きい 方を とおりましょう。とおった 方の 答えを 下の □に 書きましょう。

① 72　② 95　③ 77

たし算と ひき算の ひっ算 (8)
くり下がり１回②　名前

① 139 − 71	② 117 − 72	③ 172 − 81	④ 159 − 75
68	45	91	84

⑤ 143 − 80	⑥ 126 − 52	⑦ 134 − 40	⑧ 165 − 84
63	74	94	81

⑨ 147 − 72	⑩ 113 − 90	⑪ 166 − 94	⑫ 155 − 75
75	23	72	80

めいろは，答えの 大きい 方を とおりましょう。とおった 方の 答えを 下の □に 書きましょう。

① 62　② 66　③ 80

42

P.43

たし算と ひき算の ひっ算 (9)
くり下がり２回①　名前

①	②	③	④
112 − 44 = 68	180 − 95 = 85	144 − 67 = 77	150 − 76 = 74

⑤	⑥	⑦	⑧
103 − 39 = 64	123 − 56 = 67	106 − 7 = 99	100 − 68 = 32

⑨	⑩	⑪	⑫
164 − 88 = 76	100 − 55 = 45	107 − 78 = 29	132 − 93 = 39

めいろは，答えの 大きい 方を とおりましょう。とおった 方の 答えを 下の □に 書きましょう。

144 − 87　158 − 99　111 − 96　100 − 87　120 − 34　102 − 19　ゴール

① 59　② 15　③ 86

たし算と ひき算の ひっ算 (10)
くり下がり２回②　名前

① 105 − 58	② 137 − 99	③ 100 − 8	④ 101 − 37
47	38	92	64

⑤ 162 − 93	⑥ 171 − 85	⑦ 132 − 56	⑧ 152 − 77
69	86	76	75

⑨ 133 − 84	⑩ 100 − 48	⑪ 104 − 45	⑫ 125 − 97
49	52	59	28

めいろは，答えの 大きい 方を とおりましょう。とおった 方の 答えを 下の □に 書きましょう。

スタート　100 − 76　117 − 88　104 − 7　185 − 86　132 − 54　165 − 97　ゴール

① 29　② 99　③ 78

43

P.44

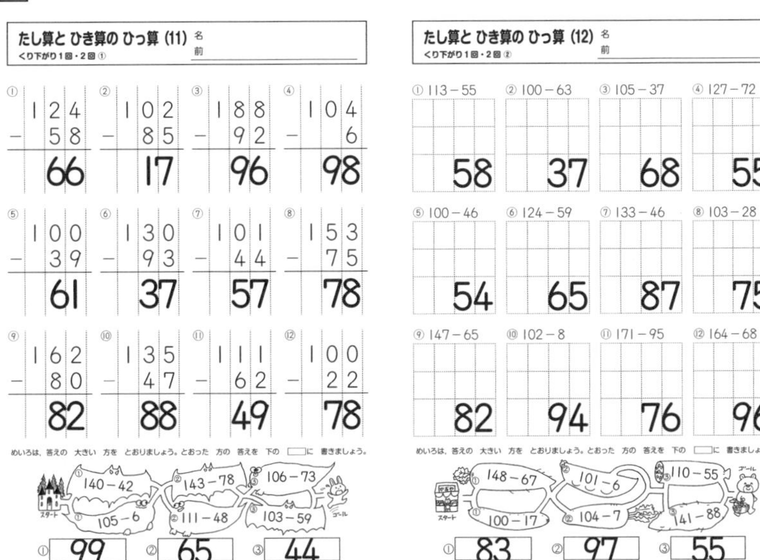

たし算と ひき算の ひっ算 (11)
くり下がり１回・２回①　名前

①	②	③	④
124 − 58 = 66	102 − 85 = 17	188 − 92 = 96	104 − 6 = 98

⑤	⑥	⑦	⑧
100 − 39 = 61	130 − 93 = 37	101 − 44 = 57	153 − 75 = 78

⑨	⑩	⑪	⑫
162 − 80 = 82	135 − 47 = 88	111 − 62 = 49	100 − 22 = 78

めいろは，答えの 大きい 方を とおりましょう。とおった 方の 答えを 下の □に 書きましょう。

① 99　② 65　③ 44

たし算と ひき算の ひっ算 (12)
くり下がり１回・２回②　名前

① 113 − 55	② 100 − 63	③ 105 − 37	④ 127 − 72
58	37	68	55

⑤ 100 − 46	⑥ 124 − 59	⑦ 133 − 46	⑧ 103 − 28
54	65	87	75

⑨ 147 − 65	⑩ 102 − 8	⑪ 171 − 95	⑫ 164 − 68
82	94	76	96

めいろは，答えの 大きい 方を とおりましょう。とおった 方の 答えを 下の □に 書きましょう。

① 83　② 97　③ 55

44

P.45

たし算と ひき算の ひっ算 (13)
文しょうだい①　名前

1 １こ 95円の プリンと １こ 88円の シュークリームを 買いました。あわせて いくらに なりますか。

しき 95 + 88 = 183　答え 183円

2 メロンパンは １こ 130円，クリームパンは １こ 92円です。ねだんの ちがいは いくらですか。

しき 130 − 92 = 38　答え 38円

3 ぜんぶで 124ページの 本が あります。76ページ 読むと のこりは 何ページに なりますか。

しき 124 − 76 = 48　答え 48ページ

4 さやかさんは シールを 62まい もって います。お姉さんに 48まい もらいました。ぜんぶで 何まいに なりましたか。

しき 62 + 48 = 110　答え 110まい

たし算と ひき算の ひっ算 (14)
文しょうだい②　名前

1 公園で 子どもが 102人 あそんで います。そのうち 男の子は 56人です。女の子は 何人 いますか。

しき 102 − 56 = 46　答え 46人

2 はたけで ピーマンが 65こ とれました。ミニトマトは ピーマンより 39こ 多く とれました。ミニトマトは 何こ とれましたか。

しき 65 + 39 = 104　答え 104こ

3 はるきさんの 学校の ２年生は 115人です。１年生は ２年生より 28人 少ないです。１年生は 何人いますか。

しき 115 − 28 = 87　答え 87人

4 なわとびを きのうは 76回，今日は 97回 とびました。あわせて 何回 とびましたか。

しき 76 + 97 = 173　答え 173回

45

解答

児童に実施させる前に，必ず指導される方が問題を解いてください。本書の解答は，あくまでも１つの例です。指導される方の作られた解答をもとに，本書の解答例を参考に児童の多様な考えに寄り添って○つけをお願いします。

P.46

たし算と ひき算の ひっ算 (15) 名前

3つの 数を つかった 計算 ①

① 35円の ラムネと 58円の チョコレートを 買って，100円 はらいました。おつりは 何円に なりますか。

しき 100−35−58＝7　　答え 7円

② うんどう場で １年生が 42人，２年生が 49人，３年生が 37人 あそんでいます。うんどう場には，みんなで 何人 いますか。

しき 42＋49＋37＝128　　答え 128人

③ こうきさんは，ひまわりの たねを 89こ もって います。お姉さんから 54こ もらって，弟に 65こ あげました。ひまわりの たねは，何こ のこって いますか。

しき 89＋54−65＝78　　答え 78こ

④ もときさんは 187円 もって います。弟は もときさんより 95円 少なく，妹は 弟より 68円 多く もって います。妹は 何円 もって いますか。

しき 187−95＋68＝160　　答え 160円

たし算と ひき算の ひっ算 (16) 名前

3つの 数を つかった 計算 ②

① ゆいさんは なわとびで 91回 とびました。お兄さんは ゆいさんより 29回 多く，妹は お兄さんより 52回 少なく とびました。妹は なわとびで 何回 とびましたか。

しき 91＋29−52＝68　　答え 68回

② ちゅう車場に 車が 73台 とまって います。18台 出て いって，56台 入って きました。ちゅう車場の 車は 何台に なりましたか。

しき 73−18＋56＝111　　答え 111台

③ 赤，青，黒の ボールペンが あわせて 134本 あります。そのうち 赤が 41本，青が 36本です。黒の ボールペンは 何本 ありますか。

しき 134−41−36＝57　　答え 57本

④ クッキーが おさらに 16まい，はこに 77まい，ふくろに 46まい 入って います。クッキーは ぜんぶで 何まい ありますか。

しき 16＋77＋46＝139　　答え 139まい

46

P.47

ふりかえりテスト ① たし算と ひき算の ひっ算 名前

① 計算を しましょう。

① 34＋85	② 59＋72	③ 36＋86	④ 92＋69	⑤ 76＋29	⑥ 82＋47
119	131	122	161	105	129
⑦ 97＋43	⑧ 88＋45	⑨ 72＋54	⑩ 100−17	⑪ 114−36	⑫ 110−48
140	133	126	83	78	62
⑬ 105−12	⑭ 144−92	⑮ 125−58	⑯ 180−93	⑰ 111−22	⑱ 172−96
93	52	67	87	89	76

② あきかんひろいで １組は 57こ，２組は 68こ ひろいました。ひろった あきかんは あわせて 何こに なりますか。

しき 57＋68＝125　　答え 125こ

③ 体いくかんに 子どもが 63人います。あとから 49人きました。子どもは ぜんぶで 何人に なりましたか。

しき 63＋49＝112　　答え 112人

④ 164ページの 本が あります。読んだ ページは，78ページです。読んで いない ページは，何ページですか。

しき 164−78＝86　　答え 86ページ

⑤ たつやさんは 色紙を 101まい，かなさんは 72まい もって います。どちらが 何まい 多いですか。

しき 101−72＝29　　答え たつやさんが 29まい 多い。

47

P.48

ふりかえりテスト ② たし算と ひき算の ひっ算 名前

① 計算を しましょう。

① 94＋8	② 28＋95	③ 47＋89	④ 76＋90	⑤ 46＋71	⑥ 53＋66
102	123	136	166	117	119
⑦ 36＋93	⑧ 79＋51	⑨ 88＋94	⑩ 128−49	⑪ 140−55	⑫ 103−89
129	130	182	79	85	14
⑬ 137−68	⑭ 180−98	⑮ 133−37	⑯ 122−32	⑰ 107−59	⑱ 156−75
69	82	96	90	48	81

② 本だなに 絵本が 53さつ，図かんが 78さつ あります。あわせて 何さつ ありますか。

しき 53＋78＝131　　答え 131さつ

③ 132円 もって います。88円の えんぴつを 買いました。のこりは 何円に なりますか。

しき 132−88＝44　　答え 44円

④ 黒い ペンが 115本 あります。赤い ペンは 黒いペンより 37本 少ないです。赤い ペンは 何本 ありますか。

しき 115−37＝78　　答え 78本

⑤ チョコレートクッキーが 63まい あります。レーズンクッキーは チョコレートクッキーより 47まい 多く あります。レーズンクッキーは 何まい ありますか。

しき 63＋47＝110　　答え 110まい

48

P.49

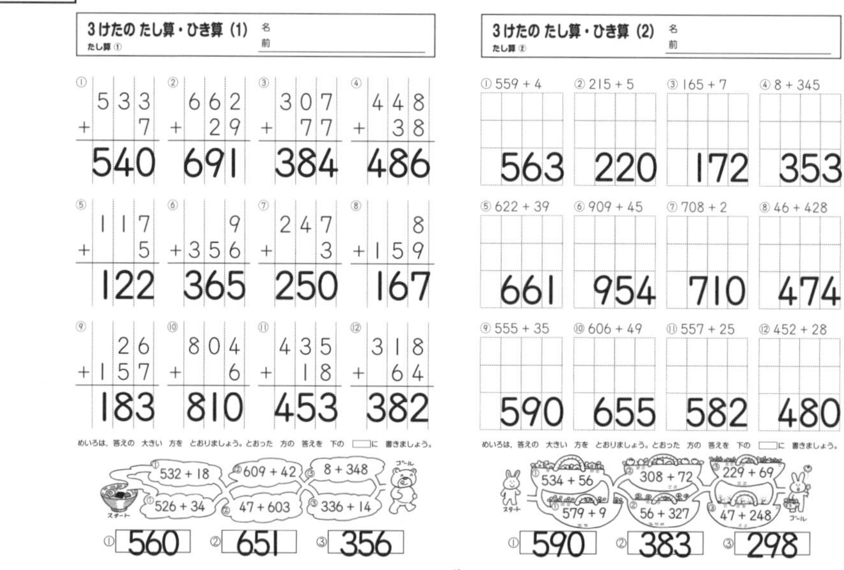

3けたの たし算・ひき算 (1) 名前

たし算 ①

① 533＋7	② 662＋29	③ 307＋77	④ 448＋38
540	691	384	486
⑤ 117＋5	⑥ 9＋356	⑦ 247＋3	⑧ 8＋159
122	365	250	167
⑨ 26＋157	⑩ 804＋6	⑪ 435＋18	⑫ 318＋64
183	810	453	382

めいろは，答えの 大きい 方を とおりましょう。とおった 方の 答えを 下の □に 書きましょう。

① 560　② 651　③ 356

3けたの たし算・ひき算 (2) 名前

たし算 ②

① 559＋4	② 215＋5	③ 165＋7	④ 8＋345
563	220	172	353
⑤ 622＋39	⑥ 909＋45	⑦ 708＋2	⑧ 46＋428
661	954	710	474
⑨ 555＋35	⑩ 606＋49	⑪ 557＋25	⑫ 452＋28
590	655	582	480

めいろは，答えの 大きい 方を とおりましょう。とおった 方の 答えを 下の □に 書きましょう。

① 590　② 383　③ 298

49

P.50

3けたの たし算・ひき算 (3) 名前
ひき算 ①

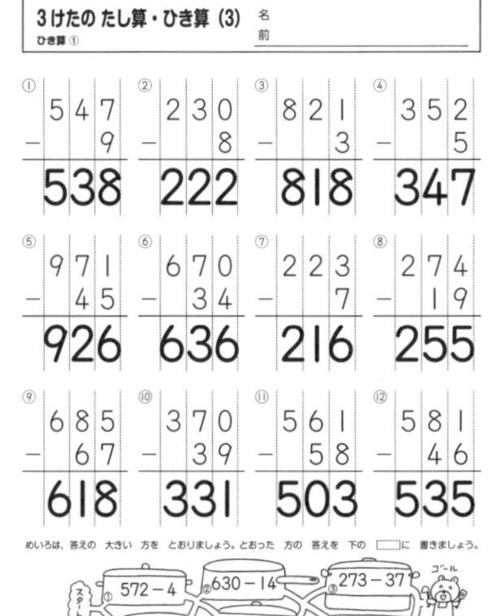

① 547 − 9 = 538　② 230 − 8 = 222　③ 821 − 3 = 818　④ 352 − 5 = 347

⑤ 971 − 45 = 926　⑥ 670 − 34 = 636　⑦ 223 − 7 = 216　⑧ 274 − 19 = 255

⑨ 685 − 67 = 618　⑩ 370 − 39 = 331　⑪ 561 − 58 = 503　⑫ 581 − 46 = 535

めいろは，答えの 大きい 方を とおりましょう。とおった 方の 答えを 下の □に 書きましょう。

572 − 4　575 − 9　630 − 14　690 − 72　273 − 37　293 − 56

① 568　② 618　③ 237

3けたの たし算・ひき算 (4) 名前
ひき算 ②

① 472 − 5 = 467　② 833 − 7 = 826　③ 520 − 4 = 516　④ 465 − 8 = 457

⑤ 211 − 3 = 208　⑥ 233 − 17 = 216　⑦ 671 − 27 = 644　⑧ 963 − 48 = 915

⑨ 394 − 77 = 317　⑩ 556 − 29 = 527　⑪ 291 − 88 = 203　⑫ 642 − 28 = 614

めいろは，答えの 大きい 方を とおりましょう。とおった 方の 答えを 下の □に 書きましょう。

① 453　② 629　③ 809

P.51

計算の くふう (1) 名前

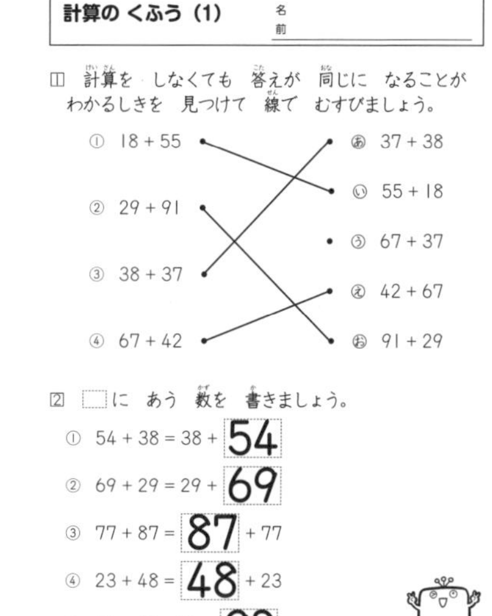

1 計算を しなくても 答えが 同じに なることが わかるしきを 見つけて 線で むすびましょう。

① 18 + 55 — ㋑ 55 + 18
② 29 + 91 — ㋔ 91 + 29
③ 38 + 37 — ㋐ 37 + 38
④ 67 + 42 — ㋓ 42 + 67
㋒ 67 + 37

2 □に あう 数を 書きましょう。

① 54 + 38 = 38 + 54
② 69 + 29 = 29 + 69
③ 77 + 87 = 87 + 77
④ 23 + 48 = 48 + 23
⑤ 98 + 16 = 16 + 98

計算の くふう (2) 名前

● ( ) の中を 先に 計算して 答えを 出しましょう。

① 48 + (4 + 6)　58
② 67 + (15 + 5)　87
③ 35 + (23 + 17)　75
④ 50 + (18 + 32)　100
⑤ 30 + (47 + 13)　90
⑥ 45 + (38 + 2)　85
⑦ 16 + (11 + 49)　76

めいろは，答えの 大きい 方を とおりましょう。とおった 方の 答えを 下の □に 書きましょう。

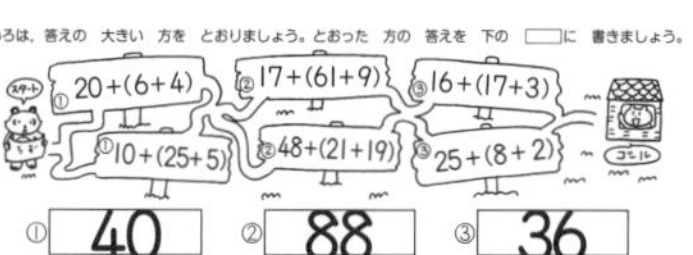

① 40　② 88　③ 36

P.52

計算の くふう (3) 名前

● くふうして 計算しましょう。

① 35 + 23 + 7　65
② 25 + 16 + 15　56
③ 19 + 53 + 21　93
④ 36 + 12 + 48　96
⑤ 55 + 74 + 45　174
⑥ 7 + 39 + 33　79
⑦ 23 + 16 + 14　53
⑧ 42 + 3 + 37　82

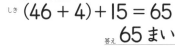

計算の くふう (4) 名前

● 計算が かんたんに なるように ( ) を つかった １つの しきに あらわして，答えを もとめましょう。

① あかりさんは くりを 14こ，さくらさんは 22こ，ももさんは 18こ ひろいました。くりは ぜんぶで 何こ ありますか。

しき 14 + (22 + 18) = 54　答え 54こ

② 池に あひるが 18わ いました。そこへ，3わ はいって 来ました。また，7わ はいって 来ました。あひるは ぜんぶで 何わに なりましたか。

しき 18 + (3 + 7) = 28　答え 28わ

③ みなとさんは カードを 46まい もって います。お兄さんから 15まい，弟から 4まい もらいました。カードは ぜんぶで 何まいに なりましたか。

しき (46 + 4) + 15 = 65　答え 65まい

P.53

計算の くふう (5) 名前

1 □に あてはまる ＞，＜を 書きましょう。

① 623 ＜ 632　② 302 ＞ 299
③ 101 ＞ 99　④ 420 ＞ 402
⑤ 268 ＜ 269　⑥ 590 ＞ 589
⑦ 750 ＞ 706　⑧ 190 ＜ 199

2 □に入る 数字を 答えの らんの □に すべて 書きましょう。

① 436 ＜ 4□6
答え 4 5 6 7 8 9

② 7□8 ＞ 755
答え 5 6 7 8 9

計算の くふう (6) 名前

1 □に あてはまる ＞，＜，＝を 書きましょう。

① 140 ＞ 70 + 60　② 210 ＜ 620 − 400
③ 45 + 45 ＜ 100　④ 930 − 70 ＝ 860
⑤ 150 ＜ 80 + 80　⑥ 340 ＜ 400 − 50
⑦ 83 + 38 ＞ 120　⑧ 530 − 45 ＞ 480
⑨ 180 ＝ 60 + 120　⑩ 160 ＜ 300 − 135
⑪ 536 + 344 ＞ 808　⑫ 935 − 320 ＜ 651

めいろは，数の 大きい 方を とおりましょう。とおった 方の 数を 下の □に 書きましょう。

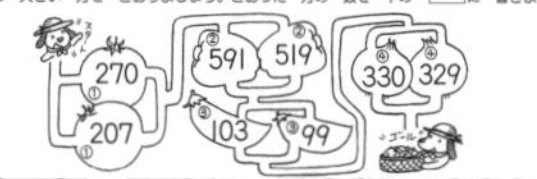

① 270　② 591　③ 103　④ 330

解答

児童に実施させる前に，必ず指導される方が問題を解いてください。本書の解答は，あくまでも１つの例です。指導される方の作られた解答をもとに，本書の解答例を参考に児童の多様な考えに寄り添って○つけをお願いします。

P.54

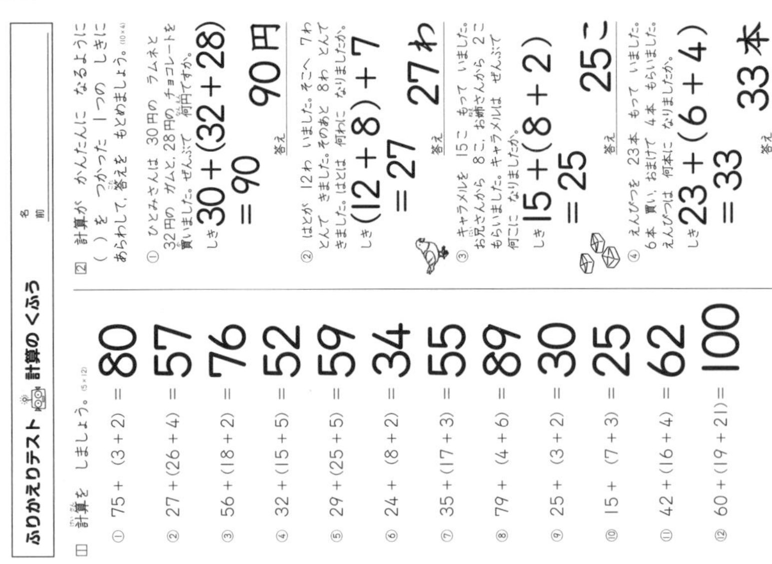

ふりかえりテスト　計算の くふう　名前

① 計算を しましょう。(5×12)

① 75+(3+2)= 80
② 27+(26+4)= 57
③ 56+(18+2)= 76
④ 32+(15+5)= 52
⑤ 29+(25+5)= 59
⑥ 24+(8+2)= 34
⑦ 35+(17+3)= 55
⑧ 79+(4+6)= 89
⑨ 25+(3+2)= 30
⑩ 15+(7+3)= 25
⑪ 42+(16+4)= 62
⑫ 60+(19+21)= 100

② 計算が かんたんに なるように （ ）を つかった １つの しきに あらわして，答えを もとめましょう。(10×4)

① ひとみさんは 30円の ラムネと 32円の ガムと，28円の チョコレートを 買いました。ぜんぶで 何円ですか。
しき 30+(32+28)
=90　答え 90円

② はとが 12わ いました。そこへ 7わ とんで きました。そのあと 8わ とんで きました。はとは 何わに なりましたか。
しき (12+8)+7
=27　答え 27わ

③ キャラメルを 15こ もって いました。お兄さんから 8こ，お姉さんから 2こ もらいました。キャラメルは ぜんぶで 何こに なりましたか。
しき 15+(8+2)
=25　答え 25こ

④ えんぴつを 23本 もって いました。6本 買い，おまけで 4本 もらいました。えんぴつは 何本に なりましたか。
しき 23+(6+4)
=33　答え 33本

54

P.55

三角形と 四角形 (1)　名前

● つぎの 生きものの まわりの ・と ・を 直線で つないで かこみ，三角形や 四角形を 作りましょう。

55

三角形と 四角形 (2)　名前

① （ ）に あう ことばを 入れましょう。

３本の 直線で かこまれた 形を 三角形 と いいます。

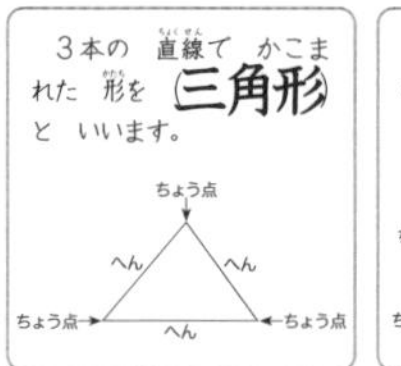

４本の 直線で かこまれた 形を 四角形 と いいます。

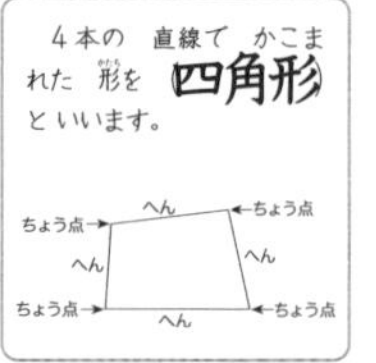

② （ ）に あてはまる ことばや 数を 書きましょう。

① 三角形や 四角形の かどの 点を ちょう点と いい，まわりの 直線を （ へん ）と いいます。

② 三角形の へんは （ 3 ）本，ちょう点は （ 3 ）こ です。

③ 四角形の へんは （ 4 ）本，ちょう点は （ 4 ）こ です。

P.56

三角形と 四角形 (3)　名前

① 三角形を えらび，下の （ ）に 記ごうを 書きましょう。

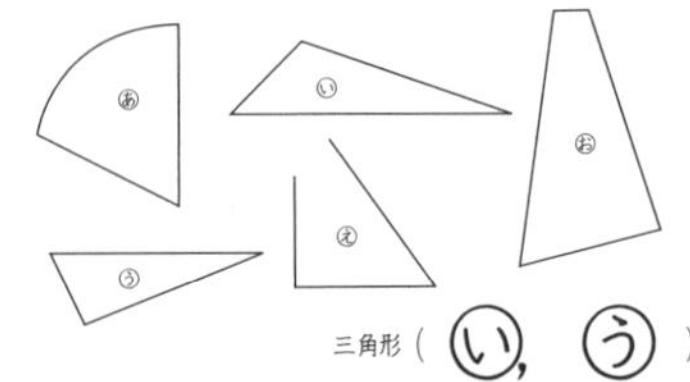

三角形（ い, う ）

② 四角形を えらび，下の （ ）に 記ごうを 書きましょう。

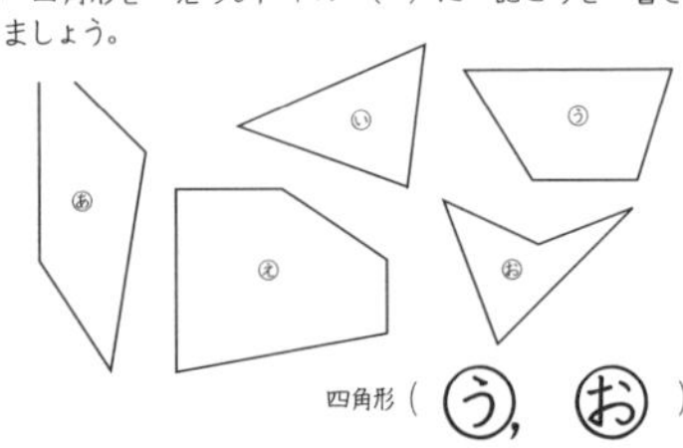

四角形（ う, お ）

56

三角形と 四角形 (4)　名前

紙を ぴったり かさなるように おって できた かどの 形を 直角と いいます。

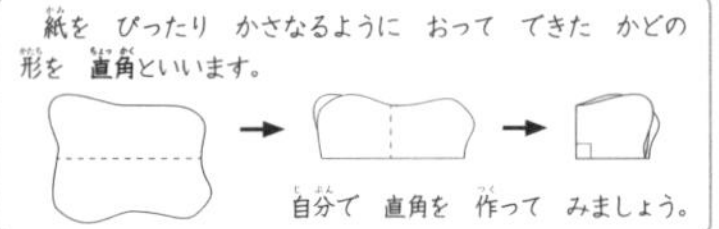

自分で 直角を 作って みましょう。

① 下の 図で 直角を 見つけ，直角の かどを 赤く ぬりましょう。

② 同じ 文字の 点を ものさしで むすんで 直線を ひきましょう。

① できた 三角形を 赤で ぬりましょう。
② できた 四角形を 青で ぬりましょう。

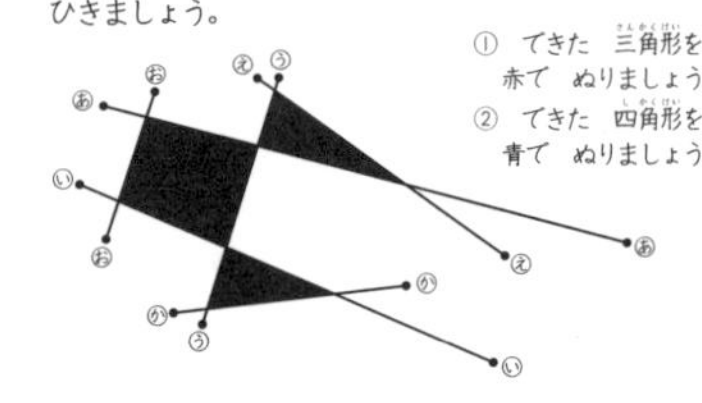

P.57

三角形と 四角形 (5)　名前

４つの かどが すべて 直角な 四角形を （ 長方形 ）と いいます。
長方形の むかいあっている へんの 長さは 同じです。

● 長方形は どれですか。（ ）に 記ごうを 書きましょう。

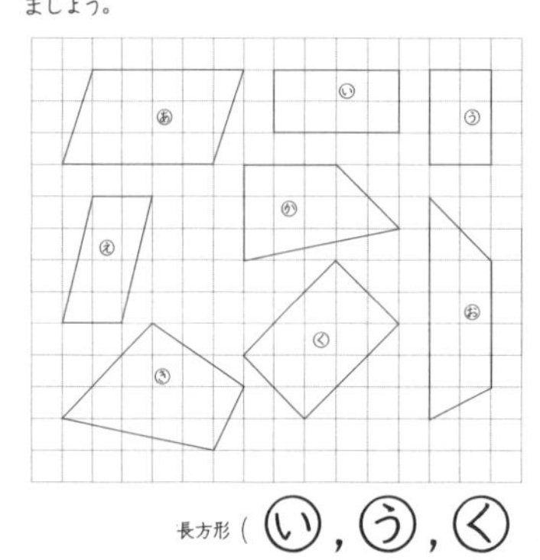

長方形（ い, う, く ）

三角形と 四角形 (6)　名前

● いろいろな 大きさの 長方形を かきましょう。

① へんの 長さが，4cmと 6cmの 長方形
② へんの 長さが，2cmと 7cmの 長方形
③ へんの 長さが，3cmと 5cmの 長方形

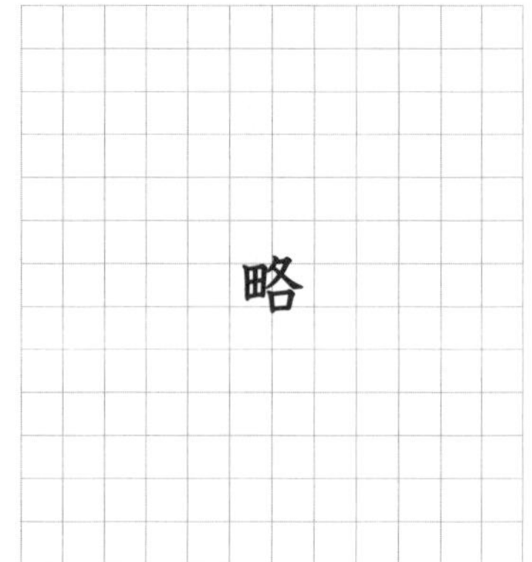

略

57

P.58

三角形と 四角形 (7)

名前

４つの かどが すべて 直角で，４つの へんの 長さも すべて 同じ 四角形を，正方形と いいます。

① 下の 図から 正方形を えらび，（ ）に 記ごうを 書きましょう。

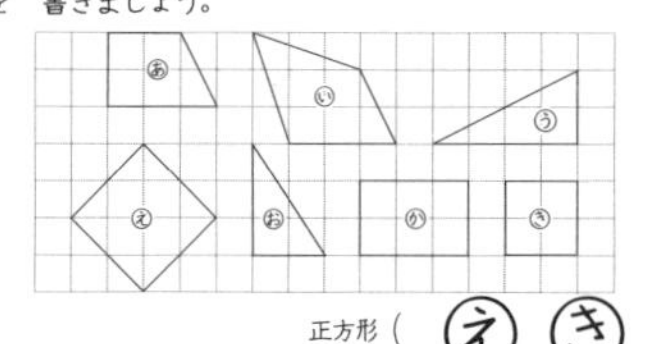

正方形（ ㋎，㋖ ）

② いろいろな 大きさの 正方形を ３つ かきましょう。

略

三角形と 四角形 (8)

名前

直角の かどのある 三角形を 直角三角形と いいます。

① 直角三角形は どれですか。三角じょうぎで，しらべましょう。

直角三角形 ㋑，㋓，㋕

② ・と ・を 直線で つないで いろいろな 大きさの 直角三角形を，３つ かきましょう。

略

P.59

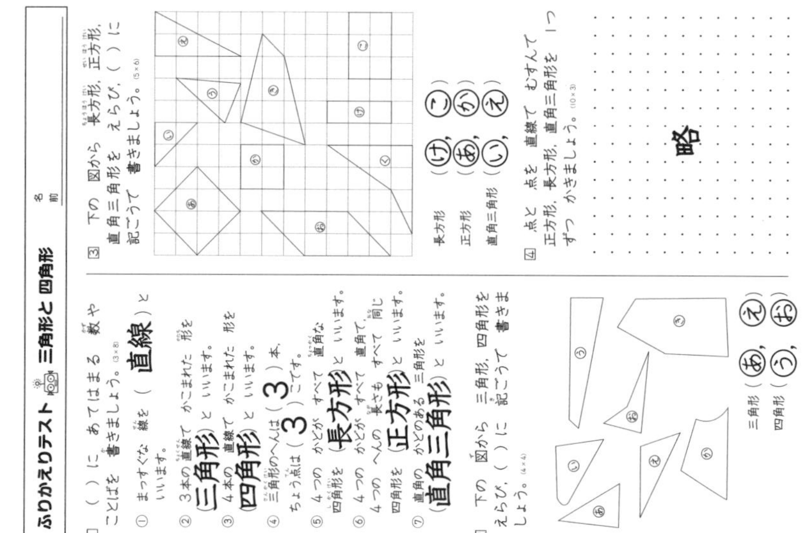

ふりかえりテスト 三角形と 四角形

名前

① （ ）に あてはまる 数や ことばを 書きましょう。(3×8)

① まっすぐな 線を（ 直線 ）と いいます。

② ３本の 直線で かこまれた 形を（三角形）と いいます。

③ ４本の 直線で かこまれた 形を（四角形）と いいます。

④ 三角形のへんは（ 3 ）本，ちょう点は（ 3 ）こです。

⑤ ４つの かどが すべて 直角な 四角形を（長方形）と いいます。

⑥ ４つの かどが すべて 直角で，４つの へんの 長さも すべて 同じ 四角形を（正方形）と いいます。

⑦ 直角の かどのある 三角形を（直角三角形）と いいます。

② 下の 図から 三角形，四角形を えらび，（ ）に 記ごうで 書きましょう。(4×4)

三角形（ ㋐，㋓ ）

四角形（ ㋒，㋔ ）

③ 下の 図から 長方形，正方形，直角三角形を えらび，（ ）に 記ごうで 書きましょう。(5×6)

長方形（ ㋘，㋙ ）

正方形（ ㋐，㋕ ）

直角三角形（ ㋑，㋓ ）

④ 点と 点を 直線で むすんで 正方形，長方形，直角三角形を １つ ずつ かきましょう。(10×3)

略

P.60

かけ算 (1)

名前

● (れい) のように 絵を 見て かけ算の しきを 作りましょう。

(れい)	犬ののりもの	6 × 2 = 12	③ ベンチ	4 × 3 = 12
①	気きゅう	5 × 3 = 15	④ 自てん車	3 × 4 = 12
②	馬	2 × 5 = 10	⑤ シーソー	2 × 4 = 8

P.61

かけ算 (2)

名前

① 1さらに クッキーが 6 まいずつ あります。3 さら あるので，クッキーは ぜんぶで 18 まいです。

② 水そうに 金魚が 4 ひきずつ 入って います。2 こ あるので，金魚は ぜんぶで 8 ひきです。

③ 1かごに りんごが 3 こずつ あります。5 かご あるので，りんごは ぜんぶで 15 こです。

かけ算 (3)

名前

① 1パックに たまごが 5 こずつ 入って います。6 パック あるので，たまごは ぜんぶで 30 こです。

② 1はこに ギョーザが 7 こずつ 入って います。4 はこ あるので，ギョーザは ぜんぶで 28 こです。

③ 1はこに キャラメルが 8 こずつ 入って います。7 はこ あるので，キャラメルは ぜんぶで 56 こです。

解答

児童に実施させる前に，必ず指導される方が問題を解いてください。本書の解答は，あくまでも１つの例です。指導される方の作られた解答をもとに，本書の解答例を参考に児童の多様な考えに寄り添って○つけをお願いします。

P.62

かけ算（4） 2のだん　名前

2×1=2 にいちが に
2×2=4 ににんが し
2×3=6 にさんが ろく
2×4=8 にしが はち
2×5=10 にご じゅう
2×6=12 にろく じゅうに
2×7=14 にしち じゅうし
2×8=16 にはち じゅうろく
2×9=18 にく じゅうはち

2のだんの れんしゅう

① 2×5=10
② 2×6=12
③ 2×8=16
④ 2×4=8
⑤ 2×7=14
⑥ 2×4=8
⑦ 2×5=10
⑧ 2×6=12
⑨ 2×7=14
⑩ 2×9=18
⑪ 2×2=4
⑫ 2×1=2
⑬ 2×8=16
⑭ 2×3=6
⑮ 2×9=18

かけ算（5） 5のだん　名前

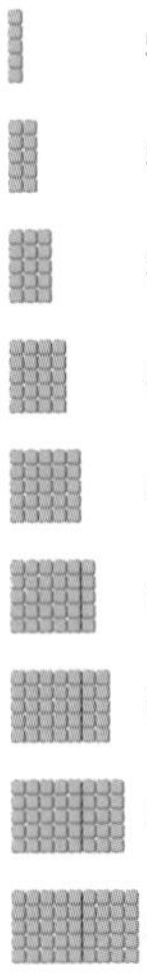

5×1=5 ごいちが ご
5×2=10 ごに じゅう
5×3=15 ごさん じゅうご
5×4=20 ごし にじゅう
5×5=25 ごご にじゅうご
5×6=30 ごろく さんじゅう
5×7=35 ごしち さんじゅうご
5×8=40 ごは しじゅう
5×9=45 ごっく しじゅうご

5のだんの れんしゅう

① 5×3=15
② 5×9=45
③ 5×5=25
④ 5×9=45
⑤ 5×6=30
⑥ 5×4=20
⑦ 5×1=5
⑧ 5×4=20
⑨ 5×8=40
⑩ 5×5=25
⑪ 5×7=35
⑫ 5×8=40
⑬ 5×2=10
⑭ 5×6=30
⑮ 5×3=15

62

P.63

かけ算（6） 3のだん　名前

3×1=3 さんいちが さん
3×2=6 さんにが ろく
3×3=9 さざんが く
3×4=12 さんし じゅうに
3×5=15 さんご じゅうご
3×6=18 さぶろく じゅうはち
3×7=21 さんしち にじゅういち
3×8=24 さんぱ にじゅうし
3×9=27 さんく にじゅうしち

3のだんの れんしゅう

① 3×7=21
② 3×3=9
③ 3×7=21
④ 3×9=27
⑤ 3×5=15
⑥ 3×4=12
⑦ 3×6=18
⑧ 3×8=24
⑨ 3×1=3
⑩ 3×2=6
⑪ 3×8=24
⑫ 3×5=15
⑬ 3×6=18
⑭ 3×4=12
⑮ 3×9=27

かけ算（7） 4のだん　名前

4×1=4 しいちが し
4×2=8 しにが はち
4×3=12 しさん じゅうに
4×4=16 しし じゅうろく
4×5=20 しご にじゅう
4×6=24 しろく にじゅうし
4×7=28 ししち にじゅうはち
4×8=32 しは さんじゅうに
4×9=36 しく さんじゅうろく

4のだんの れんしゅう

① 4×8=32
② 4×9=36
③ 4×6=24
④ 4×3=12
⑤ 4×1=4
⑥ 4×5=20
⑦ 4×7=28
⑧ 4×4=16
⑨ 4×2=8
⑩ 4×8=32
⑪ 4×6=24
⑫ 4×4=16
⑬ 4×9=36
⑭ 4×7=28
⑮ 4×5=20

63

P.64

かけ算（8） 2～5のだん　名前

① 3×2=6	⑫ 4×8=32	㉓ 2×4=8
② 2×1=2	⑬ 3×5=15	㉔ 4×5=20
③ 4×6=24	⑭ 5×9=45	㉕ 3×3=9
④ 5×4=20	⑮ 2×8=16	㉖ 2×7=14
⑤ 3×4=12	⑯ 5×7=35	㉗ 5×3=15
⑥ 5×6=30	⑰ 2×5=10	㉘ 5×6=30
⑦ 4×4=16	⑱ 5×5=25	㉙ 4×1=4
⑧ 2×3=6	⑲ 2×2=4	㉚ 5×1=5
⑨ 3×8=24	⑳ 4×3=12	㉛ 3×9=27
⑩ 5×8=40	㉑ 5×2=10	㉜ 4×9=36
⑪ 2×6=12	㉒ 4×7=28	㉝ 3×7=21

めいろは，答えの 大きい 方を とおりましょう。とおった 方の 答えを 下の □に 書きましょう。

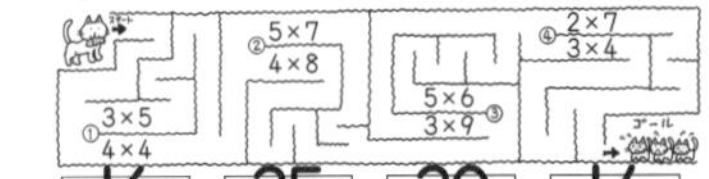

① 16　② 35　③ 30　④ 14

かけ算（9） 2～5のだん　名前

① 3×8=24	⑫ 2×8=16	㉓ 3×4=12
② 5×4=20	⑬ 5×6=30	㉔ 5×5=25
③ 2×3=6	⑭ 3×7=21	㉕ 4×4=16
④ 5×7=35	⑮ 2×4=8	㉖ 2×7=14
⑤ 3×9=27	⑯ 4×7=28	㉗ 3×3=9
⑥ 5×1=5	⑰ 4×3=12	㉘ 4×9=36
⑦ 2×6=12	⑱ 2×5=10	㉙ 3×6=18
⑧ 5×9=45	⑲ 5×3=15	㉚ 4×8=32
⑨ 3×5=15	⑳ 4×6=24	㉛ 2×9=18
⑩ 5×2=10	㉑ 4×2=8	㉜ 4×5=20
⑪ 3×1=3	㉒ 5×8=40	㉝ 3×2=6

めいろは，答えの 大きい 方を とおりましょう。とおった 方の 答えを 下の □に 書きましょう。

① 35　② 20　③ 25　④ 20

64

P.65

かけ算（10） 2～5のだん　名前

① 2×6=12	⑫ 3×7=21	㉓ 4×8=32
② 4×6=24	⑬ 5×3=15	㉔ 2×7=14
③ 2×1=2	⑭ 4×4=16	㉕ 5×8=40
④ 3×6=18	⑮ 3×1=3	㉖ 3×2=6
⑤ 2×9=18	⑯ 4×9=36	㉗ 2×3=6
⑥ 3×5=15	⑰ 3×9=27	㉘ 5×7=35
⑦ 4×7=28	⑱ 5×5=25	㉙ 4×5=20
⑧ 5×4=20	⑲ 3×8=24	㉚ 5×6=30
⑨ 2×2=4	⑳ 5×9=45	㉛ 3×4=12
⑩ 5×2=10	㉑ 2×4=8	㉜ 4×2=8
⑪ 2×8=16	㉒ 4×7=28	㉝ 3×7=21

めいろは，答えの 大きい 方を とおりましょう。とおった 方の 答えを 下の □に 書きましょう。

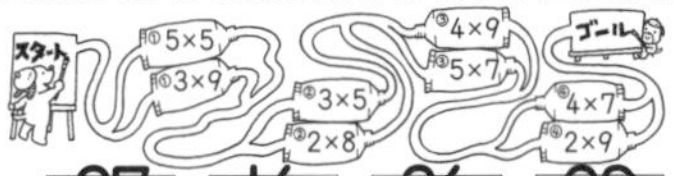

① 27　② 16　③ 36　④ 28

かけ算（11） 2～5のだん　名前

① 4×6=24	⑫ 5×9=45	㉓ 3×4=12
② 2×6=12	⑬ 4×7=28	㉔ 3×8=24
③ 4×9=36	⑭ 2×8=16	㉕ 2×4=8
④ 3×9=27	⑮ 5×6=30	㉖ 5×4=20
⑤ 2×9=18	⑯ 3×7=21	㉗ 3×5=15
⑥ 3×2=6	⑰ 2×7=14	㉘ 5×7=35
⑦ 5×2=10	⑱ 4×5=20	㉙ 5×8=40
⑧ 3×3=9	⑲ 4×3=12	㉚ 4×4=16
⑨ 5×5=25	⑳ 2×1=2	㉛ 2×2=4
⑩ 2×3=6	㉑ 3×6=18	㉜ 5×3=15
⑪ 4×8=32	㉒ 5×1=5	㉝ 4×9=36

めいろは，答えの 大きい 方を とおりましょう。とおった 方の 答えを 下の □に 書きましょう。

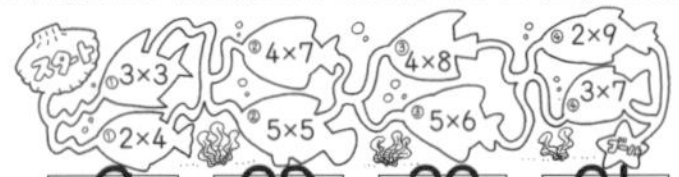

① 9　② 28　③ 32　④ 21

65

児童に実施させる前に，必ず指導される方が問題を解いてください。本書の解答は，あくまでも1つの例です。指導される方の作られた解答をもとに，本書の解答例を参考に児童の多様な考えに寄り添って○つけをお願いします。

解答

P.66

かけ算（12） 6のだん

名前

- 6×1=6 ろくいちが ろく
- 6×2=12 ろくに じゅうに
- 6×3=18 ろくさん じゅうはち
- 6×4=24 ろくし にじゅうし
- 6×5=30 ろくご さんじゅう
- 6×6=36 ろくろく さんじゅうろく
- 6×7=42 ろくしち しじゅうに
- 6×8=48 ろくは しじゅうはち
- 6×9=54 ろっく ごじゅうし

6のだんの れんしゅう

①6×4=24 ②6×9=54 ③6×5=30 ④6×2=12 ⑤6×1=6 ⑥6×7=42 ⑦6×6=36 ⑧6×5=30 ⑨6×8=48 ⑩6×4=24 ⑪6×2=12 ⑫6×9=54 ⑬6×7=42 ⑭6×3=18 ⑮6×8=48

66

かけ算（13） 7のだん

名前

- 7×1=7 しちいちが しち
- 7×2=14 しちに じゅうし
- 7×3=21 しちさん にじゅういち
- 7×4=28 しちし にじゅうはち
- 7×5=35 しちご さんじゅうご
- 7×6=42 しちろく しじゅうに
- 7×7=49 しちしち しじゅうく
- 7×8=56 しちは ごじゅうろく
- 7×9=63 しちく ろくじゅうさん

7のだんの れんしゅう

①7×5=35 ②7×9=63 ③7×8=56 ④7×7=49 ⑤7×1=7 ⑥7×3=21 ⑦7×4=28 ⑧7×9=63 ⑨7×5=35 ⑩7×4=28 ⑪7×6=42 ⑫7×7=49 ⑬7×2=14 ⑭7×6=42 ⑮7×8=56

P.67

かけ算（14） 8のだん

名前

- 8×1=8 はちいちが はち
- 8×2=16 はちに じゅうろく
- 8×3=24 はっさん にじゅうし
- 8×4=32 はちし さんじゅうに
- 8×5=40 はちご しじゅう
- 8×6=48 はちろく しじゅうはち
- 8×7=56 はちしち ごじゅうろく
- 8×8=64 はっぱ ろくじゅうし
- 8×9=72 はっく しちじゅうに

8のだんの れんしゅう

①8×5=40 ②8×3=24 ③8×1=8 ④8×4=32 ⑤8×7=56 ⑥8×8=64 ⑦8×9=72 ⑧8×6=48 ⑨8×8=64 ⑩8×6=48 ⑪8×4=32 ⑫8×2=16 ⑬8×9=72 ⑭8×7=56 ⑮8×5=40

67

かけ算（15） 9のだん

名前

- 9×1=9 くいちが く
- 9×2=18 くに じゅうはち
- 9×3=27 くさん にじゅうしち
- 9×4=36 くし さんじゅうろく
- 9×5=45 くご しじゅうご
- 9×6=54 くろく ごじゅうし
- 9×7=63 くしち ろくじゅうさん
- 9×8=72 くは しちじゅうに
- 9×9=81 くく はちじゅういち

9のだんの れんしゅう

①9×1=9 ②9×4=36 ③9×7=63 ④9×6=54 ⑤9×4=36 ⑥9×8=72 ⑦9×9=81 ⑧9×3=27 ⑨9×7=63 ⑩9×2=18 ⑪9×8=72 ⑫9×5=45 ⑬9×3=27 ⑭9×6=54 ⑮9×9=81

P.68

かけ算（16） 1のだん

名前

- 1×1=1 いんいちが いち
- 1×2=2 いんにが に
- 1×3=3 いんさんが さん
- 1×4=4 いんしが し
- 1×5=5 いんごが ご
- 1×6=6 いんろくが ろく
- 1×7=7 いんしちが しち
- 1×8=8 いんはちが はち
- 1×9=9 いんくが く

1のだんの れんしゅう

①1×9=9 ②1×5=5 ③1×8=8 ④1×3=3 ⑤1×4=4 ⑥1×1=1 ⑦1×7=7 ⑧1×2=2 ⑨1×6=6 ⑩1×5=5 ⑪1×1=1 ⑫1×4=4 ⑬1×8=8 ⑭1×7=7 ⑮1×3=3

68

かけ算（17） 6～9のだん

名前

①8×5=40	⑫6×7=42	㉓8×2=16
②9×1=9	⑬8×8=64	㉔6×5=30
③7×7=49	⑭7×6=42	㉕9×8=72
④9×6=54	⑮9×5=45	㉖7×3=21
⑤6×4=24	⑯6×3=18	㉗8×7=56
⑥9×2=18	⑰8×6=48	㉘7×5=35
⑦6×2=12	⑱7×4=28	㉙6×6=36
⑧8×4=32	⑲8×9=72	㉚8×1=8
⑨6×9=54	⑳9×7=63	㉛9×4=36
⑩9×3=27	㉑6×8=48	㉜7×9=63
⑪7×8=56	㉒7×1=7	㉝9×9=81

めいろは，答えの 大きい 方を とおりましょう。とおった 方の 答えを 下の □に 書きましょう。

① 49 ② 45 ③ 36 ④ 64

P.69

かけ算（18） 6～9のだん

名前

①6×2=12	⑫7×3=21	㉓8×1=8
②8×9=72	⑬9×2=18	㉔9×6=54
③7×4=28	⑭6×3=18	㉕6×8=48
④9×3=27	⑮8×8=64	㉖7×5=35
⑤7×2=14	⑯9×7=63	㉗8×7=56
⑥8×3=24	⑰6×1=6	㉘9×4=36
⑦6×6=36	⑱7×9=63	㉙7×7=49
⑧7×8=56	⑲8×6=48	㉚9×8=72
⑨6×9=54	⑳9×5=45	㉛9×9=81
⑩8×4=32	㉑7×6=42	㉜8×5=40
⑪6×4=24	㉒6×7=42	㉝6×5=30

めいろは，答えの 大きい 方を とおりましょう。とおった 方の 答えを 下の □に 書きましょう。

① 21 ② 42 ③ 64 ④ 18

69

かけ算（19） 6～9のだん

名前

①7×7=49	⑫8×9=72	㉓8×6=48
②8×4=32	⑬9×9=81	㉔6×3=18
③6×7=42	⑭7×6=42	㉕7×4=28
④9×4=36	⑮9×8=72	㉖8×7=56
⑤7×5=35	⑯6×4=24	㉗6×9=54
⑥7×8=56	⑰9×7=63	㉘9×1=9
⑦6×6=36	⑱6×8=48	㉙6×2=12
⑧8×8=64	⑲8×1=8	㉚8×3=24
⑨7×3=21	⑳9×2=18	㉛7×2=14
⑩9×6=54	㉑7×1=7	㉜9×3=27
⑪7×9=63	㉒9×5=45	㉝8×2=16

めいろは，答えの 大きい 方を とおりましょう。とおった 方の 答えを 下の □に 書きましょう。

① 32 ② 48 ③ 30 ④ 36

解答

児童に実施させる前に，必ず指導される方が問題を解いてください。本書の解答は，あくまでも1つの例です。指導される方の作られた解答をもとに，本書の解答例を参考に児童の多様な考えに寄り添って○つけをお願いします。

P.70

かけ算（20）
6～9のだん

名前

① 9×8＝72	⑫ 8×8＝64	㉓ 7×6＝42
② 6×3＝18	⑬ 9×9＝81	㉔ 8×3＝24
③ 9×4＝36	⑭ 6×5＝30	㉕ 6×7＝42
④ 7×7＝49	⑮ 8×4＝32	㉖ 8×9＝72
⑤ 8×5＝40	⑯ 7×5＝35	㉗ 9×7＝63
⑥ 6×9＝54	⑰ 6×8＝48	㉘ 7×8＝56
⑦ 6×6＝36	⑱ 9×2＝18	㉙ 8×2＝16
⑧ 9×5＝45	⑲ 7×3＝21	㉚ 9×1＝9
⑨ 7×2＝14	⑳ 8×7＝56	㉛ 6×4＝24
⑩ 8×6＝48	㉑ 6×2＝12	㉜ 9×3＝27
⑪ 7×4＝28	㉒ 9×6＝54	㉝ 7×9＝63

めいろは，答えの　大きい　方を　とおりましょう。とおった　方の　答えを　下の　□に　書きましょう。

① 9×6　7×8　② 8×4　7×5　③ 6×6　7×5　④ 8×6　9×5

① 56　② 35　③ 36　④ 48

かけ算（21）
6～9のだん

名前

① 6×7＝42	⑫ 6×8＝48	㉓ 8×5＝40
② 8×6＝48	⑬ 9×2＝18	㉔ 9×6＝54
③ 7×3＝21	⑭ 7×4＝28	㉕ 6×3＝18
④ 9×9＝81	⑮ 9×5＝45	㉖ 8×1＝8
⑤ 7×9＝63	⑯ 6×6＝36	㉗ 7×7＝49
⑥ 7×1＝7	⑰ 8×9＝72	㉘ 6×1＝6
⑦ 6×5＝30	⑱ 6×4＝24	㉙ 8×8＝64
⑧ 9×4＝36	⑲ 7×8＝56	㉚ 7×6＝42
⑨ 8×3＝24	⑳ 8×4＝32	㉛ 6×2＝12
⑩ 9×7＝63	㉑ 6×9＝54	㉜ 9×3＝27
⑪ 9×8＝72	㉒ 8×7＝56	㉝ 7×2＝14

めいろは，答えの　大きい　方を　とおりましょう。とおった　方の　答えを　下の　□に　書きましょう。

① 9×3　6×4　② 8×5　7×6　③ 8×7　6×9　④ 6×4　9×2

① 27　② 42　③ 56　④ 24

70

P.71

かけ算（22）
2～5のだん

名前

● 答えの　大きい　方を　とおって　ゴールまで　行きましょう。とおった　方の　答えを　□に　書きましょう。

① 16　② 9　③ 36　④ 28　⑤ 20

かけ算（23）
6～9のだん

名前

● 答えの　大きい　方を　とおって　ゴールまで　行きましょう。とおった　方の　答えを　□に　書きましょう。

① 36　② 28　③ 21　④ 18　⑤ 56　⑥ 48　⑦ 27　⑧ 56　⑨ 42　⑩ 42

71

P.72

かけ算（24）
1～9のだん　50問

名前

① 6×8＝48	⑱ 3×2＝6	㉟ 3×3＝9
② 2×2＝4	⑲ 9×5＝45	㊱ 7×2＝14
③ 5×7＝35	⑳ 8×5＝40	㊲ 1×4＝4
④ 3×9＝27	㉑ 1×5＝5	㊳ 6×5＝30
⑤ 9×7＝63	㉒ 7×9＝63	㊴ 4×7＝28
⑥ 4×3＝12	㉓ 9×2＝18	㊵ 5×1＝5
⑦ 6×2＝12	㉔ 2×7＝14	㊶ 9×6＝54
⑧ 2×4＝8	㉕ 7×5＝35	㊷ 1×9＝9
⑨ 7×1＝7	㉖ 9×8＝72	㊸ 7×6＝42
⑩ 3×6＝18	㉗ 8×7＝56	㊹ 3×8＝24
⑪ 8×3＝24	㉘ 4×1＝4	㊺ 5×3＝15
⑫ 3×5＝15	㉙ 6×4＝24	㊻ 5×9＝45
⑬ 4×6＝24	㉚ 8×1＝8	㊼ 8×6＝48
⑭ 2×9＝18	㉛ 2×6＝12	㊽ 1×1＝1
⑮ 6×1＝6	㉜ 8×2＝16	㊾ 5×2＝10
⑯ 1×7＝7	㉝ 9×9＝81	㊿ 4×8＝32
⑰ 6×9＝54	㉞ 7×4＝28	

かけ算（25）
1～9のだん　50問

名前

① 9×7＝63	⑱ 7×3＝21	㉟ 4×5＝20
② 4×4＝16	⑲ 9×6＝54	㊱ 9×3＝27
③ 9×1＝9	⑳ 1×8＝8	㊲ 3×7＝21
④ 5×9＝45	㉑ 2×7＝14	㊳ 8×7＝56
⑤ 2×8＝16	㉒ 5×4＝20	㊴ 6×6＝36
⑥ 9×9＝81	㉓ 3×8＝24	㊵ 8×9＝72
⑦ 4×9＝36	㉔ 4×2＝8	㊶ 9×4＝36
⑧ 9×2＝18	㉕ 7×4＝28	㊷ 1×6＝6
⑨ 2×2＝4	㉖ 6×9＝54	㊸ 8×4＝32
⑩ 8×8＝64	㉗ 5×8＝40	㊹ 3×1＝3
⑪ 3×4＝12	㉘ 6×4＝24	㊺ 4×8＝32
⑫ 7×6＝42	㉙ 2×3＝6	㊻ 5×5＝25
⑬ 5×3＝15	㉚ 7×8＝56	㊼ 3×6＝18
⑭ 1×2＝2	㉛ 4×7＝28	㊽ 6×3＝18
⑮ 7×7＝49	㉜ 5×6＝30	㊾ 8×5＝40
⑯ 2×6＝12	㉝ 8×3＝24	㊿ 2×5＝10
⑰ 6×7＝42	㉞ 1×3＝3	

72

P.73

かけ算（26）
1～9のだん　50問

名前

① 4×9＝36	⑱ 5×2＝10	㉟ 3×4＝12
② 9×3＝27	⑲ 2×9＝18	㊱ 9×5＝45
③ 2×3＝6	⑳ 6×7＝42	㊲ 6×6＝36
④ 5×6＝30	㉑ 8×6＝48	㊳ 2×5＝10
⑤ 6×8＝48	㉒ 3×1＝3	㊴ 9×4＝36
⑥ 3×2＝6	㉓ 1×6＝6	㊵ 5×8＝40
⑦ 8×4＝32	㉔ 4×2＝8	㊶ 8×2＝16
⑧ 5×1＝5	㉕ 7×9＝63	㊷ 4×1＝4
⑨ 4×5＝20	㉖ 3×5＝15	㊸ 4×6＝24
⑩ 7×1＝7	㉗ 6×1＝6	㊹ 7×3＝21
⑪ 5×5＝25	㉘ 4×4＝16	㊺ 3×7＝21
⑫ 2×2＝4	㉙ 1×9＝9	㊻ 6×3＝18
⑬ 7×8＝56	㉚ 7×5＝35	㊼ 5×4＝20
⑭ 8×9＝72	㉛ 2×8＝16	㊽ 9×1＝9
⑮ 3×9＝27	㉜ 6×5＝30	㊾ 2×1＝2
⑯ 9×8＝72	㉝ 8×8＝64	㊿ 7×7＝49
⑰ 9×9＝81	㉞ 1×1＝1	

かけ算（27）
1～9のだん　50問

名前

① 8×5＝40	⑱ 8×9＝72	㉟ 3×8＝24
② 6×7＝42	⑲ 5×3＝15	㊱ 2×9＝18
③ 6×4＝24	⑳ 4×9＝36	㊲ 8×8＝64
④ 1×2＝2	㉑ 9×9＝81	㊳ 6×6＝36
⑤ 9×4＝36	㉒ 8×2＝16	㊴ 4×8＝32
⑥ 7×9＝63	㉓ 4×7＝28	㊵ 9×7＝63
⑦ 8×7＝56	㉔ 3×9＝27	㊶ 3×5＝15
⑧ 7×6＝42	㉕ 8×3＝24	㊷ 5×6＝30
⑨ 4×6＝24	㉖ 1×5＝5	㊸ 6×9＝54
⑩ 9×2＝18	㉗ 9×3＝27	㊹ 8×6＝48
⑪ 7×7＝49	㉘ 2×6＝12	㊺ 9×6＝54
⑫ 6×5＝30	㉙ 6×8＝48	㊻ 4×1＝4
⑬ 2×7＝14	㉚ 7×4＝28	㊼ 3×2＝6
⑭ 8×4＝32	㉛ 9×5＝45	㊽ 7×6＝42
⑮ 1×8＝8	㉜ 5×8＝40	㊾ 9×8＝72
⑯ 5×2＝10	㉝ 3×6＝18	㊿ 7×5＝35
⑰ 5×9＝45	㉞ 7×8＝56	

73

児童に実施させる前に，必ず指導される方が問題を解いてください。本書の解答は，あくまでも１つの例です。指導される方の作られた解答をもとに，本書の解答例を参考に児童の多様な考えに寄り添って○つけをお願いします。

解答

P.74

かけ算 (28)

1～9のだん　すべての型　81問

名前

① 5×6=30	㉒ 7×4=28	㊸ 6×8=48	(64) 2×8=16
② 9×1=9	㉓ 3×3=9	㊹ 2×4=8	(65) 9×7=63
③ 2×2=4	㉔ 8×1=8	㊺ 8×6=48	(66) 4×9=36
④ 4×7=28	㉕ 4×6=24	㊻ 5×3=15	(67) 7×2=14
⑤ 8×8=64	㉖ 6×6=36	㊼ 1×6=6	(68) 5×5=25
⑥ 3×4=12	㉗ 2×9=18	㊽ 7×8=56	(69) 2×6=12
⑦ 7×5=35	㉘ 9×8=72	㊾ 3×7=21	(70) 8×4=32
⑧ 2×5=10	㉙ 5×8=40	㊿ 4×1=4	(71) 3×9=27
⑨ 6×7=42	㉚ 9×5=45	(51) 1×5=5	(72) 7×9=63
⑩ 3×5=15	㉛ 4×2=8	(52) 8×5=40	(73) 7×7=49
⑪ 9×4=36	㉜ 5×7=35	(53) 9×3=27	(74) 2×3=6
⑫ 2×7=14	㉝ 4×5=20	(54) 1×9=9	(75) 6×1=6
⑬ 9×6=54	㉞ 7×3=21	(55) 6×9=54	(76) 4×3=12
⑭ 4×8=32	㉟ 2×1=2	(56) 3×8=24	(77) 3×6=18
⑮ 9×9=81	㊱ 8×9=72	(57) 5×4=20	(78) 6×3=18
⑯ 3×2=6	㊲ 6×5=30	(58) 1×1=1	(79) 1×4=4
⑰ 8×3=24	㊳ 1×2=2	(59) 9×2=18	(80) 7×1=7
⑱ 1×7=7	㊴ 5×1=5	(60) 4×4=16	(81) 5×2=10
⑲ 5×9=45	㊵ 1×3=3	(61) 6×4=24	
⑳ 1×8=8	㊶ 6×2=12	(62) 8×7=56	
㉑ 8×2=16	㊷ 7×6=42	(63) 3×1=3	

かけ算 (29)

1～9のだん　すべての型　81問

名前

① 4×1=4	㉒ 8×6=48	㊸ 5×3=15	(64) 1×9=9
② 8×4=32	㉓ 6×7=42	㊹ 4×3=12	(65) 7×7=49
③ 2×3=6	㉔ 9×9=81	㊺ 8×9=72	(66) 4×2=8
④ 5×9=45	㉕ 1×5=5	㊻ 1×7=7	(67) 6×1=6
⑤ 7×4=28	㉖ 7×3=21	㊼ 9×5=45	(68) 3×7=21
⑥ 1×4=4	㉗ 9×1=9	㊽ 3×3=9	(69) 7×5=35
⑦ 5×1=5	㉘ 2×9=18	㊾ 6×9=54	(70) 1×2=2
⑧ 3×6=18	㉙ 8×5=40	㊿ 5×6=30	(71) 9×7=63
⑨ 7×9=63	㉚ 6×6=36	(51) 2×2=4	(72) 5×2=10
⑩ 8×3=24	㉛ 7×1=7	(52) 2×7=14	(73) 4×9=36
⑪ 4×5=20	㉜ 2×8=16	(53) 6×2=12	(74) 6×3=18
⑫ 3×2=6	㉝ 7×2=14	(54) 4×7=28	(75) 1×3=3
⑬ 9×6=54	㉞ 9×3=27	(55) 9×4=36	(76) 9×2=18
⑭ 5×7=35	㉟ 1×6=6	(56) 1×8=8	(77) 3×9=27
⑮ 8×8=64	㊱ 6×8=48	(57) 7×6=42	(78) 2×1=2
⑯ 4×8=32	㊲ 4×4=16	(58) 3×4=12	(79) 5×8=40
⑰ 1×1=1	㊳ 9×8=72	(59) 8×2=16	(80) 4×6=24
⑱ 5×5=25	㊴ 3×5=15	(60) 2×6=12	(81) 6×5=30
⑲ 3×1=3	㊵ 2×4=8	(61) 8×7=56	
⑳ 5×4=20	㊶ 7×8=56	(62) 2×5=10	
㉑ 8×1=8	㊷ 3×8=24	(63) 6×4=24	

74

P.75

かけ算 (30)

1～9のだん　すべての型　81問

名前

① 9×1=9	㉒ 5×3=15	㊸ 1×8=8	(64) 7×8=56
② 5×4=20	㉓ 6×3=18	㊹ 8×3=24	(65) 9×4=36
③ 2×9=18	㉔ 3×8=24	㊺ 3×4=12	(66) 1×6=6
④ 8×1=8	㉕ 6×9=54	㊻ 7×7=49	(67) 8×6=48
⑤ 6×8=48	㉖ 2×5=10	㊼ 2×3=6	(68) 5×1=5
⑥ 4×5=20	㉗ 7×4=28	㊽ 5×9=45	(69) 3×6=18
⑦ 2×1=2	㉘ 5×7=35	㊾ 7×1=7	(70) 9×8=72
⑧ 9×2=18	㉙ 1×2=2	㊿ 4×2=8	(71) 4×6=24
⑨ 4×9=36	㉚ 8×2=16	(51) 7×9=63	(72) 6×5=30
⑩ 1×4=4	㉛ 4×8=32	(52) 1×7=7	(73) 3×5=15
⑪ 5×6=30	㉜ 3×3=9	(53) 8×5=40	(74) 3×7=21
⑫ 7×3=21	㉝ 3×2=6	(54) 8×9=72	(75) 5×8=40
⑬ 5×5=25	㉞ 9×7=63	(55) 5×2=10	(76) 7×2=14
⑭ 3×1=3	㉟ 2×8=16	(56) 1×9=9	(77) 1×1=1
⑮ 8×7=56	㊱ 6×2=12	(57) 9×6=54	(78) 8×4=32
⑯ 4×4=16	㊲ 4×3=12	(58) 2×6=12	(79) 4×7=28
⑰ 6×1=6	㊳ 7×6=42	(59) 8×8=64	(80) 6×6=36
⑱ 9×5=45	㊴ 1×3=3	(60) 2×4=8	(81) 2×2=4
⑲ 1×5=5	㊵ 6×7=42	(61) 9×3=27	
⑳ 7×5=35	㊶ 2×7=14	(62) 4×1=4	
㉑ 3×9=27	㊷ 9×9=81	(63) 6×4=24	

かけ算 (31)

1～9のだん　すべての型　81問

名前

① 4×2=8	㉒ 9×6=54	㊸ 6×6=36	(64) 6×8=48
② 7×1=7	㉓ 4×5=20	㊹ 1×5=5	(65) 9×1=9
③ 3×1=3	㉔ 8×3=24	㊺ 7×8=56	(66) 1×2=2
④ 4×8=32	㉕ 3×6=18	㊻ 5×1=5	(67) 8×6=48
⑤ 8×8=64	㉖ 5×7=35	㊼ 6×1=6	(68) 3×9=27
⑥ 1×6=6	㉗ 1×3=3	㊽ 2×2=4	(69) 9×7=63
⑦ 5×9=45	㉘ 8×5=40	㊾ 7×3=21	(70) 2×3=6
⑧ 7×6=42	㉙ 6×9=54	㊿ 4×1=4	(71) 8×1=8
⑨ 3×8=24	㉚ 5×4=20	(51) 8×4=32	(72) 4×3=12
⑩ 2×7=14	㉛ 9×9=81	(52) 5×6=30	(73) 3×2=6
⑪ 9×8=72	㉜ 1×9=9	(53) 2×8=16	(74) 9×3=27
⑫ 3×3=9	㉝ 2×9=18	(54) 6×7=42	(75) 1×1=1
⑬ 5×2=10	㉞ 7×9=63	(55) 9×2=18	(76) 4×7=28
⑭ 1×8=8	㉟ 5×3=15	(56) 1×7=7	(77) 7×2=14
⑮ 9×4=36	㊱ 8×2=16	(57) 4×6=24	(78) 2×6=12
⑯ 5×5=25	㊲ 1×4=4	(58) 6×4=24	(79) 7×7=49
⑰ 3×5=15	㊳ 6×2=12	(59) 3×7=21	(80) 6×5=30
⑱ 8×7=56	㊴ 5×8=40	(60) 9×5=45	(81) 4×4=16
⑲ 7×4=28	㊵ 3×4=12	(61) 4×9=36	
⑳ 2×4=8	㊶ 7×5=35	(62) 6×3=18	
㉑ 8×9=72	㊷ 2×1=2	(63) 2×5=10	

75

P.76

かけ算 (32)

ばいと かけ算

名前

1 7cmの　テープの　3ばいの　長さと　5ばいの　長さを　かけ算の　しきに　かいて　もとめましょう。

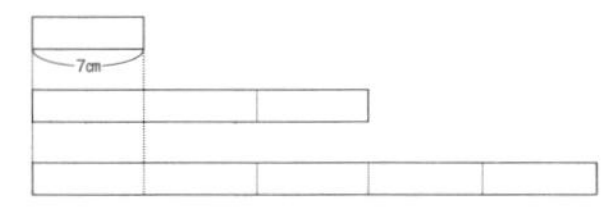

3ばい　しき　7×3＝21　答え　21cm

5ばい　しき　7×5＝35　答え　35cm

2 さとしさんは　えんぴつを　6本　もって　います。お兄さんが　もって　いる　数は　さとしさんの　4ばいです。お兄さんは　えんぴつを　何本　もって　いますか。

しき　6×4＝24　答え　24本

かけ算 (33)

文しょうだい ①

名前

1 バラを　8本ずつ　たばにして　プレゼントします。5人に　1たばずつ　プレゼントするには，バラは　ぜんぶで　何本　いりますか。

しき　8×5＝40　答え　40本

2 ヨーグルトが　2こ　1パックに　なっています。7人に　1パックずつ　くばると，ヨーグルトは　ぜんぶで　何こ　いりますか。

しき　2×7＝14　答え　14こ

3 1チーム　9人で　やきゅうをします。6チームでは，何人に　なりますか。

しき　9×6＝54　答え　54人

4 スタンプラリーをします。スタンプは　たてに　5こ，よこに　4れつ　おすことが　できます。ぜんぶで　何この　スタンプが　おせますか。

しき　5×4＝20　答え　20こ

76

P.77

かけ算 (34)

文しょうだい ②

名前

1 ふくろに　トマトが　6こずつ　入って　います。5ふくろ　あると，トマトは　ぜんぶで　何こに　なりますか。

しき　6×5＝30　答え　30こ

2 1れつに　8きゃくずつ　長いすが　ならんで　います。2れつ　あると，長いすは　ぜんぶで　何きゃくに　なりますか。

しき　8×2＝16　答え　16きゃく

3 1台の　車には，タイヤが　4こずつ　ついて　います。7台の　車では，タイヤは　ぜんぶで　何こに　なりますか。

しき　4×7＝28　答え　28こ

4 8人の　子どもに　ジュースを　3本ずつ　あげます。ジュースは　ぜんぶで　何本　いりますか。

しき　3×8＝24　答え　24本

かけ算 (35)

文しょうだい ③

名前

1 6人の　子どもに　パンを　2こずつ　くばります。パンは　ぜんぶで　何こ　いりますか。

しき　2×6＝12　答え　12こ

2 1はこ　4こ入りの　たいやきを，4はこ　買って　きました。たいやきは　ぜんぶで　何こ　ありますか。

しき　4×4＝16　答え　16こ

3 おまんじゅうが　1れつに　5こずつ　ならんで　います。3れつ　あると，おまんじゅうは　ぜんぶで　何こに　なりますか。

しき　5×3＝15　答え　15こ

4 1本の　長さが　9cmの　リボンを，つぎめなく　7本　つなげると，何cmに　なりますか。

しき　9×7＝63　答え　63cm

77

解答　児童に実施させる前に，必ず指導される方が問題を解いてください。本書の解答は，あくまでも１つの例です。指導される方の作られた解答をもとに，本書の解答例を参考に児童の多様な考えに寄り添って○つけをお願いします。

P.78

かけ算 (36) 文しょうだい④

名前

1 2つの かごに じゃがいもが 9こずつ 入って います。じゃがいもは ぜんぶで 何こ ありますか。

しき 9×2=18　答え 18こ

2 6人で，1人 7まいずつ しおりを 作りました。みんなで 何まい 作りましたか。

しき 7×6=42　答え 42まい

3 1はこに プリンが 5こずつ 入って います。7はこ あると，プリンは 何こに なりますか。

しき 5×7=35　答え 35こ

4 1人 3こずつ おもちを 食べます。3人分では おもちは 何こ いりますか。

しき 3×3=9　答え 9こ

かけ算 (37) 文しょうだい⑤

名前

1 みかんが 1かごに 9こずつ 入って います。3かご あると，みかんは ぜんぶで 何こに なりますか。

しき 9×3=27　答え 27こ

2 1こ 8円の チョコレートを 6こ 買いました。ぜんぶで 何円に なりますか。

しき 8×6=48　答え 48円

3 1はこに ハンカチが 3まいずつ 入って います。5人に 1はこずつ プレゼントすると，ハンカチは ぜんぶで 何まい いりますか。

しき 3×5=15　答え 15まい

4 ケーキが 9こ あります。いちごを 1つの ケーキに 6こ ずつ のせます。いちごは ぜんぶで 何こ いりますか。

しき 6×9=54　答え 54こ

78

P.79

ふりかえりテスト① かけ算

名前

1 かけ算を しましょう。(1×81)

① 3×9=27　② 7×5=35　③ 1×4=4　④ 5×6=30　⑤ 9×2=18　⑥ 2×4=8　⑦ 7×1=7　⑧ 4×2=8　⑨ 1×9=9　⑩ 9×4=36　⑪ 4×7=28　⑫ 3×3=9　⑬ 5×9=45　⑭ 7×9=63　⑮ 2×1=2　⑯ 6×3=18　⑰ 5×3=15

⑱ 9×8=72　⑲ 2×6=12　⑳ 8×8=64　㉑ 6×1=6　㉒ 8×5=40　㉓ 3×4=12　㉔ 9×5=45　㉕ 4×9=36　㉖ 3×5=15　㉗ 7×4=28　㉘ 5×7=35　㉙ 8×6=48　㉚ 1×5=5　㉛ 6×9=54　㉜ 7×8=56　㉝ 4×4=16

㉞ 2×8=16　㉟ 8×2=16　㊱ 4×8=32　㊲ 6×4=24　㊳ 1×6=6　㊴ 9×7=63　㊵ 5×2=10　㊶ 9×3=27　㊷ 2×3=6　㊸ 6×8=48　㊹ 5×1=5　㊺ 7×6=42　㊻ 1×1=1　㊼ 7×2=14　㊽ 3×2=6　㊾ 3×6=18

㊿ 1×2=2　(51) 7×3=21　(52) 4×3=12　(53) 2×5=10　(54) 9×6=54　(55) 5×8=40　(56) 1×8=8　(57) 9×9=81　(58) 3×8=24　(59) 7×7=49　(60) 4×5=20　(61) 2×7=14　(62) 8×3=24　(63) 6×6=36　(64) 3×1=3　(65) 9×1=9

(66) 1×7=7　(67) 8×4=32　(68) 5×5=25　(69) 2×2=4　(70) 8×7=56　(71) 4×6=24　(72) 6×5=30　(73) 2×9=18　(74) 5×4=20　(75) 1×3=3　(76) 6×7=42　(77) 4×1=4　(78) 8×9=72　(79) 3×7=21　(80) 6×2=12　(81) 8×1=8

2 1こ 9円の あめを 5こ 買いました。ぜんぶで 何円に なりますか。

しき 9×5=45　答え 45円

3 リボンを 6cmずつ 6人の 子どもに くばります。リボンは ぜんぶで 何cm いりますか。

しき 6×6=36　答え 36cm

4 ありさんの マンションは 8かいだてです。どの かいにも，7けんの 家が あります。ありさんの マンションは ぜんぶで 何けん 家が ありますか。

しき 7×8=56　答え 56けん

79

P.80

ふりかえりテスト② かけ算

名前

1 かけ算を しましょう。(1×81)

① 3×3=9　② 9×4=36　③ 2×8=16　④ 6×9=54　⑤ 5×7=35　⑥ 1×6=6　⑦ 9×9=81　⑧ 4×7=28　⑨ 8×6=48　⑩ 5×5=25　⑪ 8×2=16　⑫ 2×3=6　⑬ 6×1=6　⑭ 7×7=49　⑮ 4×4=16　⑯ 9×7=63　⑰ 1×1=1

⑱ 1×7=7　⑲ 5×9=45　⑳ 8×1=8　㉑ 3×6=18　㉒ 6×5=30　㉓ 2×2=4　㉔ 9×1=9　㉕ 5×2=10　㉖ 1×2=2　㉗ 6×3=18　㉘ 4×1=4　㉙ 8×5=40　㉚ 7×2=14　㉛ 2×4=8　㉜ 5×1=5　㉝ 7×6=42

㉞ 9×2=18　㉟ 3×7=21　㊱ 8×7=56　㊲ 4×2=8　㊳ 9×6=54　㊴ 6×4=24　㊵ 3×1=3　㊶ 7×9=63　㊷ 7×5=35　㊸ 1×8=8　㊹ 5×4=20　㊺ 7×1=7　㊻ 2×7=14　㊼ 8×4=32　㊽ 4×8=32　㊾ 1×3=3

㊿ 2×5=10　(51) 3×9=27　(52) 9×8=72　(53) 1×9=9　(54) 6×7=42　(55) 5×3=15　(56) 7×8=56　(57) 2×6=12　(58) 4×9=36　(59) 3×4=12　(60) 8×9=72　(61) 6×8=48　(62) 1×5=5　(63) 7×4=28　(64) 4×6=24　(65) 8×3=24

(66) 2×9=18　(67) 9×5=45　(68) 4×3=12　(69) 7×3=21　(70) 1×4=4　(71) 4×5=20　(72) 8×8=64　(73) 3×8=24　(74) 3×2=6　(75) 5×6=30　(76) 6×2=12　(77) 2×1=2　(78) 9×3=27　(79) 5×8=40　(80) 3×5=15　(81) 6×6=36

2 車が 3台 あります。1台に 4人ずつ のれます。みんなで 何人 のれますか。

しき 4×3=12　答え 12人

3 あゆみさんは，毎日 うんどう場を 3しゅうずつ 走ります。一週間（7日）つづけると ぜんぶで 何しゅう 走れますか。

しき 3×7=21　答え 21しゅう

4 ドーナツを 4はこ 買いました。どの はこにも 8こずつ 入って います。ドーナツは ぜんぶで 何こ ありますか。

しき 8×4=32　答え 32こ

80

P.81

九九の ひょうと きまり (1)

名前

1 つぎの 九九の ひょうを 見て，答えましょう。

かける数 → / かけられる数 ↓	1	2	3	4	5	6	7	8	9
1	1	2	3	4	5	6	7	8	9
2	2	4	6	8	10	12	14	16	18
3	3	6	9	12	15	18	21	24	27
4	4	8	12	16	20	24	28	32	36
5	5	10	15	20	25	30	35	40	45
6	6	12	18	24	30	36	42	48	54
7	7	14	21	28	35	42	49	56	63
8	8	16	24	32	40	48	56	64	72
9	9	18	27	36	45	54	63	72	81

① 九九の ひょうの あいている ところに 答えを 書いて ひょうを かんせいさせましょう。
② 答えが 18の ところに 赤色を ぬりましょう。
③ 答えが 24の ところに 青色を ぬりましょう。
④ 答えが 16の ところに ○を つけましょう。
⑤ 答えが 36の ところに △を つけましょう。

略

2 つぎの 答えに なる かけ算を ぜんぶ 書きましょう。

① 答えが 12に なる かけ算
2×6　6×2　3×4　4×3

② 答えが 8に なる かけ算
1×8　8×1　2×4　4×2

3 □に あてはまる 数や ことばを 書きましょう。

① 2のだんの 答えは 2 ずつ，6のだんの 答えは 6 ずつ 大きく なります。

② 5のだんの 答えは 5 ずつ，大きく なります。

③ かけ算では，かける 数と かけられる 数を 入れかえて 計算しても 答えは 同じです。

4 □に あてはまる 数を 書きましょう。

① 3×6 = 6 ×3　② 7× 2 = 2×7

③ 8×4 = 4 ×8　④ 9× 3 = 3×9

⑤ 4×5 = 4× 4 +4　⑥ 9×8 = 9×7+ 9

81

P.82

九九の ひょうと きまり (2)

名前

● 九九を つかって，くふうして つぎの 計算を しましょう。

れい 4×11　4×11は，4×5 と 4×6
4×5＝20
4×6＝24
20＋24＝44　答え 44

① 5×11 (例) 5×11は，5×9と5×2
5×9＝45　5×2＝10
45＋10＝55　答え 55

② 6×12 (例) 6×12は，6×6と6×6
6×6＝36
36＋36＝72　答え 72

③ 2×13 (例) 2×13は，2×7と2×6
2×7＝14　2×6＝12
14＋12＝26　答え 26

九九の ひょうと きまり (3)

名前

● 九九を つかって，くふうして つぎの 計算を しましょう。

れい 12×5　12×5は，9×5 と 3×5
9×5＝45
3×5＝15
45＋15＝60　答え 60

① 11×7 (例) 11×7は，6×7と5×7
6×7＝42　5×7＝35
42＋35＝77　答え 77

② 13×4 (例) 13×4は，5×4と8×4
5×4＝20　8×4＝32
20＋32＝52　答え 52

③ 12×3 (例) 12×3は，6×3と6×3
6×3＝18
18＋18＝36　答え 36

82

P.83

10000までの 数 (1)

名前

● （ ）に あてはまる 数や ことばを 書きましょう。

① 千のくらいが（3），百のくらいが（4），十のくらいが（2），一のくらいが（7），ぜんぶで（三千四百二十七）と いい，（3427）と 書きます。

② 千のくらいが（4），百のくらいが（8），十のくらいが（5），一のくらいが（0），ぜんぶで（四千八百五十）と いい，（4850）と 書きます。

③ 千のくらいが（2），百のくらいが（3），十のくらいが（0），一のくらいが（6），ぜんぶで（二千三百六）と いい，（2306）と 書きます。

④ 千のくらいが（5），百のくらいが（0），十のくらいが（0），一のくらいが（9），ぜんぶで（五千九）と いい，（5009）と 書きます。

10000までの 数 (2)

名前

1 数字は かん字に，かん字は 数字に なおしましょう。

	数字	読み方（かん字）
①	7635	七千六百三十五
②	6400	六千四百
③	4089	四千八十九
④	3020	三千二十

2 つぎの 数を 書きましょう。

① 千のくらいが 5，百のくらいが 7，十のくらいと 一のくらいが 0の数
② 千のくらいが 2，百のくらいが 0，十のくらいが 6，一のくらいが 0の数

	千	百	十	一
①	5	7	0	0
②	2	0	6	0

3 （ ）に あてはまる 数を 書きましょう。

① 1000を8こ，100を 2こ，10を4こ，1を1こ あわせた 数は（8241）です。
② 1000を4こ，10を7こ あわせた 数は（4070）です。
③ 1000を9こ，100を1こ，1を2こ あわせた 数は（9102）です。
④ 7260は，1000を（7）こ，100を（2）こ，10を（6）こ あわせた 数です。

83

P.84

10000までの 数 (3)

名前

1 つぎの 数を 数字で 書きましょう。

① 100を14こ あつめた 数（1400）
② 100を36こ あつめた 数（3600）
③ 100を 75こ あつめた 数（7500）

2 （ ）に あてはまる 数を 書きましょう。

① 5200は 100を（52）こ あつめた 数です。
② 1600は 100を（16）こ あつめた 数です。
③ 4900は 100を（49）こ あつめた 数です。

3 計算しましょう。

① 400＋700＝1100　② 1000＋900＝1900
③ 800＋5000＝5800　④ 3400－400＝3000
⑤ 1000－200＝800　⑥ 5600－5000＝600

10000までの 数 (4)

名前

1 どちらの 数が 大きいですか。＞か，＜を つかって あらわしましょう。

① 6997 ＜ 7015　② 2395 ＜ 2935
③ 7579 ＜ 7601　④ 3123 ＜ 3213
⑤ 9765 ＞ 9763　⑥ 6000 ＞ 5999

2 大きい じゅんに，（ ）に 1〜4の 番ごうを 書きましょう。

① 1066（2）　999（4）　1005（3）　1900（1）
② 4988（3）　5010（2）　5095（1）　4899（4）

めいろは，数の 大きい 方を とおりましょう。とおった 方の 数を 下の □に 書きましょう。

スタート　1638　1683　2998　3009　4213　4321　3010　3100　ゴール

① 1683　② 3009　③ 4321　④ 3100

84

P.85

10000までの 数 (5)

10000（一万）という 数

名前

1 下の 数の線を 見て，□に あてはまる 数を 書きましょう。

① 1000を 10 こ あつめた 数を 一万といい，10000 と 書きます。
② 10000は，100を 100 こ あつめた 数です。
③ 10000は，10を 1000 こ あつめた 数です。
④ 10000より 1000 小さい 数は 9000 です。
⑤ 10000より 1 小さい 数は 9999 です。
⑥ 9990より 10 大きい 数は 10000 です。

2 つぎの 数を〔れい〕のように 下の 数の線に ↑で 書き入れましょう。

（れい）1300　㋐4600　㋑6100　㋒8900

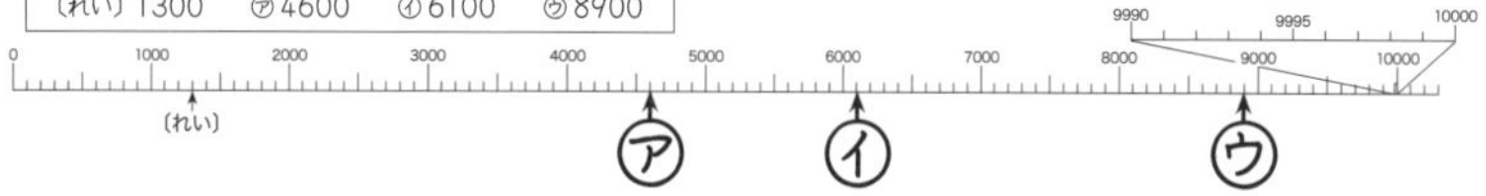

（数の線：0，1000，2000，3000，4000，5000，6000，7000，8000，9000，10000／9990，9995，10000）　（れい）　㋐　㋑　㋒

10000までの 数 (6)

数の線

名前

1 □に あてはまる 数を 書きましょう。

① 0　1000　2000　3000　4000　5000　6000　7000　8000　9000　10000
② 3900　4000　4100　4200　4300　4400
③ 7996　7997　7998　7999　8000　8001　8002　8003

2 （ ）に 1めもりの 数を 書いて，□に あてはまる 数を 書きましょう。

① 1900　2000　2100　（10）　1930　1980　2050
② 8000　10000　（100）　8500　9200　9900

85

解答

児童に実施させる前に，必ず指導される方が問題を解いてください。本書の解答は，あくまでも１つの例です。指導される方の作られた解答をもとに，本書の解答例を参考に児童の多様な考えに寄り添って○つけをお願いします。

P.86

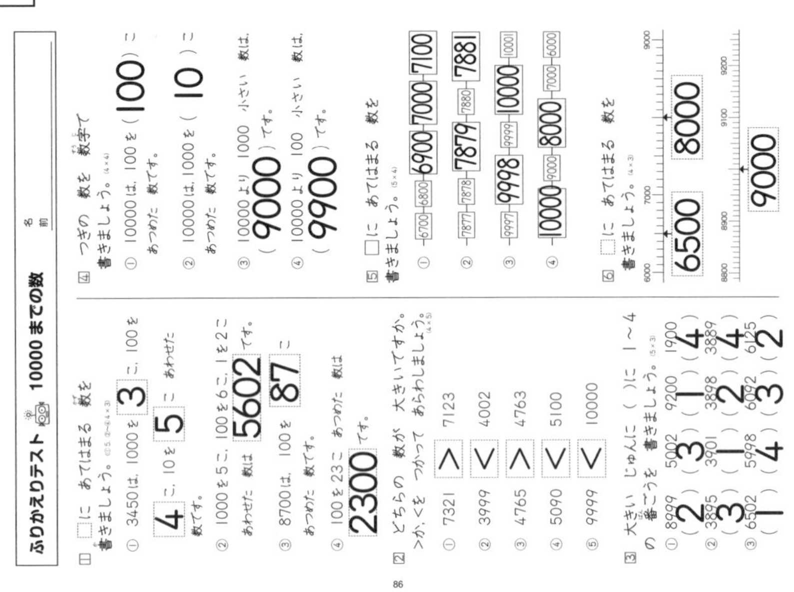

ふりかえりテスト 10000までの数

1 □に あてはまる 数を 書きましょう。
① 3450は，1000を 3 こ，100を 4 こ，10を 5 こ あわせた 数です。
② 1000を5こ，100を6こ，1を2こ あわせた 数は 5602 です。
③ 8700は，100を 87 こ あつめた 数です。
④ 100を23こ あつめた 数は 2300 です。

2 どちらの 数が 大きいですか。＞か＜を つかって あらわしましょう。
① 7321 ＞ 7123
② 3999 ＜ 4002
③ 4765 ＞ 4763
④ 5090 ＜ 5100
⑤ 9999 ＜ 10000

3 大きい じゅんに （ ）に 1〜4の 番ごうを 書きましょう。
① 8999（2） 5002（3） 9200（1） 1900（4）
② 3895（3） 3901（1） 3898（2） 3889（4）
③ 6502（1） 5998（4） 6092（3） 6125（2）

4 つぎの 数を 数字で 書きましょう。
① 10000は，100を（100）こ あつめた 数です。
② 10000は，1000を（10）こ あつめた 数です。
③ 10000より 1000 小さい 数は（9000）です。
④ 10000より 100 小さい 数は（9900）です。

5 □に あてはまる 数を 書きましょう。
① 6700－6800－6900－7000－7100
② 7877－7878－7879－7880－7881
③ 9997－9998－9999－10000－10001
④ 10000－9000－8000－7000－6000

6 □に あてはまる 数を 書きましょう。
6500　8000　9000

86

P.87

長い ものの 長さの たんい (1) 名前

1 □に あてはまる 数を 書きましょう。
① 1m＝100cm　② 3m＝300cm
③ 2m45cm＝245cm　④ 4m50cm＝450cm
⑤ 572cm＝5m72cm　⑥ 609cm＝6m9cm

2 りくさんは，ボールを 15m なげました。たいちさんは，りくさんより 6m 遠くへ なげました。たいちさんは ボールを 何m なげましたか。
しき 15m＋6m＝21m　答え 21m

3 12mの テープが ありました。5m つかいました。のこりは 何mですか。
しき 12m－5m＝7m　答え 7m

4 計算しましょう。
① 4m＋3m＝7m
② 60cm＋80cm＝140cm（1m40cm）
③ 40cm－25cm＝15cm
④ 82m－38m＝44m

長い ものの 長さの たんい (2) 名前

1 □に あてはまる 数を 書きましょう。
① 1mよりも 25cm 長い 長さは 1m25cmです。
また，それは 125cmです。
② 1mものさしで 4つ分と 30cmの 長さは 4m30cmです。
また，それは 430cmです。

2 1m10cmの 台の 上に，35cmの 台を おきます。あわせて，高さは どれだけですか。
しき 1m10cm＋35cm＝1m45cm　答え 1m45cm

3 （ ）に あてはまる 長さの たんい（mまたはcm）を 書きましょう。
① 3かいだての ビルの 高さ 12（m）
② 下じきの よこの 長さ 20（cm）
③ プールの たての 長さ 25（m）
④ えんぴつの 長さ 10（cm）

87

P.88

長い ものの 長さの たんい (3) 名前

1 花だんの よこの 長さを はかったら，下の 図の ように なりました。よこの 長さは 何m何cmですか。
また，それは 何cmですか。
答え 3m80cm，380cm

2 ロープを 2つに 切ったら，右のような 長さに なりました。

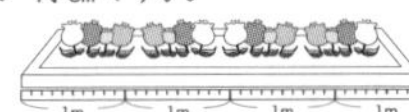

① もとの ロープの 長さは 何m何cmですか。
しき 3m40cm＋2m＝5m40cm　答え 5m40cm
② 2本の ロープの 長さは 何cm ちがいますか。
しき 3m40cm－2m＝1m40cm　答え 1m40cm

3 計算しましょう。
① 2m＋1m55cm＝3m55cm
② 3m65cm＋20cm＝3m85cm
③ 5m50cm－3m＝2m50cm
④ 1m90cm－50cm＝1m40cm

長い ものの 長さの たんい (4) 名前

1 水の ふかさが 1mの プールが あります。
① せの 高さが 1m20cmの ゆうまさんが 図のように プールに 入ると，ゆうまさんは 何cm プールの 水の 上に 出ますか。

しき 1m20cm－1m＝20cm　答え 20cm
② せの 高さが 1m40cmの まさやさんが 同じように プールに 入ると，まさやさんは 何cm プールの 水の 上に 出ますか。
しき 1m40cm－1m＝40cm　答え 40cm

2 長さ 3m35cmの リボンを，1m35cm 切りとりました。リボンの のこりは 何mですか。
しき 3m35cm－1m35cm＝2m　答え 2m

88

P.89

ふりかえりテスト 長い ものの 長さの たんい 名前

1 （ ）に あてはまる 数を 書きましょう。
① 5m＝（500）cm
② 1m30cm＝（130）cm
③ 4m27cm＝（427）cm
④ 600cm＝（6）m
⑤ 180cm＝（1）m（80）cm
⑥ 303cm＝（3）m（3）cm

2 （ ）に あてはまる 長さの たんいを 書きましょう。
① 教室の たての 長さ 9（m）
② はがきの よこの 長さ 10（cm）
③ 川に かかっている はしの 長さ 30（m）
④ 本だなの 高さ 180（cm）
⑤ ゆかから 天じょうまでの 高さ 2（m）50（cm）

3 計算しましょう。
① 5m＋40cm＝5m40cm
② 2m50cm＋47cm＝2m97cm
③ 3m30cm＋5m＝8m30cm
④ 4m80cm－30cm＝4m50cm
⑤ 1m－30cm＝70cm
⑥ 1m10cm－1m＝10cm

4 テープの 長さは 何m何cmですか。また，それは 何cmですか。
（1）m（50）cm
（150）cm

5 3m50cmの 毛糸を 2つに 切りました。1本は 1mです。もう 1本は 何m何cmですか。
しき 3m50cm－1m＝2m50cm　答え 2m50cm

6 ようすけさんは 走りはばとびで 2m5cm とびました。こうたさんは，ようすけさんより 18cm 長く とびました。こうたさんは 何m何cm とびましたか。
しき 2m5cm＋18cm＝2m23cm　答え 2m23cm

7 イルカと ボールの 長さを くらべました。イルカと ボールの 長さの ちがいは 何m何cmですか。
しき 2m50cm－30cm＝2m20cm　答え 2m20cm

89

児童に実施させる前に，必ず指導される方が問題を解いてください。本書の解答は，あくまでも１つの例です。指導される方の作られた解答をもとに，本書の解答例を参考に児童の多様な考えに寄り添って○つけをお願いします。

解答

P.90

図を つかって 考えよう (1)

名前

● わからない 数を □として 図に あらわして，答えを もとめましょう。

① 電車に 48人 のって いました。つぎの えきで 何人か のって きたので，みんなで 60人に なりました。何人 のって きましたか。

48　□　60

しき 60 − 48 = 12　　答え 12人

② どんぐりが 53こ おちて いました。また，何こか おちたので，80こに なりました。あとから おちた どんぐりは 何こですか。

53　□　80

しき 80 − 53 = 27　　答え 27こ

③ 公園で 子どもが あそんでいます。そこへ，7人 入ってきたので，15人になりました。はじめに 何人 いましたか。

□　7　15

しき 15 − 7 = 8　　答え 8人

図を つかって 考えよう (2)

名前

● わからない 数を □として 図に あらわして，答えを もとめましょう。

① リボンが 何cmか あります。15cm つかったので，のこりが 40cmに なりました。はじめに リボンは 何cm ありましたか。

□　15　40

しき 15 + 40 = 55　　答え 55cm

② 花が 96本 さいて います。何本か つんだので，のこりが 70本に なりました。何本 つみましたか。

96　□　70

しき 96 − 70 = 26　　答え 26本

③ おこづかいを もって 買いものに 行きました。150円 つかったので，のこりが 100円に なりました。はじめ，いくら もって いましたか。

□　150　100

しき 150 + 100 = 250　　答え 250円

90

P.91

図を つかって 考えよう (3)

名前

● わからない 数を □として 図に あらわして，答えを もとめましょう。

① あかねさんは 色紙を 47まい もって います。お姉さんから 何まいか もらったので，91まいに なりました。何まい もらいましたか。

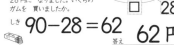

47　□　91

しき 91 − 47 = 44　　答え 44まい

② おこづかいが 90円 あります。ガムを 買ったので，のこりが 28円に なりました。いくらの ガムを 買いましたか。

90　□　28

しき 90 − 28 = 62　　答え 62円

③ すずめが 電線に とまって います。そこへ，6わ とんで 来たので，あわせて 24わに なりました。はじめ，すずめは 何わ いましたか。

□　6　24

しき 24 − 6 = 18　　答え 18わ

図を つかって 考えよう (4)

名前

● わからない 数を □として 図に あらわして，答えを もとめましょう。

① ともやさんは シールを 何まいか もって いました。みさとさんに 9まい もらったので，36まいに なりました。ともやさんは，はじめに 何まい もって いましたか。

□　9　36

しき 36 − 9 = 27　　答え 27まい

② バスに 何人か のって います。バスていで 8人 おりたので，バスの 中は 15人に なりました。はじめ，バスに 何人 のって いましたか。

□　8　15

しき 8 + 15 = 23　　答え 23人

③ ちゅう車場に 車が 74台 とまって います。何台か 出て いったので，32台に なりました。出て いった 車は 何台ですか。

74　□　32

しき 74 − 32 = 42　　答え 42台

91

P.92

図を つかって 考えよう (5)

名前

● わからない 数を □として 図に あらわして，答えを もとめましょう。

① いつきさんは あめを 50こ もって います。はるきさんは 32こ もって います。いつきさんは はるきさんより 何こ 多く もって いますか。

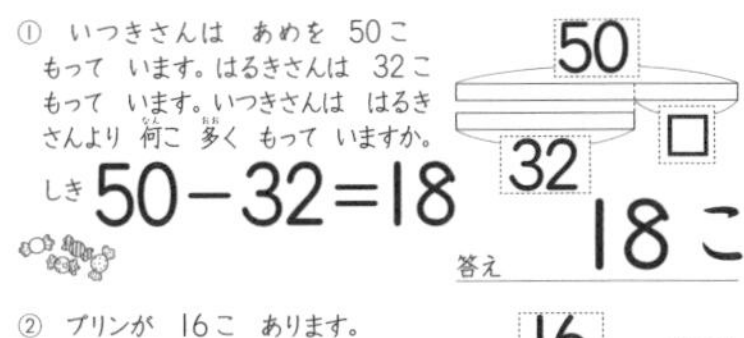

50　32　□

しき 50 − 32 = 18　　答え 18こ

② プリンが 16こ あります。ゼリーは，プリンより 5こ 多いです。ゼリーは 何こ ありますか。

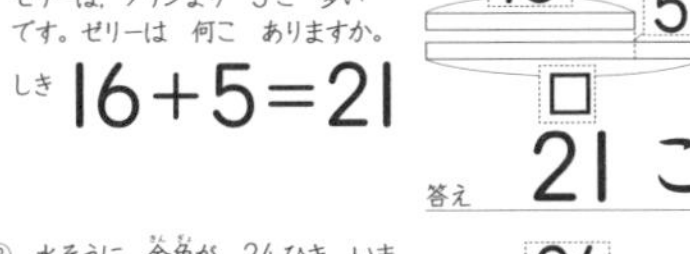

16　5　□

しき 16 + 5 = 21　　答え 21こ

③ 水そうに 金魚が 24ひき います。メダカは 金魚より 13びき 少ないそうです。メダカは 何びき いますか。

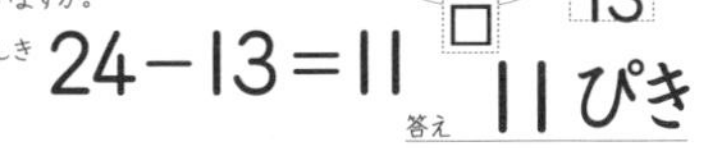

24　13　□

しき 24 − 13 = 11　　答え 11ぴき

図を つかって 考えよう (6)

名前

1 1組は 29人です。2組は 32人です。1組は 2組より 何人 少ないですか。

しき 32 − 29 = 3　　答え 3人

2 クッキーを 2回 やきました。2回目は 25まい やきました。1回目と あわせると，ぜんぶで 63まいでした。1回目に やいた クッキーは，何まいですか。

しき 63 − 25 = 38　　答え 38まい

3 えりさんは 本を 51ページ 読みました。のこりの ページは，49ページです。この本は ぜんぶで 何ページ ありますか。

しき 51 + 49 = 100　　答え 100ページ

4 くりを 83こ ひろいました。おかし作りに 何こか つかったので，のこりが 56こに なりました。くりを，何こ つかいましたか。

しき 83 − 56 = 27　　答え 27こ

92

P.93

図を つかって 考えよう (7)

名前

1 ジュースが 何本か ありました。43本 くばったので，のこりが 9本に なりました。はじめ，ジュースは 何本 ありましたか。

しき 43 + 9 = 52　　答え 52本

2 れいとうこに アイスクリームが 何こか ありました。お母さんが 8こ 買って きたので，ぜんぶで 24こに なりました。はじめ，アイスクリームは 何こ ありましたか。

しき 24 − 8 = 16　　答え 16こ

3 1年生が 34人 います。2年生は，1年生より 12人 多いそうです。2年生は 何人 いますか。

しき 34 + 12 = 46　　答え 46人

4 みなとに 船が 12そう ありました。何そうか 入って きたので 40そうに なりました。入って きた 船は 何そうですか。

しき 40 − 12 = 28　　答え 28そう

図を つかって 考えよう (8)

名前

1 まきさんは カードを 66まい あつめました。あつやさんの カードは，まきさんより 19まい 少ないそうです。あつやさんの カードは，何まいですか。

しき 66 − 19 = 47　　答え 47まい

2 120cmの はり金が あります。何cmか つかったので，のこりが 65cmに なりました。何cm つかいましたか。

しき 120 − 65 = 55　　答え 55cm

3 とんぼが 45ひき いました。何びきか とんで いったので，のこりが 19ひきに なりました。何びき とんで いきましたか。

しき 45 − 19 = 26　　答え 26ぴき

4 シュークリームが 何こか あります。いちごケーキは シュークリームより 5こ 多く，13こ あります。シュークリームは 何こ ありますか。

しき 13 − 5 = 8　　答え 8こ

93

解答

児童に実施させる前に，必ず指導される方が問題を解いてください。本書の解答は，あくまでも１つの例です。指導される方の作られた解答をもとに，本書の解答例を参考に児童の多様な考えに寄り添って○つけをお願いします。

P.94

ふりかえりテスト　図を つかって 考えよう　名前

1 男の子が 26人 います。女の子は 男の子より 7人 多いです。女の子は 何人 いますか。(10)

しき $26+7=33$　答え 33人

2 金魚が います。14ひき 友だちに あげたので，のこりが 49ひきに なりました。はじめ，金魚は 何びき いましたか。(10)

しき $14+49=63$　答え 63びき

3 パンを 2回 やきました。2回目は 13こ やきました。1回目と あわせると，ぜんぶで 40こに なりました。1回目は 何こ やきましたか。(10)

しき $40-13=27$　答え 27こ

4 パーティーで チーズを 62こ 食べると，18こ のこりました。チーズは はじめ 何こ ありましたか。(10)

しき $62+18=80$　答え 80こ

5 赤組は 84点です。白組は，赤組より 7点 少ないです。白組は 何点ですか。(10)

しき $84-7=77$　答え 77点

6 みかんが 30こ ありました。みんなで 何こか 食べると，13こ のこりました。みんなで，何こ 食べましたか。(10)

しき $30-13=17$　答え 17こ

7 シールが 80まい あります。カードに 1まいずつ はると，6まい のこりました。カードは 何まい ありましたか。(10)

しき $80-6=74$　答え 74まい

8 あおいさんは，きのう なわとびを 82回 とびました。きょう，何回か とんだので，あわせて 145回に なりました。きょう，何回 とびましたか。(10)

しき $145-82=63$　答え 63回

9 おまんじゅうが 14こ あります。ようかんが 22こ あります。どちらが 何こ 多いですか。(10)

しき $22-14=8$　答え ようかんが 8こ 多い。

10 わなげを 2回 しました。1回目の とく点は 9点でした。2回目と あわせると，14点に なりました。2回目の とく点は 何点ですか。(10)

しき $14-9=5$　答え 5点

94

P.95

分数 (1)　名前

同じ 大きさ 2こに 分けた 1こ分の 大きさを，もとの 大きさの「二分の一」と いい，$\frac{1}{2}$と書きます。また，このような 数を 分数と いいます。

1 つぎの 色の ついた テープの 長さを，分数で あらわしましょう。

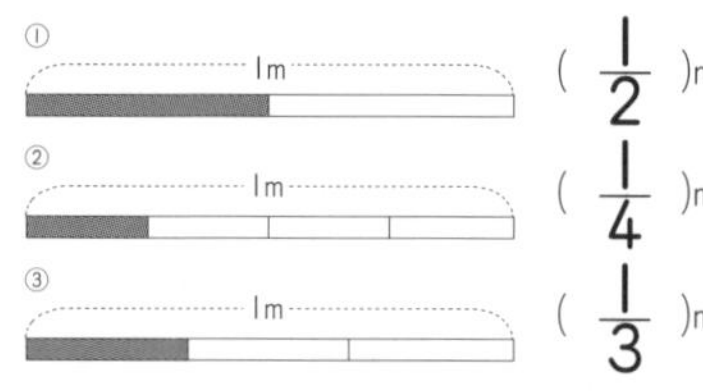

① ($\frac{1}{2}$)m　② ($\frac{1}{4}$)m　③ ($\frac{1}{3}$)m

2 つぎの 分数が あらわす 長さに 色を ぬりましょう。

① $\frac{1}{4}$m　② $\frac{1}{8}$m

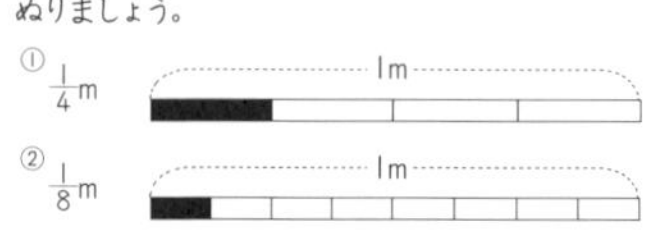

分数 (2)　名前

1 1Lますの 色の ついた ところの かさを，分数で あらわしましょう。

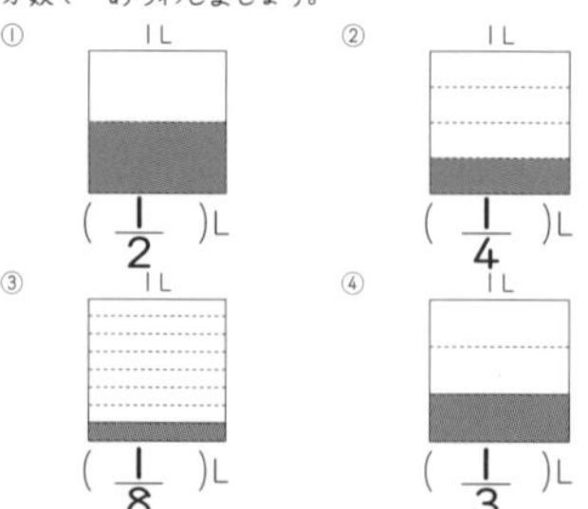

① ($\frac{1}{2}$)L　② ($\frac{1}{4}$)L　③ ($\frac{1}{8}$)L　④ ($\frac{1}{3}$)L

2 つぎの 分数を あらわすように 1Lますに 色を ぬりましょう。

① $\frac{1}{4}$L　② $\frac{1}{3}$L　③ $\frac{1}{2}$L

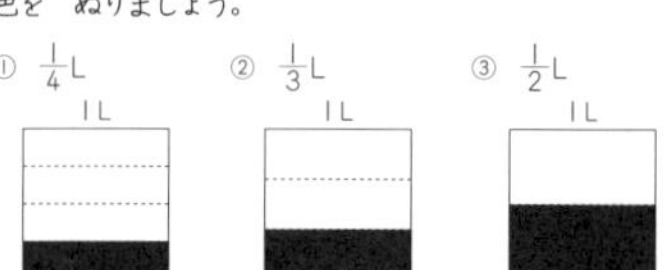

95

P.96

はこの 形 (1)　名前

1 はこの 形に ついて，(　)に あう ことばを 下の □から えらんで 書きましょう。

① あ，い，うのような たいらな ところを (面)と いいます。

② 面の 形は (長方形)に なっています。

③ 面と 面との さかいに なっている 直線を (へん)と いいます。

④ 3本の へんが あつまった ところを (ちょう点)と いいます。

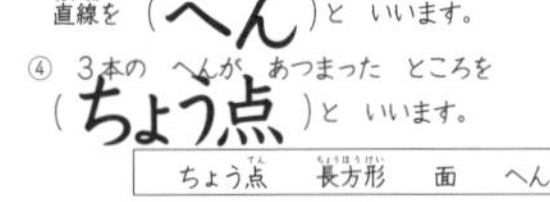

ちょう点　長方形　面　へん

2 さいころの 形に ついて，答えましょう。

① 面は，いくつですか。(6)こ

② へんは，何本ですか。(12)本

③ ちょう点は，いくつですか。(8)こ

④ 面の 形は どのような 四角形ですか。(正方形)

96

はこの 形 (2)　名前

1 ひごと ねんど玉で，下の ような はこの 形を 作ります。

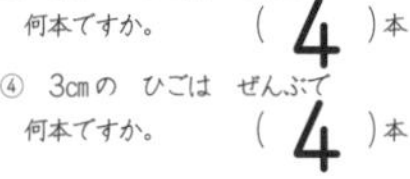

① ねんど玉は ぜんぶで 何こですか。(8)こ

② 6cmの ひごは ぜんぶで 何本ですか。(4)本

③ 5cmの ひごは ぜんぶで 何本ですか。(4)本

④ 3cmの ひごは ぜんぶで 何本ですか。(4)本

2 下の はこを 作ります。あと い，どちらを 組み立てると はこが，できますか。

(い)

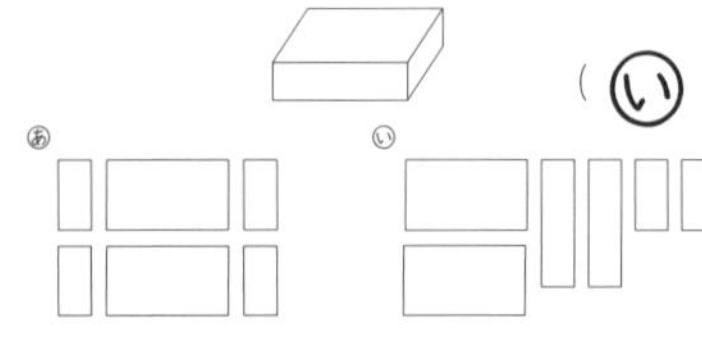

P.97

はこの 形 (3)　名前

1 下の ①，②，③の 図は あ，い，うの はこを それぞれ ひらいた 図です。あう ものを，線で つなぎましょう。

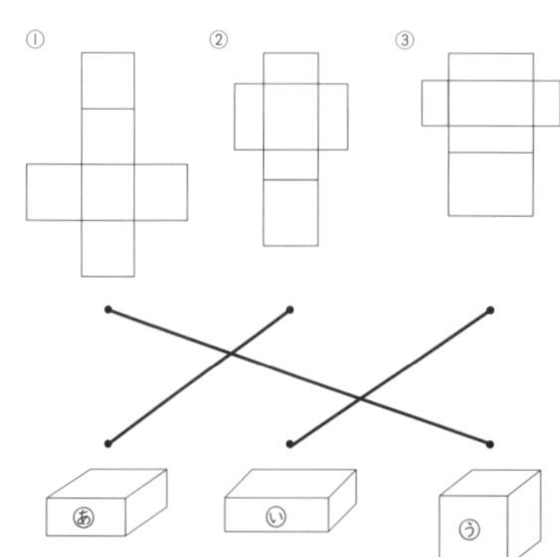

はこの 形 (4)　名前

1 はこの 面を，6まい 切りとりました。切りとった 6まいの 面を つないで はこの ひらいた 形を 作ります。つづきを 下に かいて かんせい させましょう。

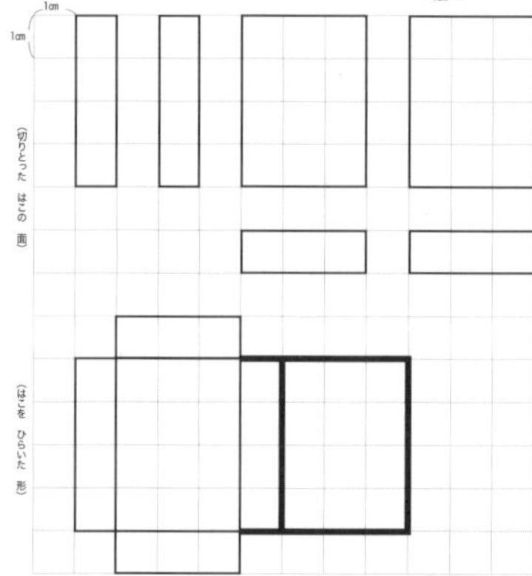

97

P.98

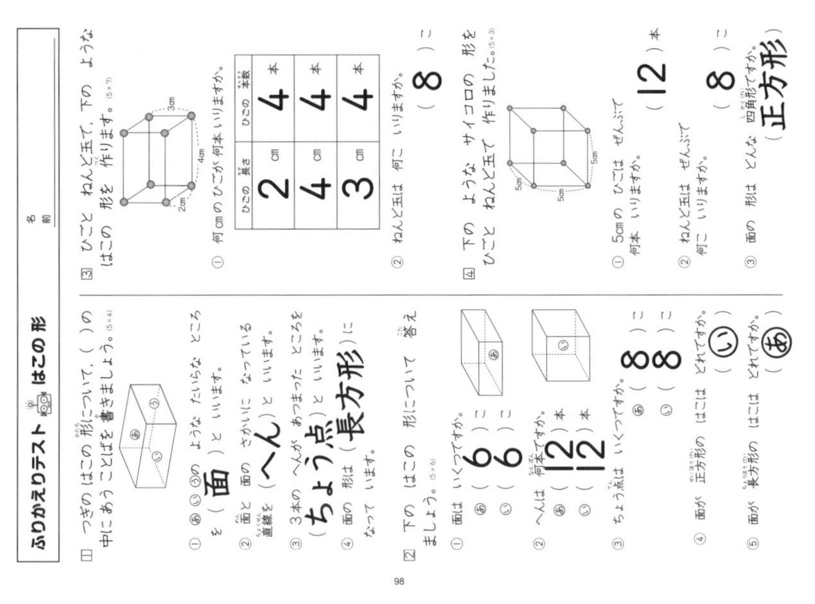

ふりかえりテスト　はこの形

1 つぎの はこの 形について，（　）の 中に あう ことばを 書きましょう。

① あいうの ような たいらな ところを（面）と いいます。

② 面と 面の さかいに なっている 直線を（へん）と いいます。

③ 3本の へんが あつまった ところを（ちょう点）と いいます。

④ 面の 形は（長方形）に なって います。

2 下の はこの 形について 答えましょう。

① 面は いくつですか。　あ（6）こ　い（6）こ

② へんは 何本ですか。　あ（12）本　い（12）本

③ ちょう点は いくつですか。　あ（8）こ　い（8）こ

④ 面が 正方形の はこは どれですか。（い）

⑤ 面が 長方形の はこは どれですか。（あ）

3 ひごと ねんど玉で，下の ような はこの 形を 作ります。

① 何cmの ひごが 何本 いりますか。

ひごの 長さ	ひごの 本数
2cm	4本
4cm	4本
3cm	4本

② ねんど玉は 何こ いりますか。（8）こ

4 下の ような サイコロの 形を ひごと ねんど玉で 作りました。

① 5cmの ひごは ぜんぶで 何本 いりますか。（12）本

② ねんど玉は ぜんぶで 何こ いりますか。（8）こ

③ 面の 形は どんな 四角形ですか。（正方形）

98

P.99

なに算で とくのかな (1)　名前

1 はこに チョコレートが 5こずつ 3れつ 入っています。9こ 食べると チョコレートは 何こ のこりますか。

しき $5 \times 3 = 15$　$15 - 9 = 6$　答え 6こ

2 れいなさんは おこづかいを もって 買いものに 行きました。95円の ノートを 買うと，のこりは 55円でした。はじめ おこづかいを いくら もって いましたか。

しき $95 + 55 = 150$　答え 150円

3 35本の バラを 2つの 花びんに 分けて かざります。1つの 花びんに 18本 かざると，もう 1つの 花びんには，何本 かざれますか。

しき $35 - 18 = 17$　答え 17本

4 ケーキの 入った はこが 6こ あります。1はこには，ケーキが 2こずつ 入って います。ケーキは ぜんぶで 何こ ありますか。

しき $2 \times 6 = 12$　答え 12こ

なに算で とくのかな (2)　名前

1 みかんが 53こ あります。かきは，みかんより 24こ 少ないそうです。かきは 何こ ありますか。

しき $53 - 24 = 29$　答え 29こ

2 おにぎりが 63こ あります。9人に 3こずつ くばると，おにぎりは 何こ のこりますか。

しき $3 \times 9 = 27$　$63 - 27 = 36$　答え 36こ

3 ふでばこを 買いに 行きました。ちょ金を 890円 出しましたが，60円 たらず，お母さんが 出して くれました。ふでばこは いくらですか。

しき $890 + 60 = 950$　答え 950円

4 えんぴつを 72本 買いました。そのうち，8本 けずって つかいました。つかって いない えんぴつは，何本ですか。

しき $72 - 8 = 64$　答え 64本

99

P.100

なに算で とくのかな (3)　名前

1 1ふくろ 9まい入りの ビスケットが 8ふくろ あります。みんなで 34まい 食べました。のこりの ビスケットは 何まいですか。

しき $9 \times 8 = 72$　$72 - 34 = 38$　答え 38まい

2 風船が 58こ あります。76人に 1こずつ くばるには，風船は 何こ たりませんか。

しき $76 - 58 = 18$　答え 18こ

3 かごに ボールが 26こ 入って います。ころがっている ボールを 入れると，かごの 中の ボールは 53こに なりました。ころがっていた ボールは，何こですか。

しき $53 - 26 = 27$　答え 27こ

4 高さ 6cmの つみ木を 5こと，7cmの つみ木を 2こ つみます。高さは 何cmに なりますか。

しき $6 \times 5 = 30$　$7 \times 2 = 14$　$30 + 14 = 44$　答え 44cm

なに算で とくのかな (4)　名前

1 あみさんは ビーズを 96こ もって います。かざりを 作るのに，ビーズが 118こ いります。ビーズは 何こ たりませんか。

しき $118 - 96 = 22$　答え 22こ

2 しょうたさんは おこづかいを 185円 もって います。お姉さんは，しょうたさんより 55円 多いそうです。お姉さんは 何円 もって いますか。

しき $185 + 55 = 240$　答え 240円

3 50cmの テープが あります。はさみで 1本 9cmずつ 5本 切りとりました。テープは あと 何cm のこって いますか。

しき $9 \times 5 = 45$　$50 - 45 = 5$　答え 5cm

4 100円 もって 買いものに 行きました。1こ 8円の キャラメルを 3こと，65円の チョコレートを 1こ 買いました。おつりは いくらに なりますか。

しき $8 \times 3 = 24$　$100 - 24 - 65 = 11$　答え 11円

100

P.101

なに算で とくのかな (5)　名前

1 バスに おきゃくさんが 23人 のって います。つぎの ていりゅうじょで 5人 おりて，7人 のりました。おきゃくさんは 何人に なりましたか。

しき $23 - 5 + 7 = 25$　答え 25人

2 まつぼっくりを ひろいました。まほさんが 19こ，お姉さんが 34こ ひろいました。2人で リースを 作るのに，18こ つかいました。2人の まつぼっくりは 何こ のこっていますか。

しき $19 + 34 - 18 = 35$　答え 35こ

3 しおりを 42まい 作りました。5人の 友だちに 4まいずつ あげると，のこりの しおりは 何まいに なりますか。

しき $4 \times 5 = 20$　$42 - 20 = 22$　答え 22まい

4 魚を 52ひき つりました。となりに 15ひき あげて，家ぞくで 7ひき 食べました。魚は 何びき のこって いますか。

しき $52 - 15 - 7 = 30$　答え 30ぴき

なに算で とくのかな (6)　名前

1 1まい 7円の シールを 6まい 買います。ぜんぶで いくらですか。また，50円 はらうと，おつりは いくらですか。

しき $7 \times 6 = 42$　$50 - 42 = 8$　答え 42円，おつり 8円

2 おはじきを 3人で 分けます。1人は 28こ，もう1人は 35こ，もう1人は 19こ もらいました。はじめ おはじきは ぜんぶで 何こ ありましたか。

しき $28 + 35 + 19 = 82$　答え 82こ

3 けいたさんは，カードを 12まい もって います。弟は，4まい もって います。けいたさんが 弟に 4まい あげると 2人の カードは 何まいずつに なりますか。

しき $12 - 4 = 8$　$4 + 4 = 8$　答え 8まいずつ

4 れなさんは 貝がらを 60こ もって います。友だち 8人に 6こずつ あげました。れなさんの 貝がらは 何こに なりましたか。

しき $6 \times 8 = 48$　$60 - 48 = 12$　答え 12こ

101

解答 児童に実施させる前に，必ず指導される方が問題を解いてください。本書の解答は，あくまでも１つの例です。指導される方の作られた解答をもとに，本書の解答例を参考に児童の多様な考えに寄り添って○つけをお願いします。

P.102

ふりかえりテスト なに算で とくのかな　名前

1 なわとびを しました。はやとさんは 88回，あきらさんは 103回 とびました。どちらが 何回 多く とびましたか。
しき 103 − 88 = 15
答え あきらさんが 15回 多い。

2 ケーキを 作るのに，56こ ブルーベリーを つかいました。まだ ブルーベリーが 27こ のこって います。はじめに，ブルーベリーは 何こ ありましたか。
しき 56 + 27 = 83
答え 83こ

3 りんごの 入った ふくろが 7つ あります。1つの ふくろには りんごが 5こずつ 入っています。りんごは ぜんぶで 何こ ありますか。
しき 5 × 7 = 35
答え 35こ

4 1こ 8円の あめを 9こと，95円の チョコレートを 買いました。ぜんぶで いくらに なりますか。
しき 8 × 9 = 72
72 + 95 = 167
答え 167円

5 105cmの リボンが あります。何cmか つかったので，のこりが 47cmに なりました。つかった リボンは 何cmですか。
しき 105 − 47 = 58
答え 58cm

6 65円の けしゴムを 買いました。また 58円 あります。はじめに，お金を いくら もって いましたか。
しき 65 + 58 = 123
答え 123円

7 玉入れで，赤組は 74こでした。白組は 赤組より 8こ 少なく 入りました。白組は 何こ 入りましたか。
しき 74 − 8 = 66
答え 66こ

8 電車に おきゃくさんが 52人 のって いました。つぎの えきで 8人 おりて，28人 のって きました。おきゃくさんは 何人に なりましたか。
しき 52 − 8 + 28
= 72
答え 72人

9 86ページの 本を，1日に 7ページずつ 読みます。1週間（7日）読むと，何ページ 読むことが できますか。また，のこりは 何ページですか。
しき 7 × 7 = 49
86 − 49 = 37
答え 49ページ，のこり37ページ

10 おじさんから 6こ入りの キャラメルを 4はこ もらいました。妹に 8こ あげると，何こ のこりますか。
しき 6 × 4 = 24
24 − 8 = 16
答え 16こ

102

新版　教科書がっちり算数プリント
完全マスター編　２年　ふりかえりテスト付き
力がつくまでくりかえし練習できる

2020年９月１日　第１刷発行
2022年１月10日　第２刷発行

企画・編著：原田 善造・あおい えむ・今井 はじめ・さくら りこ
中田 こういち・なむら じゅん・ほしの ひかり・堀越 じゅん
みやま りょう（他４名）
イラスト：山口亜耶　他

発行者：岸本 なおこ
発行所：喜楽研（わかる喜び学ぶ楽しさを創造する教育研究所）
〒604-0827　京都府京都市中京区高倉通二条下ル瓦町 543-1
TEL　075-213-7701　FAX　075-213-7706
HP　https://www.kirakuken.co.jp
印刷：株式会社イチダ写真製版

ISBN:978-4-86277-310-4

Printed in Japan